内蒙古自治区煤矿安全培训系列教材

煤矿安全生产应急管理——露天

（第 2 版）

赵红泽　张春利　曾宪荣　刘洪才　编著

应急管理出版社

·北　京·

内 容 提 要

本书主要介绍了露天煤矿安全生产应急管理的知识，内容包括煤矿安全生产应急管理法律法规、应急预案、露天煤矿危险源辨识、应急救援与处置、事故调查与案例分析等。

本书可作为露天煤矿安全生产应急管理的培训教材，也可作为露天矿山安全生产应急管理相关工作人员的参考书。

第 2 版前言

随着社会的进步和科技的发展，露天煤矿开采规模越来越大，设备也越来越智能，这对露天煤矿生产安全和应急管理提出了新要求；同时，《生产安全事故应急条例》(国务院令 第708号) 的颁布实施，对生产安全事故应急工作体制、应急准备、应急救援等作了规定。为了进一步做好露天煤矿生产安全事故应急工作，内蒙古煤矿安全监察局要求本书的编者同志，根据当前露天煤矿新的技术发展与应急管理要求对本书进行全面修订。

第2版主要增加了《煤矿安全生产标准化管理体系基本要求及评分方法(试行)》中调度和应急管理的部分内容、《生产安全事故应急条例》部分条款、新的应急救援装备及现场急救技术、新的事故案例分析等，同时根据新修改的《生产安全事故应急预案管理办法》(应急管理部令 第2号) 和《生产经营单位生产安全事故应急预案编制导则》(GB/T 29639—2020) 对书中应急预案相关内容进行了修订。

第2版由中国矿业大学（北京）的赵红泽和内蒙古煤矿安全监察局的张春利、曾宪荣、刘洪才编著。参与修订的人员还有华北科技学院的王志亮、张跃兵、兰泽全和内蒙古工业大学的吴多晋及内蒙古自治区煤炭工业专业技术服务中心的乌阳嘎、内蒙古煤矿安全培训中心的宋亦杰、神华北电胜利有限公司胜利一号露天煤矿的苏海云。全文由赵红泽统稿，刘洪才审校。

希望采用此书的教师和广大学员，继续对本书提出宝贵意见和建议。

编著者

2020 年 10 月

第2版前言

[illegible]

前　言

煤炭作为我国重要的基础能源，自20世纪70年代以来在一次性能源消费构成中所占比重一直在70%左右。据专家预测，在未来50年内，煤炭在我国一次性能源构成中仍占主导地位。煤炭开采分为井工和露天两种方式。世界煤炭生产是以露天开采方式为主的，而我国目前露天煤矿的产量占全国煤炭生产总量的比重仅为12%左右。这主要是由于煤炭资源赋存的地质条件异常复杂，符合露天开采的煤炭资源数量较少。根据不完全统计，我国适合露天开采的煤炭资源约占总资源的7%～10%，远低于美国、俄罗斯、澳大利亚、印度等国家的60%～75%，且主要分布在内蒙古、新疆和云南，70%为褐煤。

在煤炭行业发展黄金10年中，由于开采规模的急速扩张，造成资源浪费严重、安全事故频发，对煤炭行业的长远发展造成了一定的影响。加之煤矿（尤其是中小煤矿）职工和技术人员素质相对偏低，安全意识薄弱，相关专业知识缺乏等原因，造成事故发生后无法第一时间开展自救互救和应急处置，导致事故的进一步扩大。为此，国家安全生产监督管理总局、国家煤矿安全监察局、国家安全生产应急救援指挥中心相继出台了一系列关于应急救援和员工培训的政策和文件。2014年新修订的《安全生产法》特别提出“生产经营单位应当制定本单位生产安全事故应急救援预案，与所在地县级以上地方人民政府组织制定的生产安全事故应急救援预案相衔接，并定期组织演练”。企业一线从业人员是安全生产的第一道防线，是生产安全事故应急处置的第一梯队。开展煤矿的应急救援培训，有利于提高煤矿职工，尤其是一线职工的安全意识和专业技能，加快应急响应速度，有利于控制重大事故灾害，减少人员伤亡，提升煤矿的本质安全程度。

有鉴于此，按照《国家安全监管总局办公厅关于进一步加强矿山救援培训工作的通知》（安监总厅应急〔2013〕54号）和《国家安全监管总局办公厅关于进一步加强生产经营单位一线从业人员应急培训的通知》（安监总厅应急〔2014〕46号）的要求，参照《安全生产应急管理人员培训大纲和考核规范》（AQ/T 9008—2012），内蒙古煤矿安全培训中心组织人员编写了此书。

本书由中国矿业大学（北京）的赵红泽，内蒙古煤矿安全监察局的张春利、曾宪荣、刘洪才编著，此外，参与编写的人员还有华北科技学院的王志亮、张跃兵、兰泽全及内蒙古工业大学的吴多晋。全文由神华集团宝日希勒露天煤矿沈洪喜审校。此外，在编写过程中，神华集团、中煤集团、中电投蒙东能源集团等露天企业提供了许多宝贵资料，在此一并表示感谢。

本书还得到了中央高校科研基本业务费基金支持（2013 QZ04）。

由于时间仓促，加之编者水平所限，不足之处在所难免，欢迎各位读者提出宝贵意见。

编著者

2015年4月

目　次

第一章 概 述

第一节 我国应急管理现状及发展趋势

一、我国应急管理现状

党和国家始终高度重视应急管理工作，我国的应急管理体系不断调整和完善。2003 年，在取得抗击“非典”斗争胜利后，大力开展了以“一案三制”（应急预案和应急管理体制、机制、法制）为核心内容的应急管理体系建设。党的十八大以来，以习近平为核心的党中央从推进国家治理体系和治理能力现代化的战略高度，从实现“两个一百年”奋斗目标和中华民族伟大复兴中国梦的战略全局，谋划部署应急管理工作，开启了新时代应急管理事业的新篇章。2018 年 3 月，第十三届全国人民代表大会第一次会议批准的国务院机构改革方案决定设立中华人民共和国应急管理部，标志着我国的应急管理事业迈入新的历史发展阶段。

应急管理部组建以来，坚持以习近平新时代中国特色社会主义思想为指导，深入贯彻党中央、国务院决策部署，全力防范化解重大安全风险，积极推进应急管理体系和能力建设，维护人民群众生命财产安全和社会稳定。2019 年，全国共发生各类生产安全事故起数、死亡人数比 2001 年[①]分别下降 81.3%、66.5%；发生重特大事故 18 起、死亡 336 人，比 2001 年减少 122 起、2220 人，分别下降 87.1%、86.9%。

应急管理在管理理念、管理体制、制度体系和应急能力体系等方面取得了新的进展。

一是创新发展新时代应急管理理念。习近平总书记站在新的历史方位，发表一系列重要讲话，提出一系列新理念新思想新战略。习近平总书记深刻指出，增强忧患意识、防范风险挑战要一以贯之，既要高度警惕“黑天鹅”事件，也要防范“灰犀牛”事件；既要有防范风险的先手，也要有应对和化解风险挑战的高招；既要打好防范和抵御风险的有准备之战，也要打好化险为夷、转危为机的战略主动战。要牢固树立安全发展理念和红线意识，坚持发展绝不能以牺牲人的生命为代价；坚持党政同责、一岗双责、齐抓共管、失职追责，严格落实安全生产责任；坚持管行业必须管安全、管业务必须管安全、管生产经营必须管安全。要牢固树立灾害风险管理和综合减灾理念，坚持以防为主、防抗救相结合，坚持常态减灾和非常态救灾相统一，努力实现从注重灾后救助向注重灾前预防转变、从应对单一灾种向综合减灾转变、从减少灾害损失向减轻灾害风险转变，提高自然灾害防治能力。

二是初步形成中国特色应急管理体制。党中央在深化党和国家机构改革中组建应急管

① 2001 年建立国家安全监管监察体制。

理部，明确构建统一指挥、专常兼备、反应灵敏、上下联动的中国特色应急管理体制。在自然灾害和安全生产领域建立健全统分结合的应急管理工作机制，建立重大风险研判、灾情会商、信息共享和协同处置全过程多部门联动机制，不断增强应急管理工作的系统性、整体性和协同性。建立了国家和区域安全生产应急救援协调机制，成立国家预警信息发布中心和国家应急广播中心，实施自然灾害防灾减灾工程、隐患排查治理工程，建立网络舆情和各类突发事件监测预警体系，突发事件防范能力明显增强。

三是应急管理制度体系稳步推进。制定颁布了《生产安全事故应急条例》（国务院令　第 708 号）、《生产经营单位生产安全事故应急预案编制导则》（GB/T 29639—2020）、《生产安全事故应急预案管理办法》（应急管理部令　第 2 号）和《生产安全事故应急演练基本规范》（AQ/T 9007—2019）、《生产经营单位生产安全事故应急预案评估指南》（AQ/T 9011—2019），以及应急救援队伍建设、应急平台体系建设、宣传教育培训等一系列规章、标准和指导性文件，为加强安全生产应急管理提供了依据。各省（区、市）制订的部分地方性法规和规章也对安全生产应急管理工作进行了规范。

四是应急能力体系建设成效明显。加强应急救援能力建设，基本形成以国家综合性消防救援队伍为主力、以军队应急专业力量为突击、以专业救援队伍为协同、以社会力量为辅助的中国特色应急救援力量体系。各地区、有关高危行业企业加强了应急救援队伍建设，救援人员增加了 40%，初步形成了国家（区域）、骨干、基层救援队伍相结合的应急救援队伍体系。国家综合性消防救援队伍按照应急救援主力军和国家队定位，担负起全灾种、大应急的综合救援任务，积极推进转型升级，救援效率明显提升。

五是应急救援装备水平不断提高。国家级矿山和危险化学品救援队伍增配各类救援车辆 700 余台，配备个体防护、救援、侦检、通信等装备 8000 余台（套）。骨干队伍和基层队伍所在地方政府和依托单位加大了救援装备投入力度，部分省（区、市）建立了安全生产应急物资装备储备库。成功研制 AG600 大型灭火/水上救援水陆两栖飞机、移动式生物安全三级实验室、救援现场大型及多功能破拆救援一体化等重大应急设施和装备，开展国家应急产业示范基地建设。

六是应急预案和演练工作进一步加强。在国家层面，制定颁布了事故灾难应急预案 42 个，制修订各类应急预案 550 余万件。地方各级政府、中央企业以及煤矿、非煤矿山、危险化学品、烟花爆竹等高危行业（领域）企业实现了应急预案全覆盖。各级地方政府和高危行业企业经常举行应急预案培训和演练。

七是应急管理培训和宣教工作深入开展。修订完善了安全生产应急管理培训和宣教工作制度，制定了应急管理和指挥人员培训大纲，全国每年培训 30 多万人次。宣教工作内容日益丰富，宣教形式不断创新，应急知识普及面不断扩大。

八是应急科技支撑不断增强。各地区均成立了安全生产应急救援专家组。安全生产应急救援科研项目投入明显加大，科技部下达的 19 个应急救援重点项目研究已经完成，在煤矿瓦斯、危险化学品等事故灾难的应急救援和预测预警方面形成了一批新技术、新装备。制定了国家安全生产应急平台体系建设指导意见。国家安全生产应急平台已经开始建设，部分省（区、市）、市（地）和中央企业安全生产应急平台基本建成并投入运行。

九是国际交流合作不断深入。通过组织救援指战员及应急管理人员赴发达国家学习交流、参加国际矿山救援技术竞赛以及举办国际性安全生产应急管理论坛和展会等方式，加强了安全生产应急管理领域国际交流与合作。

目前，由于安全生产应急救援体系初步建立，基础相对薄弱，还存在一些制约安全生产应急管理工作进一步发展的因素。主要表现在：

(1) 安全生产应急管理法规及配套制度、标准和政策不够完善，应急管理执法依据不完备、执法能力不足、执法力度不够。区域、企地应急协同联动机制运转不畅，政府引导企业、社会积极参与安全生产应急管理工作的政策和制度有待完善。

(2) 仍有部分市、县尚未建立健全安全生产应急管理机构，已设立机构的地区还存在专职人员缺乏和职能发挥不到位等问题。部分基层应急预案的实用性、可操作性不强，风险评估不到位，企业预案与政府预案衔接不紧密。应急演练面向基层、贴近实战不够，效果有待提升。

(3) 应急救援队伍对重点行业领域、重点地区的覆盖不全面，救援装备种类不全、数量不够，专业化实训演练条件不足，部分队伍大型装备运行维护困难。应急平台数据信息缺乏稳定来源，平台功能没有得到充分发挥。事故现场信息难以第一时间全面准确获取、快速报送。尚未建立全国协调统一的应急物资储备体系。

(4) 应急培训的系统性、层次性、专业性、实战性有待提高，部分企业一线作业人员缺乏应急意识和先期处置技能。全社会共同参与的安全生产应急文化氛围仍未形成，宣传教育内容实效性不强，缺乏创新手段，公众风险防范意识和自救互救能力较为薄弱。总体来说，应对重大、复杂事故的能力不足，与党中央、国务院的要求以及人民群众的期盼还有很大差距。安全生产应急管理工作长期性、艰巨性、复杂性和紧迫性的特点十分明显。必须采取切实有效措施，全面提升应急能力，为实现安全生产形势根本好转的目标提供有力保障。

二、安全生产应急管理发展趋势

1. 推进应急管理责任落实

加强党对应急管理工作的领导，坚持把党的领导贯穿应急管理全过程各方面，确保党对应急管理工作的集中统一领导。严格落实企业主要负责人是安全生产应急管理第一责任人的工作责任制，健全企业先期响应机制。建立企业安全风险评估及全员告知制度。推动高危行业领域规模以上企业专兼职应急救援队伍建设及应急物资装备配备。完善应急预案和重点岗位、重点部位现场应急处置方案，加强高危行业企业制度化、全员化、多形式的应急演练，提升企业第一时间、最初环节应急处置能力。

2. 完善应急管理体制机制

围绕构建中国特色应急管理体制要求，进一步完善中央和地方的分级响应机制，地方党委和政府承担灾害事故处置的主体责任，中央给予指导支持。按照“战时怎么用、平时怎么建”的原则，进一步加强应急管理能力建设，完善工作机制，完善政府各部门之间及政府与企业、队伍之间的应急协调联动工作机制，完善区域应急救援互助机制。健全安全监管监察系统应急值班值守工作机制。完善事故现场救援统一指挥机制，建立事故现场应急救援指挥官制度，提升事故信息采集和分析决策能力。加强安全生产应急救援领域国际交流与合作，探索建立跨国、跨境应急协调联动机制。加强重大危险源、重要基础设施、重点企业和工业园区的安全监测、早期预警和应急管理。

3. 健全风险防范化解机制

习近平总书记指出，应急管理基础在预防，功夫在平时；防灾减灾救灾，关键是坚持源头预防。党的十九届四中全会明确要求完善和落实安全生产责任和管理制度，建立公共安全隐患排查和安全预防控制体系。落实安全发展理念，健全应急管理责任制，坚持谁主管谁负责的原则，完善安全生产责任体系。加强风险评估和隐患排查治理，从根本上消除事故隐患，真正把问题解决在萌芽之时、成灾之前。加强风险监测和预警，提升多灾种和灾害链综合监测、风险早期识别和预报预警能力。健全应急处置机制，构建全国灾害事故信息报送"一张网"，完善应急响应工作流程，完善防范救援救灾一体化机制，加快建立灾情评估速报平台，加强新闻宣传与舆论引导，提高应急救援救灾效率。

4. 完善应急管理法规制度

坚持依法应急，运用法治思维和法治方式提高应急管理的法治化、规范化水平。系统梳理和修订应急管理相关法律法规，解决现行法规与新形势新体制新任务新要求不适应的问题。《生产安全事故应急条例》公布施行后，抓紧制定完善配套规章、规范性文件和相关制度规定。推动设区的市以上地方各级政府根据立法权限和程序，结合区域特点，制修订地方性安全生产应急管理法规制度。推动制定应急救援社会化有偿服务政策、应急物资装备征用补偿政策、应急救援人员人身安全保险和伤亡抚恤褒扬、救援队伍激励及运行保障等政策。

5. 加强应急救援能力建设

国家综合性消防救援队伍是根据党中央改革决策部署，对原公安消防、武警森林部队予以改制整合，按照准现役、准军事化标准建设管理的纪律部队，实行统一领导、分级指挥，省级以下队伍实行以应急管理部为主，省（区、市）党委和政府双重领导的体制。建设国家（区域）矿山、国家（区域）危险化学品应急救援队和部分中央企业应急救援队，以及矿山、危险化学品骨干应急救援队伍，建立健全高危行业企业应急救援队伍，完善队伍体系，形成区域救援能力。注重培养"一专多能"的各级救援队伍，实施社会化服务，发挥救援队伍在预防性检查、预案演练、应急培训等方面的作用。鼓励和引导各类社会力量参与应急救援。将应急救援队伍建设纳入各级经济和社会发展规划，加大资金、政策扶持力度。将矿山医疗救护体系纳入各地区医疗卫生应急救援体系和安全生产应急救援体系，同步规划、同步建设。开展化工园区、矿山企业聚集区应急救援队伍一体化示范建设。加强安全生产应急救援队伍资质管理，促进队伍素质提高。

6. 强化应急管理培训宣教

健全完善分层次、分类别、多渠道的培训工作机制，有计划地开展业务知识和专业技能培训。强化领导干部应急决策指挥能力及管理人员业务培训，培养专家型应急管理人才。深化专兼职应急救援队伍指战员培训，提高安全生产事故救援能力。推进企业管理人员应急意识和能力培训，加强一线从业人员自救互救、避险逃生技能培训，提高现场处置能力。强化应急管理法治宣传教育，为应急管理改革发展营造良好氛围。大力宣传应急救援先进人物和感人事迹，加强应急处置警示教育。加强部门联动协作，引导公众积极参与应急管理宣传教育。注重传统媒体与新兴媒体融合互动，巩固拓展以互联网为中心的宣教平台，加强网站建设和移动客户端开发，打造应急管理宣传教育和应急文化建设网络阵地。实施企业安全生产应急文化建设，培植应急文化精品，开展应急知识普及。

7. 健全应急信息平台体系

依托国家电子政务网、安监专网、卫星网和互联网资源，构建应急“一张网”。利用总局“安监云”平台基础设施，建设全国安全生产应急云服务框架，为国家、省、市、县各级安全生产应急平台提供应急基础服务。建立应急资源数据管理机制，充分利用各类社会化数据，加强救援装备、物资、专家和队伍等应急基础数据的日常动态管理。建立生产安全事故应急救援指挥决策模型，加强大数据关联分析及结果运用，为风险监测预警、应急指挥决策、事故调查处理等提供数据支撑。

8. 提升应急支撑保障能力

在矿山、危险化学品等重点行业（领域）选择优势科研机构，重点建设一批安全生产应急救援技术支持保障机构，加强应急救援技术装备科技研发、检测检验等能力建设。加快国家（区域）应急救援队伍大型救援装备储备，依托有关企业、单位储备必要的物资装备和生产能力，建立安全生产应急物资储备制度和调运机制，形成布局合理、多层次、多形式的应急救援物资储备体系。支持有关大专院校加强安全生产应急管理学科建设，培养专业人才。建立和完善各类应急专家库，为应急管理和应急救援工作提供智力支持。

三、我国煤矿企业的安全生产管理

2000 年，为适应我国煤炭工业管理体制改革的需要，进一步加强煤矿安全监察工作，国务院决定组建国家煤矿安全监察局，对煤矿安全实施监察行政执法。国家煤矿安全监察局下设各地区煤矿安全监察局和各煤矿安全监察分局，实行全国统一、垂直管理体制。

随着煤炭工业的快速发展，为适应煤炭行业管理的需要，全国主要产煤省（自治区、直辖市）陆续恢复了煤炭行业管理部门，对煤矿安全生产实行监督管理。至此，我国煤矿安全生产形成了国家监察、地方监管、企业负责的格局，也是煤矿安全工作的原则。

2018 年 3 月，根据第十三届全国人民代表大会第一次会议批准的国务院机构改革方案，中华人民共和国应急管理部设立。将国家安全生产监督管理总局的职责，国务院办公厅的应急管理职责，公安部的消防管理职责，民政部的救灾职责，国土资源部的地质灾害防治、水利部的水旱灾害防治、农业部的草原防火、国家林业局的森林防火相关职责，中国地震局的震灾应急救援职责以及国家防汛抗旱总指挥部、国家减灾委员会、国务院抗震救灾指挥部、国家森林防火指挥部的职责整合，组建应急管理部。中国地震局、国家煤矿安全监察局由应急管理部管理。2020 年 9 月，国家矿山安全监察局成立。

煤炭行业是工业行业中的高危行业，2019 年全国煤矿发生死亡事故 170 起、死亡 316 人，同比分别下降 24. 1% 和 5. 1%；百万吨死亡率 0. 083，同比下降 10. 8%。但我国煤矿重大灾害依然严重，安全保障能力仍比较低。我国井工煤矿数量占 97%，开采条件复杂。随着开采深度增加，煤与瓦斯突出、冲击地压、水害、热害等灾害威胁日益严重，复合灾害加剧。资源整合小型煤矿致灾因素普查不到位，灾害事故风险大。大多数小型煤矿安全条件差、装备简陋，从业人员安全素质和专业技能低；尤其是高瓦斯和煤与瓦斯突出等灾害严重的小型煤矿，基本不具备灾害防治能力。因此，加强煤炭企业安全生产中突发事故的应急管理仍是确保安全生产的重要一环。

第二节 露天开采特点和事故特性

固体矿床露天开采是在敞露的地面把有用矿物开采出来。为了采出矿石，需将矿体周围的岩石及其覆盖层剥离，通过露天矿道路或者地下巷道把矿石和岩石运至地表。搬移土岩的生产过程叫剥离，开采矿石的过程称采矿。露天矿开采是剥离和采矿的总称，露天矿开采分为机械开采、人工开采、水力开采和挖掘船开采。我国露天矿开采一般采用机械开采。

一、露天开采的特殊性

露天开采不仅具有生产的一般性，而且具有自身的特殊性。具体地讲有以下几点：

（1）露天矿生产具有季节性。露天矿生产是在露天场所进行的，受季节气候的影响，如雨季和冬季。

（2）露天矿生产具有变动性。露天矿的作业地点和环境始终处于动态中，如采掘线的推进、排土场的发展、道路的频繁更替。

（3）露天矿生产具有开放性。露天矿生产很难成为封闭式生产或工厂化生产，其采场和排土场始终与外界相连，因此具有开放的特点。

（4）露天矿的生产具有机动性。露天矿生产的一个重要环节就是运输环节。而以汽车运输工艺为主的露天矿的运输卡车和生产指挥车又具有很强的机动性，因此露天矿生产具有机动性的特点。

二、露天开采的优缺点

露天开采与地下开采相比有以下突出的优点：

（1）生产能力大。受开采空间的限制小，可采用大型机械设备，利于实现自动化开采，从而大大提高开采强度和矿石产量。目前世界上最大的露天煤矿年产量可以达到1亿t左右，如美国北安特洛浦－罗切斯特煤矿2012年产量为1.07亿t，总剥岩量可达到1亿~5亿m^3。但由于大型生产设备应用，大型露天矿投资较大，如平朔安家岭露天煤矿投资达40亿元人民币，准格尔黑岱沟露天煤矿投资为97亿元人民币。

（2）资源回收率高。一般在90%以上，由于露天开采无须留保安煤柱，绝大部分资源都可开采出来。

（3）劳动生产率高。按每工生产煤炭产量计算，美国平均25.6 t/工，德国平均81.8 t/工；我国平朔安太堡露天煤矿20.4 t/工，准格尔黑岱沟露天煤矿引入拉斗铲改扩建后工效达96.0 t/工。

（4）生产成本低。如阜新海州露天煤矿吨煤成本为50~60元/t，准格尔黑岱沟露天煤矿引入拉斗铲改扩建后吨煤成本为43.8元。

（5）安全程度高。矿工作业安全性较高，无瓦斯、顶板冒落等井工开采频发易发的灾害。

（6）建设速度快。一个数千万吨规模的露天开采矿区，只要外部条件配合恰当，一般1~3年可建成。

露天矿开采的主要缺点是：占用土地多，原始地表植被及地貌受到破坏；受气候影响大，如严寒、冰雪、酷热和暴风雨等都对露天矿开采有一定影响；对矿床的赋存条件要求较严格，埋藏较深的矿床的露天矿开采往往受到限制。

三、露天开采工艺呈现出新的特点和发展方向

随着我国改革开放进程的不断推进，露天煤矿的开采规模发生了质的飞跃，单矿平均设计能力较20世纪80年代前投产的露天煤矿提高了8～10倍，现已出现了设计规模在20 Mt以上的世界级露天煤矿，最大露天煤矿年产量已达到3000万吨以上。截至2012年底，我国露天煤矿总生产量占煤矿总产量的12.5%。伴随开采规模的扩大，各种开采工艺系统也陆续在我国出现，如轮斗连续工艺、拉斗铲倒堆工艺等，当前世界上各类主流露天开采工艺系统在我国露天煤矿都有采用，露天开采工艺呈现出新的特点和发展方向：

（1）生产环节的合并化与开采工艺的简化。露天开采基本生产环节有穿爆、采装、运输与排土，条件适宜时可采用某种开采设备，实现2个甚至3个生产环节的合并，以简化开采过程并大幅度降低开采成本。巨型拉斗铲倒堆剥离是一种典型的合并式工艺；将轮斗系统中的轮斗铲替换为单斗电铲和自移式破碎机，形成单斗电铲采掘—自移式破碎机破碎—悬臂排土机排土系统，扩大了其应用范围，也为开采工艺发展的重要方向。

（2）开采工艺的连续化。采用半连续开采工艺是降低剥采成本、节约燃油消耗的有效途径，是进行露天矿山剥离和采矿工程的发展趋势。

（3）开采工艺的综合化。随着露天矿的开采范围趋于扩大，开采深度日益增加，开采境界内矿岩赋存条件往往复杂多变，传统的单一开采工艺逐渐不能与之适应，故因地制宜地采用多种开采工艺相结合，可有效提高效率、降低成本。近年来，多种开采工艺综合应用已经成为大型露天矿开采的发展模式。

（4）露天开采的智能化。近年来互联网+、人工智能和大数据等颠覆性技术的方兴未艾，拉开了第4次工业革命的序幕，加速了传统行业变革的进程，德国提出了工业4.0，美国提出了“智慧地球（Smart Planet）”，中国提出了“中国制造2025”战略，发展智能制造、智能装备、智能生产成为工业界发展的主流方向。因此，利用这次工业革命的机遇，建设智慧煤矿、发展智能化开采符合国家战略，也是解决目前煤炭工业面临问题及发展的必然选择，相较于井工矿露天矿山更适合建设符合智慧化要求的现代化矿山。

随着我国经济发展对能源的需求日益增加，我国露天煤矿的生产规模不断扩大，同时伴随国际油价的波动，单斗—卡车工艺的生产成本将波动较大，其机动灵活性和适应性强的优势将越发不明显，拉斗铲倒推工艺对赋存条件要求严格，轮斗铲连续工艺投资较高且受矿岩硬度和气候条件的限制。因此，我国露天煤矿开采工艺呈现出由传统的以单斗—卡车工艺为主向以半连续工艺为主的综合工艺方向发展的趋势。

四、露天开采主要危险因素及易发事故

露天开采比井工开采具有开采环境优越、生产危险因素与隐患较少，因而露天煤矿事故发生较少,产生的危害与损失也远较地下开采小。但相比其他行业还是属于安全风险较高、作业环境较差的行业。由于露天矿的开采特点,露天矿主要危险因素及易发事故如下：

（1）机械电气设备多，体积、功率大，易发生机电事故。

（2）大型运输设备多，道路条件差，受天气、多尘环境影响大，司机近距离视线有盲区，易发生运输事故。

（3）露天矿剥离台阶高、边坡陡，卡车、挖掘机、推土机等设备及相关人员作业区靠近边坡，易发生坠落和边坡坍塌事故。

（4）露天矿爆破炸药量大，易发生炸药运输、储存和爆破事故。

（5）露天矿煤层系地面和浅部煤田，且大部位于西北干旱地带，易发生自燃事故并对爆破安全产生新的威胁。

（6）在地面低洼处作业的露天矿容易受地下水、地面暴雨和洪水水患的影响。

（7）露天矿开挖形成的边坡多为高陡边坡，时效性强，易受水、车辆运输、爆破震动影响而发生滑坡事故。

第三节　事故分类与煤矿应急管理

一、事故分类

1. 按诱发因素分类

按诱发因素的不同，将事故分为责任事故和非责任事故两种类型。

（1）责任事故：是指人们在进行有目的的活动中，由于人为的因素，如违章操作、违章指挥、违反劳动纪律、管理缺陷、生产作业条件恶劣、设计缺陷、设备保养不良等原因造成的事故。此类事故是可以预防的。

（2）非责任事故：主要包括自然灾害事故和因人们对某种事物的规律性尚未认识，目前的科学技术水平尚无法预防和避免的事故等。

2. 按伤害程度分类

按伤害程度划分，将事故分为轻伤、重伤、死亡3类。

（1）轻伤事故：指损失工作日低于105日的失能伤害。

（2）重伤事故：指损失工作日等于超过105日、小于6000日的失能伤害。具体参见国务院有关部门颁发的《有关重伤事故范围的意见》。

（3）死亡事故：损失工作日6000以上（含6000日）的失能伤害。

3. 按伤亡人数或经济损失分类

按事故伤亡人数或者直接经济损失，根据《生产安全事故报告和调查处理条例》（国务院令　第493号），将事故分为以下4级，见表1－1。

表1－1　按事故造成的人员伤亡或者直接经济损失分级表

等级事故	造成死亡人数		造成重伤人数		直接经济损失
特别重大事故	30人以上	或者	100人以上	或者	1亿元以上
重大事故	10人以上30人以下	或者	50人以上100人以下	或者	5000万元以上1亿元以下
较大事故	3人以上10人以下	或者	10人以上50人以下	或者	1000万元以上5000万元以下
一般事故	3人以下	或者	10人以下	或者	1000万元以下

注：“以上”包括本数，“以下”不包括本数。

二、煤矿应急管理

根据《煤矿安全生产标准化管理体系基本要求及评分方法（试行）》，煤矿应急管理有关要求如下：

1. 煤矿应急管理工作要求

（1）落实煤矿应急管理主体责任，主要负责人是应急管理和事故应急救援的第一责任人；明确安全生产应急管理的分管负责人和主管部门。

（2）建立健全应急管理和应急救援制度，明确岗位职责。

（3）应急管理和应急救援资源有保障。

（4）组建应急救援队伍或有应急救援队伍为其服务。

（5）编制生产安全事故应急救援预案及年度灾害预防和处理计划，按照规划和计划组织应急救援预案演练，组织实施灾害预防和处理计划。

2. 煤矿应急管理标准化评分表

在煤矿调度和应急管理标准化评分表（100 分）中，应急管理占 40 分，具体见表 1－2。

表 1－2 煤矿应急管理标准化评分表（40 分）

项目内容	基本要求	标准分值	评分方法	得分
指挥场所	有固定的应急救援指挥场所	2	查现场和资料。不符合要求不得分	
制度建设	建立健全并严格执行以下制度： 1. 事故监测与预警制度； 2. 应急值守制度； 3. 应急信息报告和传递制度； 4. 应急投入及资源保障制度； 5. 应急救援预案管理制度； 6. 应急演练制度； 7. 应急救援队伍管理制度； 8. 应急物资装备管理制度； 9. 安全避险设施管理和使用制度； 10. 应急资料档案管理制度	2	查资料。缺 1 项制度扣 1 分，制度内容不完善或未执行 1 处扣 0.2 分	
应急保障	1. 配备应急救援物资、装备或设施，建立台账，按规定储存、维护、保养、更新、定期检查等； 2. 有可靠的信息通信和传递系统，保持最新的内部和外部应急响应通讯录； 3. 配置必需的急救器材和药品；与就近的医疗机构签订急救协议； 4. 建立覆盖本煤矿所有专项应急救援预案相关专业的技术专家库	4	查现场和资料。不符合要求 1 处扣 0.5 分	
安全避险系统	按规定建立完善井下安全避险设施，设置井下避灾路线指示标识。每年由总工程师组织开展安全避险系统有效性评估	2	查现场和资料。未评估扣 1 分；标识未设置扣 1 分；其他不符合要求 1 处扣 0.2 分	

表 1-2（续）

项目内容	基本要求	标准分值	评分方法	得分
应急广播系统	井下设置应急广播系统，井下人员能够清晰听到应急指令	1	查现场。未建立系统不得分。1 处生产作业地点不能够听到应急指令扣 0.2 分	
个体防护装备	按规定配置足量的自救器，入井人员随身携带，并能熟练使用；矿井避灾路线上按需求设置自救器补给站	1	查现场和资料。自救器的备用量不足 10% 扣 0.5 分；入井人员未携带自救器或不会使用 1 人次扣 0.2 分；未设置自救器补给站 1 处扣 0.2 分	
紧急处置权限	明确授予带（跟）班人员、班组长、安检员、瓦斯检查工、调度人员的遇险处置权和现场作业人员的紧急避险权	1	查两项权力的授权资料。权力未明确不得分	
技术资料	1. 井工煤矿应急指挥中心备有最新的采掘工程平面图、矿井通风系统图、井上下对照图、井下避灾路线图、灾害预防与处理计划、应急救援预案； 2. 露天煤矿应急指挥中心备有最新的采剥、排土工程平面图和运输系统图、防排水系统图及排水设备布置图、井工老空区与露天矿平面对照图、应急救援预案	3	查现场和资料。缺 1 项扣 1 分	
队伍建设	1. 煤矿有符合要求的矿山救护队为其服务	4	查资料。不符合要求不得分	
	2. 井工煤矿上级公司未设立矿山救护队或行车时间超过 30 min 的，煤矿应设立兼职救护队，并与行车时间 30 min 以内到达的矿山救护队签订救护协议； 3. 兼职救护队按照《矿山救护规程》的相关规定配备器材和装备，实施军事化管理，器材和装备完好，定期接受专职矿山救护队的业务培训和技术指导，按照计划实施应急施救训练和演练	3	查现场和资料。应设未设兼职救护队不得分，其他不符合要求 1 处扣 0.5 分	
应急预案	1. 预案编制与修订： （1）按照《生产安全事故应急预案管理办法》和年度安全风险辨识评估报告编制应急救援预案，并按《生产安全事故应急条例》规定及时修订； （2）按规定组织应急救援预案的评审，形成书面评审结果；评审通过的应急救援预案由煤矿主要负责人签署公布，及时发放； （3）应急救援预案与煤矿所在地政府的生产安全事故应急救援预案相衔接	3	查资料。未编制预案的“应急预案”项不得分；预案修订不及时不得分；预案有欠缺 1 处扣 0.5 分，预案未组织评审不得分，评审证据资料、签署和发放管理环节 1 处不符合要求扣 0.5 分，预案发放不及时扣 1 分，预案未与政府预案相衔接扣 0.5 分	
	2. 按照应急救援预案和灾害预防与处理计划的相关内容，针对重点工作场所、重点岗位的风险特点制定应急处置卡，现场作业人员随身携带	1	查现场和资料。不符合要求 1 处扣 0.2 分；现场抽查，1 人未随身携带扣 0.2 分	
	3. 按照分级属地管理的原则，按规定时限、程序完成应急救援预案上报并进行备案，并依法向社会公布	1	查资料。未按照规定上报、备案不得分；未及时公布，扣 0.5 分	
	4. 煤矿发生事故按规定启动应急救援预案，实施应急响应、组织应急救援；并按照规定的时限、程序上报事故信息	1	查资料。不按规定程序启动预案，不上报事故信息，上报不符合要求不得分	

表1-2（续）

项目内容	基本要求	标准分值	评分方法	得分
应急演练	1. 有应急演练规划、年度计划和演练工作方案，内容符合相关规定	2	查资料。不符合要求1处扣0.2分	
	2. 按规定3年内完成所有综合应急救援预案和专项应急救援预案演练，至少每半年组织1次生产安全事故应急救援预案演练	1	查资料。不符合要求不得分	
	3. 应急救援预案及演练、灾害预防和处理计划的实施由矿长组织；记录翔实完整，进行评估、总结，并将演练情况报送县级以上地方政府负有安全生产监督管理职责的部门	3	查资料。演练和计划的实施组织主体不符合要求不得分；演练情况未及时报送扣1分；其他不符合要求1处扣0.5分	
资料档案	1. 应急资料归档保存，连续完整，保存期限不少于3年	3	查资料。不符合要求1处扣0.5分	
	2. 应急管理档案内容完整真实（应包括组织机构、工作制度、应急救援预案、上报备案、应急演练、应急救援、协议文书），管理规范	2	查现场和资料。不符合要求1处扣0.2分	

第二章 煤矿安全生产应急管理法律法规

第一节 煤矿安全生产应急管理法律体系

应急管理法律体系是中国特色社会主义法律体系的重要组成部分，是应急管理事业改革发展的根本保障。

一、我国应急管理法治工作发展历程

2003年抗击“非典”斗争和2018年机构改革组建应急管理部是我国应急管理事业发展历程中具有历史意义的两件大事，推动了我国应急管理体制不断发展健全，促进了应急管理法律体系日臻完善。

2003年抗击“非典”斗争之前，我国应急管理机制尚未建立，应急管理采取的是分部门、分灾种各司其职、各负其责的体制，应急管理法律体系尚未形成，有关应急管理的规定分散在各相关法律条文中。矿山立法方面，如《矿产资源法》《矿山安全法》《劳动法》《煤炭法》《安全生产法》陆续颁布实施，《乡镇煤矿管理条例》等行政法规也陆续出台。

从2003年抗击“非典”斗争开始，我国逐步建立了“一案三制”为统领的应急管理体系。党的十七大强调要进一步健全突发事件应急管理机制。各地各部门认真贯彻中央的部署和要求，完善和落实应急预案，加强应急管理体制机制建设，加大风险隐患预防和排查治理力度，及时组织处置突发事件，我国应急管理体制机制逐步建立。2007年11月，《突发事件应对法》颁布实施，为有效实施应急管理提供了更加完备的法律依据和法治保障。此后各部门及行业领域进一步加大配套行政法规建设力度，初步形成了以《突发事件应对法》为基础，以《安全生产法》《消防法》等法律支撑，以《森林防火条例》等行政法规为主干，以地方性法规和政府规章、部门规章相配套的应急管理法律体系。

2018年，应急管理部组建后，狠抓应急管理法律体系建设，为机构改革和应急管理事业发展提供了有力的法治保障。这一阶段应急管理法律体系建设取得进展有：研究形成了《应急管理立法体系框架方案》，出台了《消防救援衔条例》，颁布实施了《生产安全事故应急条例》，推动了安全生产领域的应急管理工作走上法制化、规范化、制度化轨道；对《消防法》进行了修订，全面体现消防体制机制改革成果。应急管理部、公安部、最高人民法院、最高人民检察院联合印发了《安全生产行政执法与刑事司法衔接工作办法》，对安全生产日常执法和事故调查中的案件移送与法律监督、刑事证据的收集与使用以及相关部门间的沟通协作机制等方面问题作出详细规定。

二、我国煤炭安全生产应急管理法律体系框架

我国煤矿安全生产应急管理法制体系层级框架如图 2－1 所示。

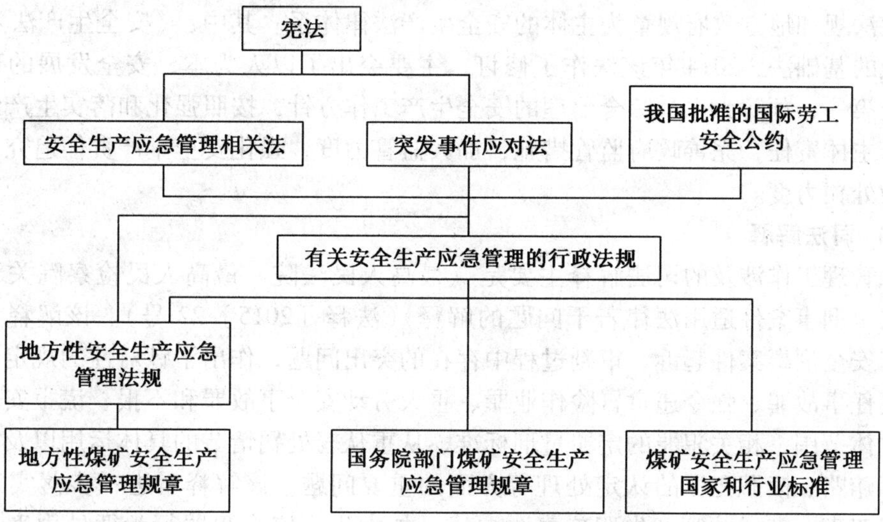

图 2－1　我国煤矿安全生产应急管理法制体系层级框架

（一）宪法

宪法是我国的根本大法，具有最高法律效力。国家开展应急管理工作的最终目的，是确保人民群众生命财产安全和社会稳定，因此，宪法中关于公民人身、财产、劳动等基本权利和义务的规定，是应急管理中具有最高法律效力的规定。国家根据这些规定开展应急管理工作，以这些规定为基础建设应急管理法律体系。

在安全生产和劳动保护方面，宪法提出“加强劳动保护，改善劳动条件”，是安全生产领域最高层面的规定，煤矿企业应遵守宪法的规定，加强劳动保护，加强应急管理工作。

（二）法律、行政法规及部门规章

1. 综合领域

《突发事件应对法》是目前应急管理方面的基本法，共 7 章 70 条，自 2007 年 11 月 1 日实施。该法是我国应急管理法律制度由分散走向统一的标志，确定了我国突发事件的 4 个种类（自然灾害、事故灾害、公共卫生事件和社会安全事件）和 4 个等级（特别重大、重大、较大和一般），基本法律制度包括预防与应急准备制度、监测与预警制度、应急处置与应急救援制度、事后恢复与灾害重建制度等。该法把突发事件的预防和应急准备放在优先的位置，坚持有效控制危机和最小代价原则，对公民权利依法予以限制和保护相统一，建立了统一领导、分级负责和综合协调的突发事件应对体制。

2. 安全生产领域

安全生产领域已形成以《安全生产法》《职业病防治法》2 部法律为基础、以《生产

安全事故应急条例》《安全生产许可证条例》《生产安全事故报告和调查处理条例》《国务院关于特大安全事故行政责任追究的规定》等 13 部行政法规为主干、以《煤矿安全规程》《烟花爆竹生产经营安全规定》《煤矿安全培训规定》《防治煤与瓦斯突出细则》《煤矿防治水细则》等 54 部应急管理部部门规章（含原国家安全监管总局规章）以及安全生产地方性法规和地方政府规章为主体的安全生产法律体系。其中，《安全生产法》是安全生产领域的基础法，2014 年该法作了修订，主要突出了以人为本、安全发展的理念，完善了安全第一、预防为主、综合治理的安全生产工作方针，按照强化和落实生产经营单位安全生产主体责任，完善政府监管措施，加大监管力度，强化安全生产责任追究、加重对违法行为处罚力度。

（三）司法解释

应急管理工作涉及的司法解释主要是《最高人民法院　最高人民检察院关于办理危害生产安全刑事案件适用法律若干问题的解释》（法释〔2015〕22 号）。该解释共 17 条，针对生产安全刑事案件起诉、审判过程中存在的突出问题，作出了针对性的规定，内容涵盖重大责任事故罪、强令违章冒险作业罪、重大劳动安全事故罪和不报、谎报安全事故罪的犯罪主体范围、相关犯罪的定罪量刑标准、从重从轻处罚情节的具体运用以及相关公职人员贪污贿赂、渎职犯罪的认定处理等方面的重要问题。该解释对进一步落实“党政同责、一岗双责、齐抓共管、失职追责”要求，加大生产安全犯罪行为惩处力度，强化安全发展的意识，具有十分重大的意义。

（四）应急管理标准

应急管理标准是规范应急管理工作的基础性技术规范，是应急管理法律法规的延伸。涉及煤矿安全生产应急管理的标准有国家标准（代码 GB）、安全生产标准（代码 AQ）和煤炭标准（代码 MT），如《生产经营单位生产安全事故应急预案编制导则》（GB/T 29639—2020）、《生产经营单位生产安全事故应急预案评估指南》（AQ/T 9011—2019）和《煤矿安全生产监控系统通用技术条件》（MT/T 1004—2006）。

第二节　煤矿应急管理主要法规条文

从法律层级上来说，我国煤矿应急管理有关的法律法规主要包括由立法机关通过的法律，国务院颁布的应急管理行政法规，由应急管理部或原国家安全生产监督管理总局（国家煤矿安全监察局）颁布的部门规章，各省（自治区、直辖市）人民代表大会制定并颁布的地方性法规，还有地方政府规章，以及与应急救援活动直接有关的标准或指导性文件等。

一、煤矿应急管理涉及的主要法律

涉及煤矿应急管理的主要法律有《突发事件应对法》《安全生产法》《煤炭法》《矿山安全法》《劳动法》《矿产资源法》等。下面重点介绍《安全生产法》第五章“生产安全事故的应急救援与调查处理”的条文内容。

《安全生产法》第五章共 11 条，其中前 7 条（第七十六条至第八十二条）是关于应急救援的，第七十六、七十七条规定了国家及各级政府在生产安全事故应急能力建设和应急准备方面的职责；第七十八、七十九条规定了生产经营单位在应急能力和应急准备方面责任，包括预案的编制和演练，应急救援组织建立和救援队伍保障，应急救援器材、设备和物资准备；第八十、八十一、八十二条规定了事故发生后，生产经营单位、政府以及个人在事故报告、处置及支持配合中的责任。

1. 国家加强应急能力建设

《安全生产法》第七十六条第一款规定，“国家加强生产安全事故应急能力建设，在重点行业、领域建立应急救援基地和应急救援队伍，鼓励生产经营单位和其他社会力量建立应急救援队伍，配备相应的应急救援装备和物资，提高应急救援的专业化水平。”

为了完善应急救援机制，国家在鼓励生产经营单位和其他社会力量建立应急救援队伍的同时，给予各种优惠政策。2018 年，财政部、国家税务总局、应急管理部下发了《关于印发〈安全生产专用设备企业所得税优惠目录（2018 年版）〉的通知》(财税〔2018〕84 号)，规定了生产经营单位在购置列入安全生产专用设备企业所得税优惠目录的应急救援设备，可按购置额 10% 享受税额抵免；生产经营单位安全生产应急救援队伍列入国家、区域安全生产应急队的，还可在设备购置与维护、队伍训练等方面给予一定的资金补助。

2. 建立应急救援信息系统

《安全生产法》第七十六条第二款规定，“国务院安全生产监督管理部门建立全国统一的生产安全事故应急救援信息系统，国务院有关部门建立健全相关行业、领域的生产安全事故应急救援信息系统。”

建立全国统一的生产安全事故应急救援信息系统，需要加快国家、省、市三级安全生产应急平台，完善网络系统、应用系统、应急指挥大厅、模拟推演室等相关系统和配套标准规范和安全体系，实现安全生产管理和协调指挥的信息化、科学化和智能化，并与其他平台相连接，实现互联互通和信息共享，提高事故救援决策的科学性和实效性。

3. 增强地方政府的救援责任

《安全生产法》第七十七条规定了县级以上地方政府的应急救援责任：组织有关部门制定本行政区域内生产安全事故应急救援预案，建立应急救援体系。

县级以上地方政府针对可能发生的各种事故灾难组织有关部门制定相应的应急预案，即使只有 1 人遇险，政府或有关本部门也应根据应急预案的规定开展救援行动，体现了“以人为本”的要求。同时建立应急救援体系，我国应急救援体系主要包括“一案三制”(预案、体制、机制和法制）及物资装备保障体系。

4. 生产经营单位应急能力建设与应急准备职责

《安全生产法》第七十八条规定：生产经营单位应当制定本单位生产安全事故应急救援预案，与所在地县级以上地方人民政府组织制定的生产安全事故应急救援预案相衔接，并定期组织演练。

生产经营单位是事故发生的第一响应单位，要做好事故的报告、前期处置和自救工作，因此要提高自身的应急救援能力，做好应急准备工作。

按照应急管理部 2019 年修改的《生产安全事故应急预案管理办法》，各级人民政府应急管理部门应当至少每两年组织一次应急预案演练，提高本部门、本地区生产安全事故应急处置能力。

生产经营单位应当制定本单位的应急预案演练计划，根据本单位的事故风险特点，每年至少组织一次综合应急预案演练或者专项应急预案演练，每半年至少组织一次现场处置方案演练。

易燃易爆物品、危险化学品等危险物品的生产、经营、储存、运输单位，矿山、金属冶炼、城市轨道交通运营、建筑施工单位，以及宾馆、商场、娱乐场所、旅游景区等人员密集场所经营单位，应当至少每半年组织一次生产安全事故应急预案演练，并将演练情况报送所在地县级以上地方人民政府负有安全生产监督管理职责的部门。

生产经营单位若未按照规定制定生产安全事故应急救援预案或者未定期组织演练，依据《安全生产法》第九十四条，可处 5 万元以下的罚款，并责令限期改正；逾期未改正的，责令停产停业整顿，并处 5 万元以上 10 万元以下的罚款，直接责任人也会被处以罚款。

《安全生产法》第七十九条规定：危险物品的生产、经营、储存单位以及矿山、金属冶炼、城市轨道交通运营、建筑施工单位应当建立应急救援组织；生产经营规模较小的，可以不建立应急救援组织，但应当指定兼职的应急救援人员。

危险物品的生产、经营、储存、运输单位以及矿山、金属冶炼、城市轨道交通运营、建筑施工单位应当配备必要的应急救援器材、设备和物资，并进行经常性维护、保养，保证正常运转。

5. 事故发生后的应急处置和救援工作责任

《安全生产法》第八十条规定：生产经营单位发生生产安全事故后，事故现场有关人员应当立即报告本单位负责人。

单位负责人接到事故报告后，应当迅速采取有效措施，组织抢救，防止事故扩大，减少人员伤亡和财产损失，并按照国家有关规定立即如实报告当地负有安全生产监督管理职责的部门，不得隐瞒不报、谎报或者迟报，不得故意破坏事故现场、毁灭有关证据。

《安全生产法》第八十一条规定：负有安全生产监督管理职责的部门接到事故报告后，应当立即按照国家有关规定上报事故情况。负有安全生产监督管理职责的部门和有关地方人民政府对事故情况不得隐瞒不报、谎报或者迟报。

不报、谎报或者迟报都可能会贻误事故抢救，《刑法修正案（六）》增设了不报、谎报安全事故罪。单位负责人在事故发生后“迟报”，也会被追究责任。

依照《生产安全事故报告和调查处理条例》，生产经营单位的事故报告程序为：事故发生后，事故现场有关人员应当立即向本单位负责人报告；单位负责人接到报告后，应在 1 小时内向事故发生地县级以上人民政府安全生产监管部门和负有安全生产监管职责的有关部门报告；紧急情况下，事故现场有关人员可直接向事故发生地县级以上人民政府安全生产监管部门和负有安全生产监管职责的有关部门报告。若生产经营单位负责人“迟报”安全生产事故，依照《安全生产法》第一百零六条，给予降级、撤职的处分，并由安全生产监督管理部门处上一年年收入百分之六十至百分之一百的罚款。

《安全生产法》第八十二条规定，有关地方人民政府和负有安全生产监督管理职责的部门的负责人接到生产安全事故报告后，应当按照生产安全事故应急救援预案的要求立即赶到事故现场，组织事故抢救。

参与事故抢救的部门和单位应当服从统一指挥，加强协同联动，采取有效的应急救援措施，并根据事故救援的需要采取警戒、疏散等措施，防止事故扩大和次生灾害的发生，减少人员伤亡和财产损失。

任何单位和个人都应当支持、配合事故抢救，并提供一切便利条件。

煤矿作为高危行业之一，在应急预案编制和演练、应急救援物资和装备的维护准备、应急救援队伍建设等方面有着更高的要求。

二、煤矿应急管理涉及的主要行政法规

行政法规是由国务院制定，总理签署国务院令公布的，行政法规的制定是以有关的法律为依据，进一步明确法律相关要求。目前，与煤矿应急管理相关的行政法规有《生产安全事故应急条例》《矿山安全法实施条例》《煤矿安全监察条例》《生产安全事故报告和调查处理条例》《工伤保险条例》等。其中，《生产安全事故应急条例》是生产安全事故应急工作的行政法规。

（一）《生产安全事故应急条例》

2019 年 2 月 17 日，国务院总理李克强签署第 708 号国务院令，公布《生产安全事故应急条例》(以下简称《条例》)，自 2019 年 4 月 1 日起施行。《条例》共五章三十五条，对生产安全事故应急工作体制、应急准备、应急救援等作了规定。

1.《条例》的位阶及适用范围

(1)《条例》是《安全生产法》和《突发事件应对法》的配套行政法规。《条例》与《突发事件应对法》和《安全生产法》的关系：①《突发事件应对法》和《安全生产法》有明确规定的，《条例》不再重复规定；②《突发事件应对法》和《安全生产法》中有规定但比较原则的，《条例》进行细化和具体化，增强操作性和实用性。例如，《条例》增加了有关应急预案编制及修改、备案和演练的规定。③《突发事件应对法》和《安全生产法》中没有规定，实际工作又急需的，《条例》进行补充和完善。例如，《安全生产法》中未规定应急预案具体内容，未规定应急值班值守制度，未规定事故现场应急指挥的工作机制等。

(2)《条例》是生产安全事故应急工作的行为规范。《条例》第二条规定“本条例适用于生产安全事故应急工作；法律、行政法规另有规定的，适用其规定。”按照特殊法优于一般法的原则，《条例》是规范生产安全事故应急工作的一般规定，其他行政法规对生产安全事故应急工作另有规定的，适用其行政法规的规定。例如《危险化学品安全管理条例》对危险化学品事故应急预案有规定，适用其规定。

2.《条例》明确了生产安全事故应急工作的体制

《条例》第三条第一款规定“国务院统一领导全国的生产安全事故应急工作，县级以上地方人民政府统一领导本行政区域内的生产安全事故应急工作。生产安全事故应急工作涉及两个以上行政区域的，由有关行政区域共同的上一级人民政府负责，或者由各有关行政区域的上一级人民政府共同负责。”根据上述规定，假如两个县属于同一市管辖的，则由该市政府负责；假如两个县分别属于不同市管辖的，则由不同市共同负责。

《条例》明确政府有关部门按照各自职责负责有关行业、领域的生产安全生产事故应急工作。《条例》第三条第二款规定“县级以上人民政府应急管理部门和其他对有关行业、领域的安全生产工作实施监督管理的部门（以下统称负有安全生产监督管理职责的部门）在各自职责范围内，做好有关行业、领域的生产安全事故应急工作。”生产安全事故应急工作是安全生产的重要内容，按照管行业必须管安全、管业务必须管安全、管生产

经营必须管安全的原则，政府应急管理部门和其他负责安全生产监督管理职责的部门在各自职责范围内，分别做好有关生产安全事故应急工作，各负其责。

《条例》明确应急管理部门对生产安全事故应急工作负有统筹职责。《条例》第三条第三款规定“县级以上人民政府应急管理部门指导、协调本级人民政府其他负有安全生产监督管理职责的部门和下级人民政府的生产安全事故应急工作。”应急管理部门作为安全生产工作的综合部门，对安全生产工作负综合监督管理职责，同样对同级政府其他部门和下级政府的生产安全事故应急工作负有指导、协调职责。这里讲的指导，是指按照国家和上级有关部门或者本级政府的要求指导开展生产安全事故相应的应急工作，包括预案编制、预案演练等。这里讲的协调，是指对生产安全事故应急工作中有关重大问题进行协调，处理不了的，及时向有关政府和部门汇报。特别要注意的是，没有监督检查职责，与安全生产工作有所不同。

《条例》明确生产经营单位是本单位生产安全事故应急工作的责任主体，主要负责人全面负责。《条例》第四条规定“生产经营单位应当加强生产安全事故应急工作，建立、健全生产安全事故应急工作责任制，其主要负责人对本单位的生产安全事故应急工作全面负责。”贯彻落实《安全生产法》的规定，强调管安全生产工作必须管应急工作。

3.《条例》强化了生产安全事故的应急准备

应急准备是整个应急管理工作的基础和前提。《突发事件应对法》对有关应急准备作出了很多规定，《安全生产法》对有关应急预案和应急队伍、物资配备也作出了相应规定。在此基础上，结合生产安全事故应急工作的实际需要，《条例》设立专章，共 12 条，从预案编制、预案备案、预案演练、队伍建设、值班制度、人员培训、物资储备、信息系统等 8 个方面进行规范。

4.《条例》规范了生产安全事故的现场应急救援

（1）明确了生产经营单位初期处置的主要行为。发生事故后，生产经营单位是第一救援力量，必须进行初期处置，避免事态扩大。为此，《条例》第十七条规定，发生生产安全事故后，生产经营单位应当立即启动生产安全事故应急救援预案，采取下列一项或者多项应急救援措施，并按照国家有关规定报告事故情况。这些措施有：①迅速控制危险源，组织抢救遇险人员；②根据事故危害程度，组织现场人员撤离或者采取可能的应急措施后撤离；③及时通知可能受到事故影响的单位和人员；④采取必要措施，防止事故危害扩大和次生、衍生灾害发生；⑤根据需要请求邻近的应急救援队伍参加救援，并向参加救援的应急救援队伍提供相关技术资料、信息和处置方法；⑥维护事故现场秩序，保护事故现场和相关证据；⑦法律、法规规定的其他应急救援措施。

（2）规范了政府的应急救援程序。《条例》第十八条规定，有关地方人民政府及其部门接到生产安全事故报告后，应当按照国家有关规定上报事故情况，启动相应的生产安全事故应急救援预案，并按照应急救援预案的规定采取下列一项或者多项应急救援措施：①组织抢救遇险人员，救治受伤人员，研判事故发展趋势以及可能造成的危害；②通知可能受到事故影响的单位和人员，隔离事故现场，划定警戒区域，疏散受到威胁的人员，实施交通管制；③采取必要措施，防止事故危害扩大和次生、衍生灾害发生，避免或者减少事故对环境造成的危害；④依法发布调用和征用应急资源的决定；⑤依法向应急救援队伍下达救援命令；⑥维护事故现场秩序，组织安抚遇险人员和遇险遇难人员亲属；⑦依法发布有关事故情况和应急救援工作的信息；⑧法律、法规规定的其他应急救援措施。

有关地方人民政府不能有效控制生产安全事故的，应当及时向上级人民政府报告。上级人民政府应当及时采取措施，统一指挥应急救援。

（3）设立现场救援指挥部。《条例》第二十条规定“发生生产安全事故后，有关人民政府认为有必要的，可以设立由本级人民政府及其有关部门负责人、应急救援专家、应急救援队伍负责人、事故发生单位负责人等人员组成的应急救援现场指挥部，并指定现场指挥部总指挥。”需要说明的，第一，不是所有生产安全事故发生后，都要设立现场指挥部。第二，现场指挥部的成员由本级人民政府及其有关部门负责人、应急救援专家、应急救援队伍负责人、事故发生单位负责人等人员组成。

《条例》第二十一条规定“现场指挥部实行总指挥负责制，按照本级人民政府的授权组织制定并实施生产安全事故现场应急救援方案，协调、指挥有关单位和个人参加现场应急救援。参加生产安全事故现场应急救援的单位和个人应当服从现场指挥部的统一指挥。”总指挥的职责有两项：第一是根据本级人民政府的授权，组织制定并实施生产安全事故现场应急救援方案。第二是协调、指挥有关单位和个人参加现场应急救援。参加生产安全事故现场应急救援的单位和个人应当服从现场指挥部的统一指挥。

（4）设置了应急救援中止。实践中，应急救援过程中，因受社会影响等原因，往往救援工作难以停止，盲目施救，可能导致活人为了死人造成牺牲的情况。为此，《条例》第二十二条对应急救援中止作出了规定，明确：“在生产安全事故应急救援过程中，发现可能直接危及应急救援人员生命安全的紧急情况时，现场指挥部或者统一指挥应急救援的人民政府应当立即采取相应措施消除隐患，降低或者化解风险，必要时可以暂时撤离应急救援人员。”这在法规上首次予以明确。在应急救援中，应加强现场风险评估，积极消除隐患，降低或者化解救援风险；在风险难以降低或者化解的情况下，允许暂时停止救援工作，撤离应急救援人员，以保障应急救援人员的生命安全；待条件成熟后，继续实施应急救援工作。

（5）设置了应急救援终止。实践中，应急救援工作什么时候结束，没有具体规定，往往是应急救援没完没了地进行。为此，《条例》第二十五条规定“生产安全事故的威胁和危害得到控制或者消除后，有关人民政府应当决定停止执行依照本条例和有关法律、法规采取的全部或者部分应急救援措施。”根据规定，生产安全事故的威胁和危害得到控制或者消除后，可以全部或者部分终止应急救援工作。这在法规上首次予以了明确。

5.《条例》完善了应急救援保障及后续行为

（1）设立了必须履行救援命令或者救援请求的规定。《条例》第十九条规定，应急救援队伍接到有关人民政府及其部门的救援命令或者签有应急救援协议的生产经营单位的救援请求后，应当立即参加生产安全事故应急救援。

（2）规范了通信等保障的要求。《条例》第二十三条明确规定“生产安全事故发生地人民政府应当为应急救援人员提供必需的后勤保障，并组织通信、交通运输、医疗卫生、气象、水文、地质、电力、供水等单位协助应急救援。”

（3）规定了可以调用和征用财产的情形。《条例》第二十六条规定“有关人民政府及其部门根据生产安全事故应急救援需要依法调用和征用的财产，在使用完毕或者应急救援结束后，应当及时归还。财产被调用、征用或者调用、征用后毁损、灭失的，有关人民政府及其部门应当按照国家有关规定给予补偿。”

（4）规范了应急救援评估。《条例》第二十四条规定，现场指挥部或者统一指挥生产安全事故应急救援的人民政府及其有关部门应当完整、准确地记录应急救援的重要事项，妥善保存相关原始资料和证据。《条例》第二十七条规定“按照国家有关规定成立的生产安全事故调查组应当对应急救援工作进行评估，并在事故调查报告中作出评估结论。”

（5）明确应急救援费用由事故责任单位承担。《条例》第十九条规定“应急救援队伍根据救援命令参加生产安全事故应急救援所耗费用，由事故责任单位承担；事故责任单位无力承担的，由有关人民政府协调解决。”

（6）明确了救治和抚恤以及烈士评定的要求。《条例》第二十八条规定，县级以上地方人民政府应当按照国家有关规定，对在生产安全事故应急救援中伤亡的人员及时给予救治和抚恤；符合烈士评定条件的，按照国家有关规定评定为烈士。

6. 法律责任

（1）明确了有关政府及部门和有关人员违法行为的制裁。《条例》第二十九条规定“地方各级人民政府和街道办事处等地方人民政府派出机关以及县级以上人民政府有关部门违反本条例规定的，由其上级行政机关责令改正；情节严重的，对直接负责的主管人员和其他直接责任人员依法给予处分。”

（2）明确了生产经营单位未制定应急预案等违法行为的处罚。《条例》第三十条规定“生产经营单位未制定生产安全事故应急救援预案、未定期组织应急救援预案演练、未对从业人员进行应急教育和培训，生产经营单位的主要负责人在本单位发生生产安全事故时不立即组织抢救的，由县级以上人民政府负有安全生产监督管理职责的部门依照《中华人民共和国安全生产法》有关规定追究法律责任。”

（3）明确了生产经营单位未对应急救援器材、设备和物资进行经常性维护、保养等违法行为的处罚。

（4）明确了生产经营单位未将生产安全事故应急救援预案报送备案、未建立应急值班制度或者配备应急值班人员的违法行为的处罚。

《条例》第三十二条规定“生产经营单位未将生产安全事故应急救援预案报送备案、未建立应急值班制度或者配备应急值班人员的，由县级以上人民政府负有安全生产监督管理职责的部门责令限期改正；逾期未改正的，处3万元以上5万元以下的罚款，对直接负责的主管人员和其他直接责任人员处1万元以上2万元以下的罚款。”

（5）明确有关单位用人员违反治安管理行为的处罚。《条例》第三十三条规定“违反本条例规定，构成违反治安管理行为的，由公安机关依法给予处罚；构成犯罪的，依法追究刑事责任。”

（二）其他行政法规的主要内容

1.《矿山安全法实施条例》

第四十条规定“矿山企业应当每年编制矿山灾害预防和应急计划；在每季度末，应当根据实际情况对计划及时进行修改，制定相应的措施。矿山企业应当使每个职工熟悉矿山灾害预防和应急计划，并且每年至少组织一次矿山救灾演习。矿山企业应当根据国家有关规定，按照不同作业场所的要求，设置矿山安全标志。”需要说明的是，矿山企业除了应急预案以外，由于矿山生产的动态性和可预见性，矿山企业每年还应编制矿山灾害预防和应急计划。

第四十一条规定“矿山企业应当建立由专职的或者兼职的人员组成的矿山救护和医疗急救组织。不具备单独建立专业救护和医疗急救组织的小型矿山企业，除应当建立兼职的救护和医疗急救组织外，还应当与邻近的有专业的救护和医疗急救组织的矿山企业签订救护和急救协议，或者与邻近的矿山企业联合建立专业救护和医疗急救组织。矿山救护和医疗急救组织应当有固定场所、训练器械和训练场地。矿山救护和医疗急救组织的规模和装备标准，由国务院管理矿山企业的有关主管部门规定。”该条与《条例》的规定基本一致。

第四十六条规定“矿山发生事故后，事故现场有关人员应当立即报告矿长或者有关主管人员；矿长或者有关主管人员接到事故报告后，必须立即采取有效措施，组织抢救，防止事故扩大，尽力减少人员伤亡和财产损失。”该条与《安全生产法》的有关规定基本一致。

2.《生产安全事故报告和调查处理条例》

《生产安全事故报告和调查处理条例》按照发生事故的死亡人数、重伤人数和直接经济损失将事故分为一般事故、较大事故、重大事故和特别重大事故4个等级，明确了事故发生后的报告时限、报告内容和程序等，不同事故等级按照处理权限报告到县、市、省和国务院等4个不同等级的政府部门。

三、煤矿应急管理部门规章和相关标准

煤矿应急管理部门规章是指由应急管理部（含原国家安全生产监督管理总局）或国家煤矿安全监察局制定的相关管理规定或办法。目前有关的部门规章有《生产安全事故应急预案管理办法》《生产安全事故应急处置评估暂行办法》《矿山救护队资质认定管理规定》《防治煤与瓦斯突出细则》《煤矿防治水细则》等。

应急预案是生产安全事故应急管理准备阶段的一项重要工作，2019年新修改的《生产安全事故应急预案管理办法》增加了成立编制小组、编制应急预案应当进行风险评估和应急资源调查等条款，使应急预案编制工作更加科学、规范。结合应急预案优化工作经验，《生产安全事故应急预案管理办法》突出以应急处置为核心；不再对生产经营单位制定专项预案作强制要求，简化各类预案内容，以推进应急预案简明化，解决企业预案上下一般粗、内容重复等具有普遍性的问题。近年来的实践表明，编制重点岗位应急处置卡是提升第一时间应急处置效果的重要措施，因此增加了生产经营单位编制应急处置卡的规定。

为了落实应急预案管理的编制、评审、演练等各项工作，先后出台了《生产经营单位生产安全事故应急预案编制导则》(GB/T 29639—2020)、《生产经营单位生产安全事故应急预案评估指南》(AQ/T 9011—2019)、《生产安全事故应急演练基本规范》(AQ/T 9007—2019)、《生产安全事故应急演练评估规范》(AQ/T 9009—2015)。

生产安全事故应急管理准备的另一项重要内容就是组织人员的准备和物资装备的准备。《矿山救护规程》(AQ 1008—2007) 对救护队的应急救援工作起到了指导和规范作用；《国家矿山应急救援队预防性安全检查工作指南（试行）》(应救矿山〔2020〕6号)、《安全生产应急管理人员培训及考核规范》(AQ/T 9008—2012) 对矿山救护队日常的预防性检

查工作和培训考核工作作了规定。

为了进一步强化生产安全事故应急处置工作，规范生产安全事故应急处置评估工作，总结和吸取应急处置经验教训，不断提高生产安全事故应急处置能力，持续改进应急准备工作，根据《安全生产法》《生产安全事故报告和调查处理条例》《国务院安委会关于进一步加强生产安全事故应急处置工作的通知》(安委〔2013〕8 号)，还专门制定了《生产安全事故应急处置评估暂行办法》(安监总厅应急〔2014〕95 号)，要求事故调查组应当单独设立应急处置评估组，专职负责对事故单位和事发地人民政府的应急处置工作进行评估。事故单位和现场指挥部应当分别总结事故应急处置工作，向事故调查组和上一级安全生产监管监察部门提交总结报告。最后由应急处置评估组对事故处置单位和事发地人民政府的应急处置工作进行评估。

生产安全事故应急管理还有一项重要工作就是监测预警，煤矿各类危险源的监测监控方面也有很多相应的标准，另外还有很多救护装备的产品标准等，这些标准都是广义的煤矿应急管理法律法规的一部分。

第三章　煤矿事故应急预案

第一节　应急预案概述

应急预案是指针对可能发生的事故，为最大限度减少事故损害而预先制定的应急准备工作方案。它是在辨识和评估潜在的安全风险、事故类型、发生概率、发展过程、事故后果及影响严重程度的基础上，对应急机构职责、人员、技术、装备、设施（备）、物资、救援行动及其指挥与协调等方面预先做出的具体安排。应急预案明确了在突发事故发生之前、发生过程中以及刚刚结束之后，谁负责做什么，何时做，以及相应的策略和资源准备等。

一、应急预案的分类

应急预案的分类有多种方法，如按行政区域可划分为国家级、省级、市级、区（县）和企业应急预案；按事故特征可划分为常备应急预案和临时应急预案（如偶尔组织的大型集会等）；按灾害类型可划分为自然灾害、事故灾难、公共卫生事件和社会安全事件等应急预案；按预案功能可划分为综合应急预案、专项应急预案和现场处置方案。

1. 综合应急预案

综合应急预案是指生产经营单位为应对各种生产安全事故而制定的综合性工作方案，是本单位应对生产安全事故的总体工作程序、措施和应急预案体系的总纲，主要从总体上阐述事故的应急工作原则，包括生产经营单位的应急组织机构及职责、应急预案体系、事故风险描述、预警及信息报告、应急响应、保障措施、应急预案管理等内容。

2. 专项应急预案

专项应急预案是生产经营单位为应对某一类型或某几种类型事故，或者针对重要生产设施、重大危险源、重大活动防止生产安全事故而制定的专项性工作方案。专项应急预案主要包括事故风险分析、应急指挥机构及职责、处置程序和措施等内容。

3. 现场处置方案

现场处置方案是指生产经营单位根据不同生产安全事故类型，针对具体的场所、装置或者设施所制定的应急处置措施。现场处置方案重点规范事故风险描述、应急工作职责、应急处置措施和注意事项，应体现自救互救、信息报告和先期处置的特点。生产经营单位应根据风险评估、岗位操作规程以及危险性控制措施，组织本单位现场作业人员及相关专业人员共同进行编制现场处置方案。

二、应急预案的基本功能

（1）事故预防：通过危险辨识、事故风险分析，采用技术和管理手段降低事故发生的可能性并使可能发生的事故控制在局部，防止事故蔓延。

（2）应急处置：针对事故（或故障）发生有应急处置程序和方法，能快速反应并处理事故（或故障），将事故消除在萌芽状态。

（3）抢险救援：采用预定的现场抢险和抢救方式，组织开展抢险救援，控制或减少事故造成的损失。

三、应急预案的核心要素

应急预案是整个应急管理工作的具体反映，它的内容不仅仅限于事故发生过程中的应急响应和救援措施，还包括事故发生前的各种应急准备和事故发生后的紧急恢复以及预案的管理与更新等。因此，完整的应急预案按相应的过程可分为 6 个一级关键要素，主要包括：①方针与原则；②应急策划；③应急准备；④应急响应；⑤现场恢复；⑥预案管理与评审改进。

6 个一级关键要素之间既具有一定的独立性，又紧密联系，从应急的方针、策划、准备、响应、恢复到预案的管理与评审改进，形成了一个有机联系并持续改进的应急管理体系。根据一级关键要素中所包括的任务和功能，应急策划、应急准备和应急响应 3 个一级关键要素可进一步划分成若干个二级要素。所有这些要素构成了事故应急预案的核心要素。这些要素是事故应急预案编制应当涉及的基本方面，在实际编制时，为便于预案内容的组织，可根据实际情况，将要素进行合并、增加或重新排列，如图 3－1 所示。

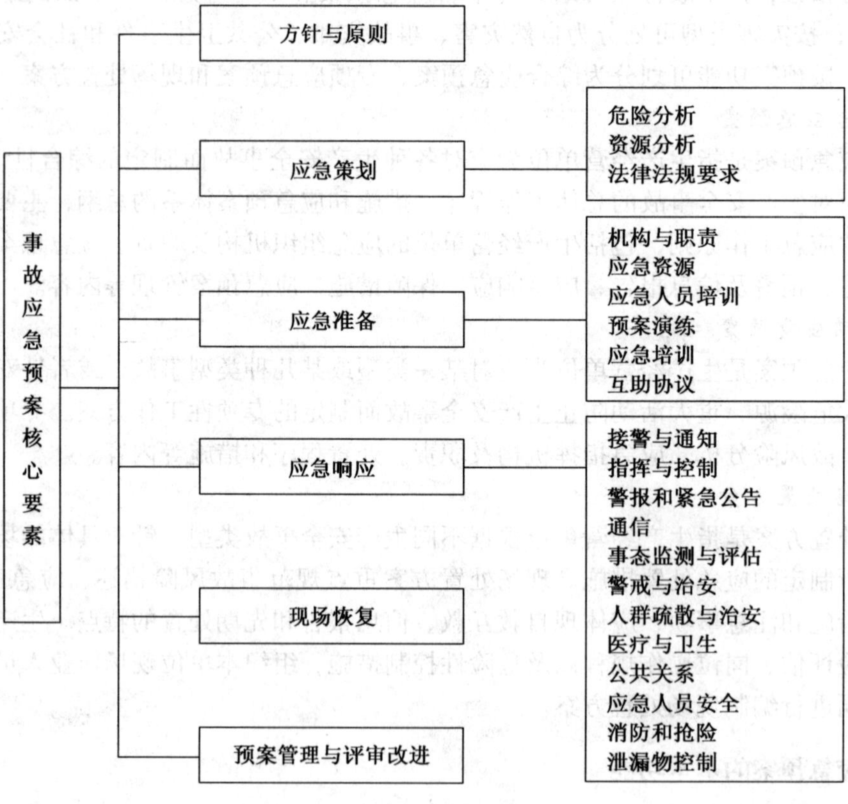

图 3－1　事故应急预案核心要素

（一）方针与原则

无论是何种等级、何种类型的应急救援体系，首先必须有明确的方针和原则，作为开展应急救援工作的纲领。方针与原则反映了应急救援工作的优先方向、政策、范围和总体目标，应急的策划和准备、应急策略的制定和现场应急救援及恢复，都应当围绕方针和原则开展。

（二）应急策划

应急预案最重要的特点是要有针对性和可操作性，因而，应急策划必须明确预案的对象和可用的应急资源情况，即在全面系统地认识和评价所针对的事故类型基础上，识别出重要的潜在事故、性质、区域、分布及后果。同时，根据危险分析的结果，分析应急救援力量和可用资源情况，为所需的应急资源准备提供建设性意见。在进行应急策划时，应当列出国家、地方相关的法律法规，作为制定预案和应急工作授权的依据。因此，应急策划包括危险分析、资源分析以及法律法规要求3个二级要素。

1. 危险分析

危险分析的最终目的是明确应急的对象（即存在哪些可能的重大事故）、事故的性质及其影响范围、后果严重程度等，为应急准备、应急响应和减灾措施提供决策和指导依据。危险分析包括危险识别、脆弱性分析和风险分析。危险分析应依据国家和地方有关的法律法规要求，结合城市的具体情况来进行。危险分析的结果应能提供：

（1）地理、人文（包括人口分布）、地质、气象等信息。

（2）功能布局（包括重要保护目标）及交通情况。

（3）重大危险源分布情况及主要危险物质种类、数量及理化、消防等特性。

（4）可能的重大事故种类及后果影响分析。

（5）特定的时段。

（6）可能影响应急救援的不利因素。

2. 资源分析

针对危险分析所确定的主要危险，应明确应急救援所需的各种资源，分析已有的应急资源和能力，包括应急力量和应急设备（施）、物资中存在的不足，为应急队伍的建设、应急资源的规划与配备、与相邻地区签订互助协议和预案编制提供指导。

3. 法律法规要求

应急救援有关法律法规是开展应急救援工作的重要前提保障。应列出国家、省、地方涉及应急救援各部门的职责要求以及应急预案、应急准备和与应急救援有关的法律法规文件，作为应急预案编制和应急救援的授权依据。

（三）应急准备

应急预案能否成功地在应急救援中发挥作用，不仅仅取决于应急预案自身的完善程度，还取决于应急准备的充分与否。应急准备应基于应急策划的结果，明确所需的应急组织及其职责权限、应急队伍的建设和人员培训、应急物资的准备、预案演练、应急知识培训、签订互助协议等。

1. 机构与职责

为保证应急救援工作反应迅速、协调有序，必须建立完善的应急机构组织体系，包括应急管理的领导机构、应急响应中心以及相关机构等，对应急救援中承担任务的所有应急组织及有关单位明确规定其相应的职责。

2. 应急资源

应急资源的准备是应急救援工作的重要保障，应根据潜在事故的性质和后果，合理组建专业和社会救援力量，配备应急救援所需的器材、机械和设备、监测仪器、堵漏和清消材料、交通工具、个体防护设备、医疗设备和药品、生活保障物资等，并定期检查、维护与更新，始终保证其处于完好状态。

3. 应急培训

针对潜在事故的危险性质，应对所有应急人员，包括社会救助力量开展有针对性的专项培训（包括自身安全防护措施），保证应急人员具备相应的应急能力。

提高职工的应急安全意识和能力是减少重大事故伤亡不可忽视的一个重要方面。作为应急准备的一项内容，平时就应注重对职工的日常教育，尤其是接触重大危险源的人员，使其了解潜在危险的性质和健康危害，掌握必要的自救知识，了解预先指定的主要及备用疏散路线和集合地点，了解各种警报的含义和应急救援工作的有关要求。

4. 预案演练

预案演练是对应急能力的一个综合检验，应以多种形式组织由应急各方参加的预案训练和演练，使应急人员进入“实战”状态，熟悉各类应急处置和整个应急行动程序，明确自身职责，提高协同作战能力，保证应急救援工作协调、有效、迅速地开展。同时，应对演练的结果进行评估，分析应急预案存在的不足，并予以改进和完善。预案演练的作用体现在以下几方面：①在事故发生前暴露预案和程序的缺陷；②发现应急资源的不足（包括人力和设备等）；③改善各应急部门、机构、人员之间的协调；④增强职工对突发重大事故救援的认可和信心；⑤提高应急人员的熟练程度和信心；⑥明确各自的岗位与职责；⑦提高各级预案之间的协调性；⑧提高整体应急反应能力。

5. 互助协议

当有关的应急力量与资源相对薄弱时，应事先寻求与邻近企业或地区建立正式的互助协议，并做好相应的安排，以便在应急救援中及时得到外部救援力量和资源的援助。此外，也应与社会专业技术服务机构、物资供应企业等签署相应的互助协议。

（四）应急响应

应急响应包括应急救援过程中需要明确并实施的核心功能和任务，尽管这些核心功能具有一定的独立性，但不是孤立的，它们构成了应急响应的有机整体。应急响应的核心功能和任务包括：接警与通知，指挥与控制，警报和紧急公告，通信，事态监测与评估，警戒与治安，人群疏散与安置，医疗与卫生，公共关系，应急人员安全，消防和抢险，泄漏物控制等。

1. 接警与通知

准确了解事故的性质和规模等初始信息，是启动应急救援的必要前提。接警作为应急响应的第一步，必须对接警做出明确规定，保证迅速、准确地向报警人员询问事故现场的重要信息。接警人员接受报警后，应按预先确定的通报程序，迅速向有关应急机构、政府及上级部门发出事故通知，以采取相应的行动。

2. 指挥与控制

对重大事故的应急救援往往涉及多个救援机构，因此，对应急行动的统一指挥和协调是有效开展应急救援的关键。建立统一的应急指挥、协调和决策程序，便于对事故进行初始评估，确认紧急状态，从而迅速有效地进行应急响应决策，建立现场工作区域，确定重点保护区域和应急行动的优先原则，指挥和协调现场各救援队伍开展救援行动，合理高效地调配和使用应急资源等。

3. 警报和紧急公告

当事故可能影响到周边地区，对周边地区的公众可能造成威胁时，应及时启动警报系统，向公众发出警报，同时通过各种途径向公众发出紧急公告，告知事故性质，对健康的影响、自我保护措施、注意事项等，以保证公众能够及时做出自我防护响应。决定实施疏散时，应通过紧急公告确保公众了解疏散的有关信息，如疏散时间、路线、随身携带物、交通工具及目的地等。

4. 通信

通信是应急指挥、协调和与外界联系的重要保障，在现场指挥部、应急中心、各应急救援组织、新闻媒体、医院、上级政府和外部救援机构之间必须建立完善的应急通信网络，在应急救援过程中应始终保持通信网络畅通，并设立备用通信系统。

5. 事态监测与评估

在应急救援过程中必须对事故的发展态势和影响及时进行动态监测，建立对事故现场及场外的监测和评估程序。事态监测在应急救援中起着非常重要的决策支持作用，其结果不仅是控制事故现场，制定消防、抢险措施的重要决策依据，也是划分现场工作区域，保障现场应急人员安全，实施公众保护措施的重要依据。即使在现场恢复阶段，也应当对现场和环境进行监测。

6. 警戒与治安

为保障现场应急救援工作的顺利开展，在事故现场周围建立警戒区域，实施交通管制，维护现场治安秩序是十分必要的，其目的是防止与救援无关的人员进入事故现场，保障救援队伍、物资运输和人群疏散等的交通畅通，并避免发生不必要的伤亡。

7. 人群疏散与安置

人群疏散是减少人员伤亡扩大的关键，也是最彻底的应急响应。应当对疏散的紧急情况和决策、预防性疏散准备、疏散区域、疏散距离、疏散路线、疏散运输工具、安全庇护场所以及回迁等做出细致的规定和准备，应考虑疏散人群的数量、所需要的时间、风向等环境变化以及老弱病残等特殊人群的疏散等问题。对已实施临时疏散的人群，要做好临时生活安置，保障必要的水、电、卫生等基本条件。

8. 医疗与卫生

对受伤人员采取及时、有效的现场急救，合理转送医院进行治疗，是减少事故现场人员伤亡的关键。对于涉及危险物质的事故，医疗人员必须了解主要的化学危险，并经过培训，掌握对危险化学品受伤害人员进行正确消毒和治疗的方法。

9. 公共关系

重大事故发生后，不可避免地会引起新闻媒体和公众的关注。应将有关事故的信息、影响、救援工作的进展等情况及时向媒体和公众公布，以消除公众的恐慌心理，避免公众的猜疑和不满。应保证事故和救援信息的统一发布，明确事故应急救援过程中对媒体和公众的发言人和信息批准、发布的程序，避免信息的不一致性。同时，还应处理好公众的有关咨询、接待和受害者家属的安抚。

10. 应急人员安全

生产安全事故尤其是涉及危险物质的重大事故，其应急救援工作危险性极大，必须对应急人员自身的安全问题进行周密地考虑，包括安全预防措施、个体防护装备、现场安全监测等，明确紧急撤离应急人员的条件和程序，保证应急人员免受事故的伤害。

11. 消防和抢险

消防和抢险是应急救援工作的核心内容之一，其目的是为了尽快地控制事故的发展，防止事故蔓延和进一步扩大，从而最终控制事故，并积极营救事故现场的受害人员。尤其是涉及危险物质的泄漏、火灾事故，其消防和抢险工作的难度和危险性十分巨大，应对消防和抢险的器材和物资、人员的培训、方法和策略以及现场指挥等做好周密的安排和准备。

12. 泄漏物控制

危险物质的泄漏以及溶解了有毒蒸气的灭火用水，都可能对环境造成重大影响，同时也会给现场救援工作带来更大的危险，因此，必须对危险物质的泄漏物进行控制，包括对泄漏物的围堵、收容和清消，并进行妥善处置。

（五）现场恢复

现场恢复是在事故被控制住后所进行的短期恢复，从应急过程来说意味着应急救援工作的结束，进入到另一个工作阶段，即将现场恢复到一个基本稳定的状态。大量的经验教训表明，在现场恢复的过程中往往仍存在潜在的危险，如余烬复燃、受损建筑倒塌等，因此应充分考虑现场恢复过程中的危险，制定现场恢复程序，防止事故的再次发生。

（六）预案管理与评审

应急预案是应急救援工作的规范性文件，在事故管理方面具有权威性。应当对应急预案的制定、修改、更新、批准和发布做出明确的规定，并保证定期或在应急演练、应急救援后对应急预案进行评审，针对实际情况的变化以及预案中所暴露出的缺陷，不断地更新、完善和改进应急预案文件体系。

四、应急预案的基本结构与内容

（一）应急预案的基本结构

不同的应急预案由于所处的层次和适用的范围不同，在内容的详略程度和侧重点上会有所不同，但都可以采用相似的基本结构。采用基于应急任务或功能的预案编制结构如图3－2所示，即一个基本预案加上应急功能设置、特殊风险预案、标准操作程序和支持附件构成综合预案，可保证各种类型预案之间的协调性和一致性。

图3－2　应急预案的基本结构

1. 基本预案

基本预案是应急预案的总体描述。主要阐述应急预案所要解决的紧急情况、应急的组织体系、方针、应急资源、应急的总体思路，并明确各应急组织在应急准备和应急行动中的职责，以及应急预案的演练和管理等规定。

2. 应急功能设置

尽管各类事故的起因不同，但其后果和影响却大同小异。应急功能是对在各类重大事故应急救援中通常都要采取的一系列基本的应急行动和任务而编写的计划，如指挥和控制、警报、通信、人员疏散、人员安置、医疗等。它着眼于对突发事故响应时所要实施的紧急任务。由于应急功能是围绕应急行动的，因此它们的主要对象是那些任务执行机构。针对每一应急功能应明确其针对的形势、目标、负责机构和支持机构、任务要求、应急准备和操作程序等。应急预案中包含的功能设置的数量和类型因地方差异会有所不同，主要取决于所针对的潜在事故类型，以及生产经营单位的应急组织方式和运行机制等具体情况。

3. 特殊风险预案

特殊风险预案是根据事故的特征，需要对应急功能做出针对性安排的风险。应急管理部门应考虑当地地理、社会环境和经济发展等因素，根据其可能面临的潜在风险类型，说明处置此类风险应该设置的专有应急功能或有关应急功能所需的特殊要求，明确这些应急功能的责任部门、支持部门、有限介入部门以及它们的职责和任务，为该类风险的专项预案制定提出特殊要求和指导。

4. 标准操作程序

由于基本预案、应急功能设置并不说明各项应急功能的实施细节，各应急功能的主要责任部门必须组织制定相应的标准操作程序，为应急组织或个人提供履行应急预案中规定职责和任务的详细指导。标准操作程序应保证与应急预案的协调和一致性，其中重要的标准操作程序可作为应急预案附件或以适当方式引用。

5. 支持附件

主要包括应急救援的有关支持保障系统的描述及有关的附图表等。

（二）应急预案的基本内容

应急预案为有效预防和控制可能发生的事故，最大程度减少事故及其造成损害而预先制定的工作方案。其核心内容应包括：

（1）对紧急情况或事故灾害及其后果的预测、辨识和评价。

（2）应急各方的职责分配。

（3）应急救援行动的指挥与协调。

（4）应急救援中可用的人员、设备、设施、物资、经费保障和其他资源，包括社会和外部援助资源等。

（5）在发生紧急情况或事故灾害时保护生命、财产和环境安全的措施。

（6）现场恢复。

（7）其他方面。如应急培训和演练规定、法律法规要求、预案的管理等。

按照应急预案的基本结构，预案各部分的基本内容如下。

1. 基本预案

1）预案发布令

由主要负责人为应急预案签署发布令，援引国家、省和城市相应法律和规章的授权规定，宣布应急预案生效。其目的是要明确实施应急预案的合法授权，保证应急预案的权威性。

主要负责人要督促各应急机构完善内部应急响应机制，制定标准操作程序，积极参与培训、演练和预案的编制与更新等。

2）应急机构署名页

在应急预案中，也可以包括各有关应急机构及其负责人的署名页，表明各应急机构对应急预案编制的参与和认同，以及对履行所承担职责的承诺。

3）术语与定义

列出应急预案中需要明确的术语、定义的解释和说明。

4）相关法律法规

列出国家和地方相关的法律法规依据。

5）方针与原则

列出应急预案所针对的事故（或紧急情况）类型、适用的范围和救援任务，以及应急管理和应急救援的方针和指导原则。

方针与原则应体现应急救援的优先原则，如保护人员安全优先，防止和控制事故蔓延优先，保护环境优先。此外，方针与原则还应体现事故损失控制、预防为主、常备不懈、高效协调以及持续改进的思想。

6）危险分析与环境综述

列出所面临的潜在重大危险及后果预测，给出当地的地理、气象、人文等有关环境信息，具体包括：

（1）主要危险物质的种类、数量及特性，包括使用数量大或范围广的危险物质。

（2）重大危险源的数量及分布。

（3）危险物质运输路线分布。

（4）潜在的重大事故、灾害类型、影响区域及后果。

（5）区域人口、地形地貌、河流、交通干道等。

（6）常年季节性的风向、风速、气温、雨量及其他可能对事故造成影响的气象条件。

（7）重要保护目标的划分与分布情况。

（8）可能影响应急救援工作的不利条件。

7）应急资源

对应急资源保障等方面做出相应的管理规定，并列出可用的应急资源情况及其来源的总体情况，包括：

（1）应急力量的组成、各自的应急能力及分布情况。

（2）各种重要应急设施（设备）、物资的准备情况。

（3）上级救援机构或邻近单位可用的应急资源。

8）机构与职责

列出在事故应急救援中承担职责的所有应急机构和部门、负责人及其候补负责人、联络方式，明确其在应急准备、应急响应和应急恢复各个阶段中的职责。包括：主要负责人

(如矿长);应急管理部门;应急中心;应急救援专家组;医疗救治(通常由医院、急救中心和军队医院组成);消防与抢险(公安消防队、专业抢险队、有关企业的工程抢险队、军队防化兵和工程兵等);监测组织(环保监测站、卫生防疫站、军队防化侦察分队、气象部门等);公众疏散组织(公安、交通、民政部门和街道居委会等);警戒与治安组织(公安部门、武警、军队、联防等);洗消去污组织(公安消防队伍、环卫队伍、军队防化部队等);后勤保障组织(物资供应、交通、通信、民政、公共基础设施等);其他,如新闻媒体、广播电视、学校、重大危险源单位等。

9)教育、培训与演练

为全面提高应急能力,应对公众教育、应急训练和演练做出相应的规定,包括其内容、计划、组织与准备、效果评估等。

公众教育的基本内容包括:潜在的重大危险、事故的性质与应急特点、事故警报与通知的规定、基本防护知识,撤离的组织、方法和程序;在污染区行动时必须遵守的规则;自救与互救的基本常识;简易消毒方法等。

应急训练包括:基础培训和训练、专业训练、战术训练及其他训练等。

应急演练的具体形式既可以是桌面演练,也可以是功能演练和全面演练。

10)与其他应急预案的关系

明确本预案与其他应急预案的关系,列出本预案可能用到的其他应急预案。

11)互助协议

列出与相邻单位签署的正式互助协议,明确可提供的互助力量(消防、医疗、检测、物资、设备、技术等)。

12)预案管理

应急预案的管理应明确:①负责组织应急预案的编制、修改及更新的部门;②预案的审查、批准程序;③建立预案的修改记录,包括修改日期、已修改的页码、签名等;④建立预案的发放记录,及时对已发放的预案进行更新;⑤对应急预案进行定期和不定期评审,保证持续改进的规定。

2. 应急功能设置

1)接警与通知

应明确 24 h 报警(应急响应)电话,建立接警和事故通报程序,列出所有通知对象的电话清单或无线频率,将事故信息及时通报给当地及上级有关应急部门、政府机构、相邻地区等。为做到迅速准确地询问事故的有关信息,应预先设计事故基本信息表,以快速获取所需的事故信息。

2)指挥与控制

指挥与控制是保证高效和有条不紊地开展事故现场应急救援工作的关键,在该功能中应明确:现场指挥部的设立程序;现场指挥官的职责和权利;指挥系统(谁指挥谁、谁与谁配合、谁向谁报告);启动应急中心的标准;现场指挥部与各应急队伍之间通信网络的建立;启用现场外应急队伍的方法;事态评估与应急决策的程序;现场指挥与应急中心指挥的衔接;针对事故不同的严重程度而确定的响应级别。

3)警报和紧急公告

包括在发生紧急事故时,如何向公众发出警报,包括什么时候,谁有权决定启动警报系统，各种警报信号的不同含义，警报系统的协调使用，可使用的警报装置的类型和位置，以及警报装置覆盖的地理区域。如果可能，应指定备用措施。在警报器发出警报的同时，应进行应急广播，向公众发布紧急公告，传递紧急事故的有关重要信息。例如，对生命健康的危害，自我保护措施，疏散路线和庇护所位置等。

在建立和实施警报与紧急公告功能时，还应考虑下列情况：①警报盲区；②有特殊需要的团体，例如听力障碍、语言不通的外籍人员或特殊场所（例如学校、医院、疗养院、精神病院、监狱、拘禁场所等）；③可能遭受事故影响的相邻地区；④除了利用警报器和紧急广播系统外，还应考虑组织消防、公安部门和志愿组织使用机动方式（如广播车）辅助发出警报和紧急公告。

4）通信

应急通信是有效开展应急响应的基本保证，指挥现场的应急行动，及时地把现场的应急状况向外部通报，接受外部的应急指示以及向外部应急组织求援等都离不开通信保障。该部分应当说明应急中心、事故现场指挥及应急队伍、各应急部门的控制中心、人员安置场所、广播电台、电视台、医院和救护车派遣点、相邻地区和军事设施、省及国家有关政府部门和应急机构之间的通信方法，说明主要通信系统的来源、使用、维护以及应急通信需求的详细情况等。充分考虑紧急状态的通信能力和保障，建立备用的通信系统，保证全天候持续工作的通信能力。

在应急行动中，所有直接参与或者支持应急行动的组织（消防部门、公安部门、公共建设工程、应急中心、应急管理机构、公共信息以及医疗卫生部门等）都应做到：①维护自己的通信设备和应急通信系统，按照已建立的程序与在现场行动的组织成员之间通信，并保持与应急中心的通信联络；②准备在必要时启动备用的通信系统，使用移动电话或者便携式无线通信设备，提供与应急中心和人员安置场所之间的备用通信连接；③恢复正常运转时或者保管前对所有通信设备进行清洁、维修和维护。

不同的应急组织有可能使用不同的无线频率，为保证在应急过程中所有组织之间准确有效地通信，应当做出特别规定。可以考虑建立统一的“现场”指挥无线频率，至少应该在执行类似功能的组织之间建立一个无线通信网络。在易燃易爆危险物品事故中，所有的通信设备都必须保证本质安全。

5）事态监测与评估

事态监测与评估在应急决策中起着重要作用。消防、抢险和应急人员的安全，公众的就地保护措施或疏散，食物和水源的使用，污染物的围堵收容和清消，人群返回等都取决于对事故性质、事态发展的准确监测和评估。监测活动包括：事故规模及影响边界，气象条件，对食物、饮用水、卫生以及水体、土壤、农作物等的污染，可能的二次反应有害物，爆炸危险性和受损建筑垮塌危险性以及污染物质滞留区等。

在该应急功能中应明确：①由谁来负责监测与评估活动；②现场监测方法及监测仪器设备的准备；③实验室化验及检验支持；④监测点的设置及现场工作及报告程序。

6）警戒与治安

为保障现场应急救援工作的顺利开展，在事故现场周围建立警戒区域，实施交通管制。该项功能的具体职责包括：

(1) 实施交通管制，对危害区外围的交通路口实施定向、定时封锁，严格控制进出事故现场的人员，避免出现意外的人员伤亡或引起现场的混乱。

（2）指挥危害区域内人员的撤离，保障车辆的顺利通行，指引不熟悉地形和道路情况的应急车辆进入现场，及时疏通交通堵塞。

（3）维护撤离区和人员安置场所的社会治安，保卫撤离区内和各封锁路口附近的重要目标和财产安全，打击各种犯罪分子。

（4）除上述职责以外，警戒人员还应该协助发出警报、现场紧急疏散、人员清点、传达紧急信息以及事故调查等。

在该部分应明确承担上述职责的组织及其指挥系统。该职责一般由公安、交通、武警部门负责，必要时，可启用联防、驻军和志愿人员，对已确认的可能发生重大事故的地点，应标明周围的控制点。由于警戒和治安人员往往是第一个到达现场，必须按规定对他们进行有关培训，并列出警戒人员的个体防护装备。

7）人群疏散

当事故现场周围地区人群的生命可能受到威胁时，将受威胁人群及时疏散到安全区域是减少事故人员伤亡的关键。事故的大小、强度、爆发速度、持续时间及其后果严重程度是实施人群疏散应予以考虑的一个重要因素，它将决定撤退人群的数量、疏散的可用时间以及确保安全的疏散距离。人群疏散可由公安、民政部门和街道居民组织抽调力量，负责具体实施，必要时可吸收工厂、学校中的骨干力量或志愿者组织参加。

对人群疏散所做的规定和准备应包括：

（1）针对不同的疏散规模或现场紧急情况的严重程度，明确谁有权发布疏散命令。

（2）明确需要进行人群疏散的紧急情况和通知疏散的方法。

（3）对预防性疏散的规定。

（4）列举有可能需要疏散的地区（例如位于生产、使用、运输、存储危险物品企业的周边地区等）。

（5）对疏散人群数量、所需的警报时间、疏散时间以及可用的疏散时间的估测。

（6）对疏散路线、交通工具、搭乘点、目的地（及其备用方案）所做的安排，以及保证人群疏散路线的道路、桥梁等的结构安全。

（7）对疏散人群的交通控制、引导、自身防护措施、治安，避免恐慌情绪所做的安排。

（8）对需要特殊援助的群体的考虑，例如：老人、残疾人、学校、幼儿园、医院、疗养院、监管所等。

（9）对人群疏散进行跟踪、记录（疏散通知、疏散数量，在人员安置场所的疏散人数等）。

8）人群安置

为妥善照顾已疏散人群，政府应负责为已疏散人群提供安全的临时安置场所，并保障其基本生活需求。该部分应明确：

（1）什么条件下需要启用临时安置场所，谁有权启用。

（2）可用的临时安置场所。

（3）为临时安置场所的食品、水、电和通信保障所做的安排。

（4）需要进行安置的人群数量估测。

（5）对临时安置场所的治安、医疗、消毒和卫生服务安排，考虑需要特殊照顾的人群。

（6）保证每个临时安置场所都有清晰、可识别的标志和符号。

9）医疗与卫生

及时有效的现场急救和转送医院治疗，是减少事故现场人员伤亡的关键。在该功能中应明确针对有可能发生的重大事故，为现场急救、伤员运送、治疗及卫生监测等所做的准备和安排，包括：可用的急救资源列表，如急救中心、救护车和急救人员；医院、职业中毒治疗医院及烧伤等专科医院的列表；抢救药品、医疗器械、消毒、解毒药品等的城市内、外来源和供给；建立与上级及外部医疗机构的联系与协调，包括危险化学品应急抢救中心、毒物控制中心等；针对主要的化学危险为急救人员和医疗人员提供培训的安排和要求，保证其掌握正确的消毒和治疗的方法，以及个人安全措施；指定医疗指挥官，建立现场急救和医疗服务的统一指挥、协调系统；建立现场急救站，设置明显的标志，保证现场急救站的安全以及空间、水、电等基本条件保障；建立对受伤人员进行分类急救、运送和转送医院的标准操作程序，建立受伤人员治疗跟踪卡，保证受伤人员都得到正确及时地救治，并合理转送到相应的医院；记录汇总伤亡情况，通过公共信息机构向新闻媒体发布受伤、死亡人数等信息，并协助公共信息机构满足公共查询的需要；建立和维护现场通信，保持与应急中心、现场总指挥的通信联络，与其他应急队伍（消防、公安、公共工程等）协调工作；保障现场急救和医疗人员个人安全的措施；卫生（水、食物污染等）和传染病源监测机构（如卫生防疫站、疾控中心、检疫机构、预防医学中心等）及可用的监测设备和检测方案。

10）公共关系

该应急功能负责与公众和新闻媒体的沟通，向公众和社会发布准确的事故信息、人员伤亡情况以及政府已采取的措施。在该应急功能中，应明确：①信息发布的审核和批准程序，保证发布信息的统一性，避免出现矛盾信息；②指定新闻发言人，适时举行新闻发布会，准确发布事故信息，澄清事故传言；③为公众了解事故信息、防护措施以及查找亲人下落等有关咨询提供服务安排；④接待、安抚死者及受伤人员的家属。

11）应急人员安全

应急响应人员自身的安全是重大工业事故应急预案应予以考虑的一个重要因素，在该应急功能中，应明确保护应急人员安全所做的准备和规定，包括：①应急队伍或应急人员进入和离开现场的程序，包括向现场总指挥报告、有关培训确认等；②根据事故的性质，确定个体防护等级，合理配备个人防护设备。此外，在收集到事故现场更多的信息后，应重新评估所需的个体防护设备，以确保正确选配和使用个体防护设备；③应急人员消毒设施及程序；④对应急人员有关保证自身安全的培训安排，包括各种情况下的自救和互救措施，正确使用个体防护设备等。

12）消防与抢险

消防与抢险在重大事故应急救援中对控制事态的发展起着决定性的作用，承担着火灾扑救、救人、破拆、堵漏、重要物资转移与疏散等重要职责。该应急功能应明确：①消防、事故责任单位、市政及建设部门、当地驻军（包括防化部队）等的职责与任务；②消防与抢险的指挥与协调；③消防及抢险力量情况；④可能的重大事故地点的供水及灭火系统情况；⑤针对事故的性质，拟采取的扑救和抢险对策和方案；⑥消防车、供水方案或灭火剂的准备；⑦堵漏设备、器材及堵漏程序和方案；⑧破拆、起重（吊）、推土等大型设备的准备。

13）泄漏物控制

在危险物质泄漏事故中，泄漏物的控制对防止环境污染，保障现场安全，防止事故影响扩大都是至关重要的。泄漏物控制包括泄漏物的围堵、收容和洗消去污。

14）现场恢复

现场恢复指将事故现场恢复到相对稳定、安全的基本状态。应避免现场恢复过程中可能存在的危险，并为长期恢复提供指导和建议。该部分应包括：①撤点、撤离和交接程序；②宣布应急结束的程序；③重新进入和人群返回的程序；④现场清理和公共设施的基本恢复；⑤受影响区域的连续检测；⑥事故调查与后果评价。

3. 特殊风险管理

在特殊风险管理中，应列出各类潜在的重大事故风险，说明各类重大事故风险应急管理所需的专有应急功能（如预警）和对其他相关应急功能的特殊要求，明确各应急功能的主要负责部门、有关支持部门以及这些部门的职责和任务。

4. 标准操作程序

标准操作程序的作用是为应急组织或个人履行应急功能设置中规定的职责和任务提供详细指导。编制标准操作程序应符合下述基本要求：①应由该应急功能的责任部门组织编制，并由应急预案管理部门组织评审并备案；②应通过简洁的语言说明操作程序的目的、执行主体、时间、地点、任务、步骤和方式，并提供所需的检查表和附图表；检查表直观简洁地列出了每一应急任务和步骤，实际上操作程序本身也应采取检查表的主体形式，以便快速行动或核对每一重要任务或步骤的执行情况；③应采用统一格式编制各项应急功能的标准操作程序；④应按照应急准备、初期响应、扩大应急和应急恢复四阶段描述程序中规定的各项任务；⑤应与应急功能设置中有关各部门职责和任务的内容一致；⑥应规定相关部门执行程序时应保存的记录，包括保存样式和期限。标准操作程序的描述应简单明了，一般包括目的与适用范围、职责、具体任务说明或步骤，标准操作程序本身也应尽量采用检查表的形式，对每一步留有记录区，供逐项检查核对时做标记使用。

5. 支持附件

应急预案支持附件中应包括以下几方面。

（1）危险分析附件：重大事故灾害影响范围预测；重大危险源登记表与分布；重要防护目标一览表与分布；事故后果预测与评估模型；其他危险分析资料等。

（2）通信联络附件：本地所有应急机构、应急组织、应急设施、关键应急人员和专家的名录及通信联络方式和备用联络方式；外部可利用应急机构的通信联络方式和备用联络方式。

（3）法律法规附件：我国有关重大事故应急的法律、法规、规章和标准；我国有关重大事故应急的文件、技术规范和指南性材料；国际上有关重大事故应急的公约、建议书和技术指南等。

（4）应急资源附件：城市专兼职消防力量分布，包括各消防力量能力描述及联络方式；医疗救护机构分布及医疗救护能力信息；应急物资、设施、设备的类型、数量、所有人或供应方联络方式及储存地点；通信及数据信息传递系统；警报系统分布及覆盖范围；避难及被疏散人员安置场所分布等。

（5）教育、培训、训练和演练附件：教育、培训、训练和演练计划；应急人员培训考核大纲；其他有关重大事故应急教育、培训、训练和演练的工作安排。

（6）技术支持附件：应急信息管理系统；应急决策支持系统；危险化学品数据库；事故案例库；其他技术支持附件。

（7）协议附件：主要由事故应急管理部门与其他灾害应急管理部门或机构签署的互助协议组成。

（8）其他支持附件：上述支持附件以外的信息。

第二节 煤矿事故应急预案编制

一、应急预案编制程序

在编制企业应急预案之前，应当进行编制前的准备，主要内容有：全面分析本单位危险因素，可能发生的事故类型及事故的危害程度；排查事故隐患的种类、数量和分布情况，并在隐患治理的基础上，预测可能发生的事故类型及事故的危害程度；确定事故危险源，进行风险评估；针对事故危险源和存在的问题，确定相应的防范措施；充分借鉴国内外同行业事故教训及应急工作经验。

（一）应急预案编制遵循的原则

应急预案的编制应当遵循以人为本、依法依规、符合实际、注重实效的原则，以应急处置为核心，明确应急职责、规范应急程序、细化保障措施。

应急预案的编制应当符合下列基本要求：

（1）有关法律、法规、规章和标准的规定。

（2）本地区、本部门、本单位的安全生产实际情况。

（3）本地区、本部门、本单位的危险性分析情况。

（4）应急组织和人员的职责分工明确，并有具体的落实措施。

（5）有明确、具体的应急程序和处置措施，并与其应急能力相适应。

（6）有明确的应急保障措施，满足本地区、本部门、本单位的应急工作需要。

（7）应急预案基本要素齐全、完整，应急预案附件提供的信息准确。

（8）应急预案内容与相关应急预案相互衔接。

在完成以上准备工作之后，进入应急预案的编制过程。

（二）应急预案编制程序

生产经营单位应急预案编制程序包括成立应急预案编制工作组、资料收集、风险评估、应急资源调查、应急预案编制、桌面推演、应急预案评审和批准实施8个步骤。

1. 成立应急预案编制工作组

生产经营单位应结合本单位部门职能和分工，成立以单位有关负责人为组长，单位相关部门人员（如生产、技术、设备、安全、行政、人事、财务人员）参加的应急预案编制工作组，明确工作职责和任务分工，制定工作计划，组织开展应急预案编制工作，预案编制工作组中应邀请相关救援队伍以及周边相关企业、单位或社区代表参加。成立应急预案编制工作组是将各部门、各类专业技术人才合起来的最佳方式，可有效地保证应急预案的准确性、完整性和实用性；同时为各部门提供了一个非常重要的协作与交流机会，有利于统一各方面的不同观点和意见。

2. 资料收集

应急预案编制工作组应收集下列相关资料：

（1）适用的法律法规、部门规章、地方性法规和政府规章、技术标准及规范文件。

（2）企业周边地质、地形、环境情况及气象、水文交通资料。

（3）企业现场功能区划分、建（构）筑物平面布置及安全距离资料。

（4）企业工艺流程、工艺参数、作业条件、设备装置及风险评估资料。

（5）本企业历史事故与隐患、国内外同行业事故资料。

（6）属地政府及周边企业、单位应急预案。

3. 风险评估

在危险因素辨识分析、评价及事故隐患排查、治理的基础上，针对不同事故种类及特点，识别存在的危险危害因素，分析事故可能产生的直接后果以及次生、衍生后果，评估各种后果的危害程度和影响范围，提出防范和控制事故风险措施的过程，形成分析报告，分析结果作为应急预案的编制依据。风险评估是编制好企业应急预案的基础和关键过程，任何企业编制应急预案都不能跨越这个阶段，有助于确定需要考虑的危险和紧急情况，明确应急的对象。

主要内容包括：

（1）辨识生产经营单位存在的危险有害因素，确定可能发生的生产安全事故类别。

（2）分析各种事故类型发生的可能性、危害后果和影响范围。

（3）评估确定相应事故类型的风险等级。

4. 应急资源调查

全面调查和客观分析本单位及周边单位和政府部门可请求援助的应急资源状况，撰写应急物资调查报告，其内容包括但不限于：

（1）本单位可调用的应急队伍、装备、物资、场所。

（2）针对生产过程及存在的风险可采取的监测、监控、报警手段。

（3）上级单位、当地政府及周边企业可提供的应急物资。

（4）可协调使用的医疗、消防、专业抢险救援机构及其他社会化应急救援力量。

5. 应急预案编制

应急预案编制应当遵循以人为本、依法依规、符合实际、注重实效的原则，以应急处置为核心，体现自救互救和先期处置的特点，做到职责明确、程序规范、措施科学，尽可能简明化、图表化、流程化。

应急预案编制工作包括但不限于下列：

（1）依据事故风险评估及应急资源调查结果，结合本单位组织管理体系、生产规模及处置特点，合理确定本单位应急预案体系。

（2）结合组织管理体系及部门业务职能划分，科学设定本单位应急组织机构及职责分工。

（3）依据事故可能的危害程度和区域范围，结合应急处置权限和能力，清晰界定本单位的响应分级标准，制定相应层级的应急处置措施。

（4）按照规定和要求，确定事故信息报告、响应分级与启动、指挥权移交、警戒疏散方面的内容，落实与相关部门和单位应急预案的衔接。

6. 桌面推演

按照应急预案明确的职责分工和应急响应程序，结合有关经验教训，相关部门及其人员可采取桌面演练的形式，模拟生产安全事故应对过程，逐步分析讨论并形成记录，检验应急预案的可行性，并进一步完善应急预案。

7. 应急预案评审

应急预案编制完成后，生产经营单位应按法律法规有关规定组织评审或论证。参与应急预案评审人员可包括有关安全生产及应急管理方面的、有现场处置经验的专家。应急预案论证可通过推演的方式开展。

应急预案评审的内容主要包括：风险评估和应急资源调查的全面性、应急预案体系设计的针对性、应急预案组织体系的合理性、应急响应程序和措施的科学性、应急保障措施的可行性、应急预案的衔接性。

应急预案评审程序包括以下步骤：

（1）评审准备。成立应急预案评审工作组，落实参加评审专家，将应急预案、编制说明、风险评估、应急资源调查报告及其他有关资源在评审前送达评审的参加评审的单位或人员。

（2）组织评审。评审采取会议审查的形式，企业主要负责人参加会议，会议由参加评审的专家共同推选出的组长主持，按照议程组织评审；表决时，应有不少于出席会议专家人数的三分之二同意方可通过；评审会议应形成评审意见（经评审组组长签字），附参加评审会议的专家签字表。表决的投票情况应当以书面材料记录在案，并作为评审意见的附件。

（3）修改完善。生产经营单位应认真分析研究，按照评审意见对应急预案进行修订和完善。评审表决不通过的，生产经营单位应修改完善后按评审程序重新组织专家评审，生产经营单位应写出根据专家评审意见的修改说明情况，并经专家组组长签字确认。

8. 批准实施

通过评审的应急预案，由生产经营单位主要负责人签发实施。

二、应急预案体系

应急预案的编制必须基于事故风险的分析结果、应急资源的需求和现状以及有关的法律法规要求。此外，编制预案时应充分收集和参阅已有的应急预案，尽可能地减小工作量和避免应急预案的重复和交叉，并确保与其他相关应急预案的协调性和一致性。

预案编制小组在设计应急预案编制方案时应考虑：

（1）合理组织。应合理地组织预案的章节，以便每个读者都能快速地找到各自所需要的信息，避免从一堆不相关的信息中去查找。

（2）连续性。保证应急预案每个章节及其组成部分在内容上的相互衔接，避免内容出现明显的位置不当。

（3）一致性。保证应急预案的每个部分都采用相似的逻辑结构。

（4）兼容性。应急预案应尽量采取与上级机构一致的格式，以便各级应急预案能更好地协调和对应。

（一）应急预案的体系构成

生产经营单位应急预案分为综合应急预案、专项应急预案和现场处置方案。生产经营单位应当根据有关法律、法规和相关标准,结合本单位组织管理体系、生产规模和可能发生的事故特点,科学合理确立本单位的应急预案体系,并注意与其他类别应急预案相衔接。

1. 综合应急预案

综合应急预案是指生产经营单位为应对生产安全事故而制定的综合性工作方案，是本单位应对生产安全事故的总体工作程序、措施和应急预案体系的总纲。如某某煤矿生产安全事故综合应急预案。

2. 专项应急预案

专项应急预案是指生产经营单位为应对某一类或者多种类型生产安全事故，或者针对重要生产设施、重大危险源、重大活动防止生产安全事故而制定的专项工作方案。如某某煤矿瓦斯爆炸事故应急预案。

专项应急预案与综合应急预案中的应急组织机构、应急响应程序相近时，可不编写专项应急预案，相应的应急处置措施并入综合应急预案。

3. 现场处置方案

现场处置方案是生产经营单位根据不同生产安全事故类型，针对具体场所、装置或设施所制定的应急处置措施。现场处置方案重点规范事故风险描述、应急工作职责、应急处置措施和注意事项，应体现自救互救、信息报告和先期处置特点。如某某煤矿掘进工作面透水事故现场处置方案。

（二）综合应急预案内容

1. 总则

1）适用范围

说明应急预案适用的范围。

2）响应分级

依据事故危害程度、影响范围和生产经营单位控制事态的能力，对事故应急响应进行分级，明确分级响应的基本原则。分级响应不可照搬事故分级。

2. 应急组织机构及职责

明确应急组织形式（可用图示）及构成单位（部门）的应急处置职责。应急组织机构可设置相应的工作小组，各小组具体构成、职责分工及行动任务以工作方案的形式作为附件。

3. 应急响应

1）信息报告

（1）信息接报。明确应急值守电话、事故信息接收、内部通报程序、方式和责任人，向上级主管部门、上级单位报告事故信息的流程、内容、时限和责任人，以及向本单位以外的有关部门或单位通报事故信息的方法、程序和责任人。

（2）信息处置与研判：

① 明确响应启动的程序和方式。根据事故性质、严重程度、影响范围和可控性，结合响应分级明确的条件，可由应急领导小组作出响应启动的决策并宣布，或者依据事故信息是否达到响应启动的条件自动启动。

② 若未达到响应启动条件，应急领导小组可作出预警启动决策，做好响应准备，实时跟踪事态发展。

③ 响应启动后，应注意跟踪事态发展，科学分析处置需求，及时调整响应级别，避免响应不足或过度响应。

2）预警

（1）预警启动。明确预警信息发布渠道、方式和内容。

（2）响应准备。明确作出预警启动后应开展的响应准备工作，包括队伍、物资、装备、后勤及通信。

（3）预警解除。明确预警解除的基本条件、要求和责任人。

3）响应启动

确定相应级别，明确响应启动后程序性工作，包括应急会议召开、信息上报、资源协调、信息公开、后勤及财力保障工作。

4）应急处置

明确事故现场的警戒疏散、人员搜救、医疗救治、现场检测、技术支持、工程抢险及环境保护方面的应急处置措施，并明确人员防护的要求。

5）应急支援

明确当事态无法控制情况下，向外部（救援）力量请求支援的程序及要求、联动程序及要求，以及外部（救援）力量到达后指挥关系。

6）响应终止

明确响应终止的基本条件、要求和责任人。

4. 后期处置

明确污染物处理、生产秩序恢复、人员安置方面的内容。

5. 应急保障

1）通信与信息保障

明确应急保障的相关单位及人员通信联系方式和方法，以及备用方案和保障责任人。

2）应急队伍保障

明确相关的人力资源，包括专家、专兼职应急救援队伍及协议应急救援队伍。

3）物资装备保障

明确本单位的应急物资和装备的类型、数量、性能、存放位置、运输及使用条件、更新及补充时限、管理责任人及其联系方式，并建立台账。

4）其他保障

根据应急工作需求而确定的其他相关保障措施（如：能源保障、经费保障、交通运输保障、治安保障、技术保障、医疗保障及后勤保障）。

应急保障的相关内容，尽可能在应急预案的附件中体现。

（三）专项应急预案内容

专项应急预案包括但不限于下列内容：

1. 适用范围

说明专项应急预案适用的范围，以及与综合预案的关系。

2. 应急组织机构及职责

明确应急组织形式（可用图示）及构成单位（部门）的应急处置职责。应急组织机构以及各成员单位或人员具体职责。应急组织机构可以设置相应的工作小组，各小组具体构成、职责分工及行动任务建议以工作方案的形式作为附件。

3. 响应启动

明确响应启动后程序性工作，包括应急会议召开、信息上报、资源协调、信息公开、后勤及财力保障工作。

4. 处置措施

针对可能发生的事故风险、危害程度和影响范围，明确应急处置指导原则，制定相应的应急处置措施。

5. 应急保障

根据应急工作需求明确保障内容。

（四）现场处置方案主要内容

1. 事故风险描述

简述事故风险评估的结果（可用列表的形式附在附件中）。事故风险描述主要包括：

（1）事故类型。

（2）事故发生的区域、地点或装置的名称。

（3）事故发生的可能时间、事故的危害严重程度及其影响范围。

（4）事故发生前可能出现的征兆。

（5）事故可能引发的次生、衍生事故。

2. 应急工作职责

根据现场工作岗位、组织形式及人员构成，明确各岗位人员的应急工作分工和职责。

3. 应急处置

主要包括以下内容：

（1）应急处置程序。根据可能发生的事故及现场情况，明确事故报警、各项应急措施启动、应急救护人员的引导、事故扩大及同生产经营单位应急预案的衔接的程序。

（2）现场应急处置措施。针对可能发生的火灾、爆炸、危险化学品泄漏、坍塌、水患、机动车辆伤害等，从人员救护、工艺操作、事故控制，消防、现场恢复等方面制定明确的应急处置措施。

（3）明确报警负责人以及报警电话及上级管理部门、相关应急救援单位联络方式和联系人员，事故报告基本要求和内容。

4. 注意事项

主要包括：

（1）佩戴个人防护器具方面的注意事项。

（2）使用抢险救援器材方面的注意事项。

（3）采取救援对策或措施方面的注意事项。

（4）现场自救和互救注意事项。

（5）现场应急处置能力确认和人员安全防护等事项。

（6）应急救援结束后的注意事项。

（7）其他需要特别警示的事项。

第三节　煤矿事故应急预案管理

应急预案的管理主要包括：应急预案的评审、公布和备案。

一、应急预案的评审与公布

（一）应急预案的评审

为确保应急预案的科学性、实用性以及与实际情况的符合性，预案编制单位或管理部门应依据我国有关应急的方针、政策、法律、法规、规章、标准和其他有关应急预案编制的指南性文件与评审检查表，组织开展预案评审工作，取得政府有关部门和应急机构的认可。

1. 评审方法

应急预案评审采取形式评审和要素评审两种方法。形式评审主要用于应急预案备案时的评审，要素评审用于生产经营单位组织的应急预案评审工作。应急预案评审可以采用符合、基本符合、不符合三种意见进行判定。对于基本符合和不符合的项目，应给出具体修改意见或建议。

（1）形式评审。依据《生产经营单位生产安全事故应急预案评审指南（试行）》和有关行业规范，对应急预案的层次结构、内容格式、语言文字、附件项目以及编制程序等内容进行审查，重点审查应急预案的规范性和编制程序。应急预案形式评审的具体内容及要求，见表3－1。

表3－1　应急预案形式评审表

评审项目	评审内容及要求	评审意见
封面	应急预案编号、应急预案版本号、生产经营单位名称、应急预案名称、颁布日期等内容	
批准页	应急预案应经生产经营单位主要负责人批准方可发布	
目次	应急预案应设置目次，目次中所列的内容及次序如下： ——批准页； ——应急预案执行部门签署页； ——章的编号、标题； ——带有标题的条的编号、标题（需要时列出）； ——附件，用序号表明其顺序	
正文	1. 文字通顺、语言精练、通俗易懂 2. 结构层次清晰，内容格式规范 3. 图表、文字清楚，编排合理（名称、顺序、大小等） 4. 无错别字，同类文字的字体、字号统一	
附件	1. 附件项目齐全，编排有序合理 2. 多个附件应标明附件的对应序号 3. 需要时，附件可以独立装订	

表3-1（续）

评审项目	评审内容及要求	评审意见
编制过程	1. 成立应急预案编制工作组 2. 全面分析本单位危险因素，确定可能发生的事故类型及危害程度 3. 针对危险源和事故危害程度，制定相应的防范措施 4. 客观评价本单位应急能力，掌握可利用的社会应急资源情况 5. 制定相关专项预案和现场处置方案，建立应急预案体系 6. 充分征求相关部门和单位意见，并对意见及采纳情况进行记录 7. 必要时与相关专业应急救援单位签订应急救援协议 8. 应急预案经过评审或论证 9. 重新修订后评审的，一并注明	

（2）要素评审。依据《生产经营单位生产安全事故应急预案评审指南（试行）》和有关行业规范，从合法性、完整性、针对性、实用性、科学性、操作性和衔接性等方面对应急预案进行评审。为细化评审，采用列表方式分别对应急预案的要素进行评审。评审时，将应急预案的要素内容与评审表中所列要素的内容进行对照，判断是否符合有关要求，指出存在的问题及不足。应急预案要素分为关键要素和一般要素。应急预案要素评审的具体内容及要求，见表3-2～表3-5。

表3-2　综合应急预案要素评审表

评审项目		评审内容及要求	评审意见
总则	编制目的	简述应急预案编制的目的	
	编制依据	简述应急预案编制所依据的法律、法规、规章、标准和规范性文件以及相关应急预案等	
	适用范围*	说明应急预案适用的工作范围和事故类型、级别	
	应急预案体系*	说明生产经营单位应急预案体系的构成情况，可用框图形式表述	
	应急工作原则	说明生产经营单位应急工作的原则，内容应简明扼要、明确具体	
事故风险描述*		简述生产经营单位存在或可能发生的事故风险种类、发生的可能性以及严重程度和影响范围等	
应急组织机构及职责*		明确生产经营单位的应急组织形式及组成单位或人员，可用结构图的形式表示，明确构成部门的职责。 应急组织机构根据事故类型和应急工作需要，可设置相应的应急工作小组，并明确各小组的工作任务及职责	
预警及信息报告	预警	根据生产经营单位监测监控系统数据变化状况、事故险情紧急程度和发展势态或有关部门提供的预警信息进行预警，明确预警的条件、方式、方法和信息发布的程序	
	信息报告*	信息报告程序主要包括： ① 信息接收与通报：明确24 h应急值守电话、事故信息接收、通报程序和责任人； ② 信息上报：明确事故发生后向上级主管部门、上级单位报告事故信息的流程、内容、时限和责任人； ③ 信息传递：明确事故发生后向本单位以外的有关部门或单位通报事故信息的方法、程序和责任人	

表3-2（续）

评审项目		评审内容及要求	评审意见
应急响应	响应分级*	针对事故危害程序、影响范围和生产经营单位控制事态的能力，对事故应急响应进行分级，明确分级响应的基本原则	
	响应程序*	根据事故级别和发展态势，描述应急指挥机构启动、应急资源调配、应急救援、扩大应急等响应程序	
	处置措施*	针对可能发生的事故风险、事故危害程度和影响范围，制定相应的应急处置措施，明确处置原则和具体要求	
	应急结束	明确现场应急响应结束的基本条件和要求	
信息公开		明确向有关新闻媒体、社会公众通报事故信息的部门、负责人和程序以及通报原则	
保障措施*	通信与信息保障	明确可为生产经营单位提供应急保障的相关单位及人员通信联系方式和方法，并提供备用方案。同时，建立信息通信系统及维护方案，确保应急期间信息通畅	
	应急队伍保障	明确应急响应的人力资源，包括应急专家、专业应急队伍、兼职应急队伍等	
	物资装备保障	明确生产经营单位的应急物资和装备的类型、数量、性能、存放位置、运输及使用条件、管理责任人及其联系方式等内容	
	其他保障	根据应急工作需求而确定的其他相关保障措施（如经费保障、交通运输保障、治安保障、技术保障、医疗保障、后勤保障等）	
应急预案管理	应急预案培训*	明确对生产经营单位人员开展的应急预案培训计划、方式和要求，使有关人员了解相关应急预案内容，熟悉应急职责、应急程序和现场处置方案。如果应急预案涉及社区和居民，要做好宣传教育和告知等工作	
	应急预案演练*	明确生产经营单位不同类型应急预案演练的形式、范围、频次、内容以及演练评估、总结等要求	
	应急预案修订	明确应急预案修订的基本要求，并定期进行评审，实现可持续改进	
	应急预案备案	明确应急预案的报备部门，并进行备案	
	应急预案实施	明确应急预案实施的具体时间、负责制定与解释的部门	

注：*代表应急预案的关键要素。

表3-3　专项应急预案要素评审表

评审项目	评审内容及要求	评审意见
事故风险分析*	针对可能发生的事故风险，分析事故发生的可能性以及严重程度、影响范围等	
应急指挥机构及职责*	根据事故类型、明确应急指挥机构总指挥、副总指挥以及各成员单位或人员的具体职责。应急指挥机构可以设置相应的应急救援工作小组，明确各小组的工作任务及主要负责人职责	

表3-3（续）

评审项目	评审内容及要求	评审意见
处置程序*	明确事故或事故险情信息报告程序和内容、报告方式和责任人等。根据事故响应级别，具体描述事故接警报告和记录以及应急指挥机构启动、应急指挥、资源调配、应急救援、扩大应急等应急响应程序	
处置措施*	针对可能发生的事故风险、事故危害程度和影响范围，制定相应的应急处置措施，明确处置原则和具体要求	

注：*代表关键因素。

表3-4　现场处置方案要素评审表

评审项目	评审内容及要求	评审意见
事故风险分析*	1. 事故类型 2. 事故发生的区域、地点或装置的名称 3. 事故发生的可能时间、事故的危害严重程度及其影响范围 4. 事故前可能出现的征兆 5. 事故可能引发的次生、衍生事故	
应急工作职责*	根据现场工作岗位、组织形式及人员构成，明确各岗位人员的应急工作分工和职责	
应急处置*	1. 事故应急处置程序 根据可能发生的事故及现场情况，明确事故报警、各项应急措施启动、应急救护人员的引导、事故扩大及与生产经营单位应急预案的衔接的程序。 2. 现场应急处置措施 针对可能发生的火灾、爆炸、危险化学品泄漏、坍塌、水患、机动车辆伤害等，从人员救护、工艺操作、事故控制、消防、现场恢复等方面制定明确的应急处置措施 3. 明确报警负责人、报警电话及与上级管理部门、相关应急救援单位的联络方式和联系人员、事故报告基本要求和内容	
注意事项	1. 佩戴个人防护器具方面的注意事项 2. 使用抢险救援器材方面的注意事项 3. 采取救援对策或措施方面的注意事项 4. 现场自救和互救注意事项 5. 现场应急处置能力确认和人员安全防护等事项 6. 应急救援结束后的注意事项 7. 其他需要特别警示的事项	

注：*代表关键因素。

表3-5　应急预案附件要素评审表

评审项目	评审内容及要求	评审意见
有关应急部门、机构或人员的联系方式	列出应急工作中需要联系的部门、机构或人员的多种联系方式，当发生变化时及时进行更新	
应急物资装备的名录或清单	列出应急预案涉及的主要物资和装备名称、型号、性能、数量、存放地点、运输和使用条件、管理责任人和联系电话等	

表3-5（续）

评审项目	评审内容及要求	评审意见
规范化格式文本	应急信息接报、处理、上报等规范化格式文本	
关键的路线、标识和图纸	1. 警报系统分布及覆盖范围 2. 重要防护目标、危险源一览表、分布图 3. 应急指挥部位置及救援队伍行动路线 4. 疏散路线、警戒范围、重要地点等的标识 5. 相关平面布置图纸、救援力量分布图纸等	
有关协议或备忘录	列出与相关应急救援部门签订的应急救援协议或备忘录	

关键要素是指应急预案构成要素中必须规范的内容。这些要素涉及生产经营单位日常应急管理及应急救援的关键环节，具体包括危险源辨识与风险分析、组织机构及职责、信息报告与处置和应急响应程序与处置技术等要素。关键要素必须符合生产经营单位实际和有关规定要求。

一般要素是指应急预案构成要素中可简写或省略的内容。这些要素不涉及生产经营单位日常应急管理及应急救援的关键环节，具体包括应急预案中的编制目的、编制依据、适用范围、工作原则、单位概况等要素。

2. 评审要点

应急预案评审应坚持实事求是的工作原则，结合生产经营单位工作实际，按照《导则》和有关行业规范，从以下七个方面进行评审。

（1）合法性。符合有关法律、法规、规章和标准，以及有关部门和上级单位规范性文件要求。

（2）完整性。具备《导则》所规定的各项要素。

（3）针对性。紧密结合本单位危险源辨识与风险分析。

（4）实用性。切合本单位工作实际，与生产安全事故应急处置能力相适应。

（5）科学性。组织体系、信息报送和处置方案等内容科学合理。

（6）操作性。应急响应程序和保障措施等内容切实可行。

（7）衔接性。综合、专项应急预案和现场处置方案形成体系，并与相关部门或单位应急预案相互衔接。

（二）应急预案的发布

事故应急预案经评审通过后，应由主要负责人签署，并报送上级政府有关部门和应急机构备案。

二、应急预案的备案

应急预案的备案管理是提高应急预案编写质量，规范预案管理，解决预案相互衔接的重要措施之一。按照有关规定：

（1）地方各级人民政府应急管理部门的应急预案，应当报同级人民政府备案，同时抄送上一级人民政府应急管理部门，并依法向社会公布。地方各级人民政府其他负有安全生产监督管理职责的部门的应急预案，应当抄送同级人民政府应急管理部门。

（2）易燃易爆物品、危险化学品等危险物品的生产、经营、储存、运输单位，矿山、金属冶炼、城市轨道交通运营、建筑施工单位，以及宾馆、商场、娱乐场所、旅游景区等人员密集场所经营单位，应当在应急预案公布之日起20个工作日内，按照分级属地原则，向县级以上人民政府应急管理部门和其他负有安全生产监督管理职责的部门进行备案，并依法向社会公布。

前款所列单位属于中央企业的，其总部（上市公司）的应急预案，报国务院主管的负有安全生产监督管理职责的部门备案，并抄送应急管理部；其所属单位的应急预案报所在地的省、自治区、直辖市或者设区的市级人民政府主管的负有安全生产监督管理职责的部门备案，并抄送同级人民政府应急管理部门。

煤矿企业的应急预案除按照有关规定报应急管理部门和有关主管部门备案外，还应当抄送所在地的煤矿安全监察机构。

（3）生产经营单位申报应急预案备案，应当提交下列材料：

① 应急预案备案申报表；

② 矿山、金属冶炼企业和易燃易爆物品、危险化学品的生产、经营、储存、运输企业，以及使用危险化学品达到国家规定数量的化工企业、烟花爆竹生产、批发经营企业和中型规模以上的其他生产经营单位，应当提供应急预案评审意见；

③ 应急预案电子文档；

④ 风险评估结果和应急资源调查清单。

（4）受理备案登记的负有安全生产监督管理职责的部门应当在5个工作日内对应急预案材料进行核对，材料齐全的，应当予以备案并出具应急预案备案登记表；材料不齐全的，不予备案并一次性告知需要补齐的材料。逾期不予备案又不说明理由的，视为已经备案。

对于实行安全生产许可的生产经营单位，已经进行应急预案备案的，在申请安全生产许可证时，可以不提供相应的应急预案，仅提供应急预案备案登记表。

（5）各级人民政府负有安全生产监督管理职责的部门应当建立应急预案备案登记建档制度，指导、督促生产经营单位做好应急预案的备案登记工作。

第四节　煤矿事故应急培训与演练

一、应急培训的原则和范围

为提高应急救援人员的技术水平与应急救援队伍的整体能力，以便在事故的应急救援行动中，达到快速、有序、有效的效果，各级人民政府应急管理部门、各类生产经营单位应当采取多种形式开展应急预案的宣传教育，普及生产安全事故避险、自救和互救知识，提高从业人员和社会公众的安全意识与应急处置技能。经常性地开展应急救援培训、训练或演练，应成为应急救援队伍的一项重要的日常性工作。

各级人民政府应急管理部门应当将本部门应急预案的培训纳入安全生产培训工作计划，并组织实施本行政区域内重点生产经营单位的应急预案培训工作。生产经营单位应当组织开展本单位的应急预案、应急知识、自救互救和避险逃生技能的培训活动，使有关人员了解应急预案内容，熟悉应急职责、应急处置程序和措施。应急培训的时间、地点、内容、师资、参加人员和考核结果等情况应当如实记入本单位的安全生产教育和培训档案。

应急救援培训与演练的指导思想应以加强基础、突出重点、边练边改、逐步提高为原则。

应急培训与演练的基本任务是锻炼和提高队伍在突发事故情况下的快速抢险救援，及时营救伤员，正确指导和帮助群众防护或撤离，有效消除危害后果，开展现场急救和伤员转送等应急救援技能和应急反应综合素质，有效降低事故危害，减少事故损失。

应急培训的范围应包括：①政府主管部门的培训；②企业全员的培训；③专业应急救援队伍的培训。

二、应急培训的基本内容

基本应急培训是指对参与应急行动所有相关人员进行的最低程度的应急培训，要求应急人员了解和掌握如何识别危险、如何采取必要的应急措施、如何启动紧急情况警报系统、如何抢救遇险人员等基本操作。因此，在培训中要加强操作类训练，强调危险物质事故的不同应急水平和注意事项等内容，主要包括以下几方面：①报警；②疏散；③应急培训；④不同水平应急者培训。

在具体培训中，通常将应急者分为5种水平，即初级意识水平应急者；初级操作水平应急者；危险物质专业水平应急者；危险物质专家水平应急者；事故指挥者水平应急者。每一种水平都有相应的培训要求。

三、应急演练的目的与原则

应急演练是应急管理的重要环节，在应急管理工作中有着十分重要的作用。通过开展应急演练，可以实现评估应急准备状态，发现并及时修改应急预案、执行程序等相关工作的缺陷和不足；评估事件应急能力，识别应急资源需求，明确相关机构、组织和人员的职责，改善不同机构、组织和人员之间的协调问题；检验应急响应人员对应急预案、执行程序的了解程度和实际操作技能，评估应急培训效果，分析培训需求。同时，作为一种培训手段，通过调整演练难度，可以进一步提高应急响应人员的业务素质和能力；促进职工、媒体对应急预案的理解，争取他们对应急工作的支持。

1. 应急演练目的

（1）检验预案。通过开展应急演练，查找应急预案中存在的问题，进而完善应急预案，提高应急预案的实用性和可操作性。

（2）完善准备。通过开展应急演练，检查应对突发事件所需应急队伍、物资、装备、技术等方面的准备情况，发现不足及时予以调整补充，做好应急准备工作。

（3）锻炼队伍。通过开展应急演练，增强演练组织单位、参与单位和人员等对应急预案的熟悉程度，提高其应急处置能力。

（4）磨合机制。通过开展应急演练，进一步明确相关单位和人员的职责任务，理顺工作关系，完善应急机制。

（5）科普宣教。通过开展应急演练，普及应急知识，提高职工风险防范意识和自救互救等灾害应对能力。

2. 应急演练原则

（1）结合实际、合理定位。紧密结合应急管理工作实际，明确演练目的，根据资源条件确定演练方式和规模。

（2）着眼实战、讲求实效。以提高应急指挥人员的指挥协调能力、应急队伍的实战能力为着眼点。重视对演练效果及组织工作的评估、考核，总结推广好经验，及时整改存在的问题。

（3）精心组织、确保安全。围绕演练目的，精心策划演练内容，科学设计演练方案，周密组织演练活动，制定并严格遵守有关安全措施，确保演练参与人员及演练装备设施的安全。

（4）统筹规划、厉行节约。统筹规划应急演练活动，适当开展跨地区、跨部门、跨行业的综合性演练，充分利用现有资源，努力提高应急演练效益。

3. 应急演练的频次要求

各级人民政府应急管理部门应当至少每两年组织一次应急预案演练，提高本部门、本地区生产安全事故应急处置能力。

生产经营单位应当制定本单位的应急预案演练计划，根据本单位的事故风险特点，每年至少组织一次综合应急预案演练或者专项应急预案演练，每半年至少组织一次现场处置方案演练。

易燃易爆物品、危险化学品等危险物品的生产、经营、储存、运输单位，矿山、金属冶炼、城市轨道交通运营、建筑施工单位，以及宾馆、商场、娱乐场所、旅游景区等人员密集场所经营单位，应当至少每半年组织一次生产安全事故应急预案演练，并将演练情况报送所在地县级以上地方人民政府负有安全生产监督管理职责的部门。

县级以上地方人民政府负有安全生产监督管理职责的部门应当对本行政区域内前款规定的重点生产经营单位的生产安全事故应急救援预案演练进行抽查；发现演练不符合要求的，应当责令限期改正。

四、应急演练的类型

应急演练可以根据不同的标准进行分类，不同类型的演练可相互组合。

1. 按演练内容分类

应急演练按照演练内容分为单项演练和综合演练。

（1）单项演练。单项演练是指只涉及应急预案中特定应急响应功能或现场处置方案中一系列应急响应功能的演练活动。注重针对一个或少数几个参与单位（岗位）的特定环节和功能进行检验。

（2）综合演练。综合演练是指涉及应急预案中多项或全部应急响应功能的演练活动。注重对多个环节和功能进行检验，特别是对不同单位之间应急机制和联合应对能力的检验。

2. 按演练形式分类

按照演练形式分为桌面演练和现场演练。

（1）桌面演练。桌面演练是指参演人员利用地图、沙盘、流程图、计算机模拟、视频会议等辅助手段，针对事先假定的演练情景，讨论和推演应急决策及现场处置的过程，从而促进相关人员掌握应急预案中所规定的职责和程序，提高指挥决策和协同配合能力。桌面演练通常在室内完成。

（2）现场演练。现场演练是以现场实战操作的形式开展的演练活动。参演人员在贴近实际状况和高度紧张的环境下，根据演练情景的要求，通过实际操作完成应急响应任务，以检验和提高相关应急人员的组织指挥、应急处置以及后勤保障等综合应急能力。

五、应急演练的组织与实施

完整的应急演练包括计划、准备、实施、评估总结和改进 5 个阶段，如图 3－3 所示。

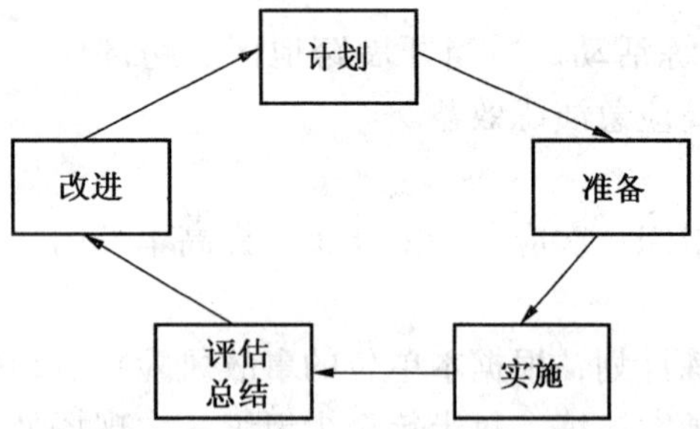

图 3－3　应急演练基本流程

计划阶段的主要任务：明确演练需求，提出演练的基本构思和初步安排。

准备阶段的主要任务：完成演练策划，编制演练总体方案及其附件，进行必要的培训和预演，做好各项保障工作安排。

实施阶段的主要任务：按照演练总体方案完成各项演练活动，为演练评估总结收集信息。

评估总结阶段的主要任务：评估总结演练参与单位在应急准备方面的问题和不足，明确改进的重点，提出改进计划。

改进阶段的主要任务：按照改进计划，由相关单位实施落实，并对改进效果进行监督检查。

（一）计划

演练组织单位在开展演练准备工作前应先制定演练计划。演练计划是有关演练的基本构想和对演练准备活动的初步安排，一般包括演练的目的、方式、时间、地点、日程安排、演练策划领导小组和工作小组构成、经费预算和保障措施等。

在制定演练计划过程中需要确定演练目的、分析演练需求、确定演练内容和范围、安排演练准备日程、编制演练经费预算等。

1. 梳理需求

演练组织单位根据自身应急演练年度规划和实际情况需要，提出初步演练目标、类型、范围，确定可能的演练参与单位，并与这些单位的相关人员充分沟通，进一步明确演练需求、目标、类型和范围。

（1）确定演练目的，归纳提炼举办应急演练活动的原因、演练要解决的问题和期望达到的效果等。

（2）分析演练需求，首先是在对所面临的风险及应急预案进行认真分析的基础上，发现可能存在的问题和薄弱环节，确定需加强演练的人员、需锻炼提高的技能、需测试的设施装备、需完善的突发事件应急处置流程和需进一步明确的职责等。然后仔细了解过去的演练情况：哪些人参与了演练、演练目标实现的程度、有什么经验与教训、有什么改进、是否进行了验证。

（3）确定演练范围，根据演练需求及经费、资源和时间等条件的限制，确定演练事件类型、等级，地域，演练方式，参与演练的机构、人数。

事件类型、等级：根据需求分析结果确定需要演练的事件。

地域：选择一个现实可行的地点，并考虑交通和安全等因素。

演练方式：考虑法律法规的规定、实际的需要、人员参与情况、工作经费准备等因素，确定最适合的演练形式。

参与演练的机构、人数：根据需要演练的事件和演练方式，列出需要参与演练的机构和人员，以及确定是否涉及社会公众。

2. 明确任务

演练组织单位根据演练需求、目标、类型、范围和其他相关需要，明确细化演练各阶段的主要任务，安排日程计划，包括各种演练文件编写与审定的期限、物资器材准备的期限、演练实施的日期等。

3. 编制计划

演练组织单位负责起草演练计划文本，计划内容应包括：演练目的需求、目标、类型、时间、地点、演练准备实施进程安排、领导小组和工作小组构成、预算等。

4. 计划审批

演练计划编制完成后，应按相关管理要求，呈报上级主管部门批准。演练计划获准后，按计划开展具体演练准备工作。

（二）准备

演练准备阶段的主要任务是根据演练计划成立演练组织机构，设计演练总体方案，并根据需要针对演练方案进行培训和预演，为演练实施奠定基础。

演练准备的核心工作是设计演练总体方案。演练总体方案是对演练活动的详细安排。

演练总体方案的设计一般包括确定演练目标、设计演练情景与演练流程、设计技术保障方案、设计评估标准与方法、编写演练方案文件等内容。

1. 成立演练组织机构

演练应在相关预案确定的应急领导机构或指挥机构领导下组织开展。演练组织单位要成立由相关单位领导组成的演练领导小组，通常下设策划部、保障部和评估组。对于不同类型和规模的演练活动，其组织机构和职能可以适当调整。演练组织机构的成立是一个逐步完善的过程，在演练准备过程中，演练组织机构的部门设置和人员配备及分工可根据实际需要随时调整，在演练方案审批通过之后，最终的演练组织机构才得以确立。

1）演练领导小组

演练领导小组负责应急演练活动全过程的组织领导，审批决定演练的重大事项。演练领导小组组长一般由演练组织单位或其上级单位的负责人担任；副组长一般由演练组织单位或主要协办单位负责人担任；小组其他成员一般由各演练参与单位相关负责人担任。

2）策划部

策划部负责应急演练策划、演练方案设计、演练实施的组织协调、演练评估总结等工作。策划部设总策划、副总策划，下设文案组、协调组、控制组、宣传组等。

3）保障部

保障部负责调集演练所需物资装备，购置和制作演练模型、道具、场景，准备演练场地，维持演练现场秩序，保障运输车辆，保障人员生活和安全保卫等。其成员一般是演练组织单位及参与单位后勤、财务、办公等部门人员，常称为后勤保障人员。

4）评估组

评估组负责设计演练评估方案和编写演练评估报告，对演练准备、组织、实施及其安全事项等进行全过程、全方位评估，及时向演练领导小组、策划部和保障部提出意见、建议。其成员一般是应急管理专家、具有一定演练评估经验和突发事件应急处置经验的专业人员，常称为演练评估人员。评估组可由上级部门组织，也可由演练组织单位自行组织，或由受邀承担评估工作的第三方机构组织。

5）参演队伍和人员

参演队伍包括应急预案规定的有关应急管理部门（单位）的工作人员、各类专兼职应急救援队伍以及志愿者队伍等。参演人员承担具体演练任务，针对模拟事件场景做出应急响应行动。有时也可使用模拟人员替代未参加现场演练的单位人员，或模拟事故的发生过程，如释放烟雾、模拟泄漏等。

演练组织机构的部门设置和人员配备及分工可根据实际需要随时调整，在演练方案审批通过之后，最终的演练组织机构才得以确立。

2. 确定演练目标

演练目标是为实现演练目的而需要完成的主要演练任务及其效果。演练目标一般需说明"由谁在什么条件下完成什么任务，依据什么标准或取得什么效果"。

演练组织机构召集有关方面和人员，商讨确认范围、演练目的需求、演练目标以及各参与机构的目标，并进一步商讨，为确保演练目标实现而在演练场景、评估标准和方法、技术保障及对演练场地等方面应满足的要求。

演练目标应简单、具体、可量化、可实现。一次演练一般有若干项演练目标，每项演练目标都要在演练方案中有相应的事件和演练活动予以实现，并在演练评估中有相应的评估项目判断该目标的实现情况。

3. 演练情景事件设计

演练情景事件是为演练而假设的一系列突发事件，为演练活动提供初始条件并通过一系列的情景事件，引导演练活动继续直至演练完成。其设计过程包括：确定事件类型，专家研讨，收集相关素材，结合演练目标、设计备选情景事件，研讨修改确认可用的情景事件，各情景事件细节确定。

演练情景事件设计必须做到真实合理，在演练组织过程中需要根据实际情况不断修改完善。演练情景可通过《演练情景说明书》和《演练情景事件清单》加以描述。

4. 演练流程设计

演练流程设计是按照事件发展的科学规律，将所有情景事件及相应应急处置行动按时间顺序有机衔接的过程。其设计过程包括：确定事件之间的演化衔接关系；确定各事件发生与持续时间；确定各参与单位和角色在各场景中的期望行动以及期望行动之间的衔接关系；确定所需注入的信息及注入形式。

5. 技术保障方案设计

为保障演练活动顺利实施，演练组织机构应安排专人根据演练目标、演练情景事件和演练流程的要求，预先进行技术保障方案设计。当技术保障因客观原因确难实现时，可及时向演练组织机构相关负责人反映，提出对演练情景事件和演练流程的相应修改建议。当演练情景事件和演练流程发生变化时，技术保障方案必须根据需要进行适当调整。

6. 评估标准和方法选择

演练评估组召集有关方面和人员，根据演练总体目标和各参与机构的目标以及演练的具体情景事件、演练流程和技术保障方案，商讨确定演练评估标准和方法。

演练评估应以演练目标为基础。每项演练目标都要设计合理的评估项目方法和标准。根据演练目标的不同，可以用选择项（如："是/否"判断，多项选择）、主观评分（如：1—差、2—合格、3—优秀）、定量测量（如：响应时间、被困人数、获救人数）等方法进行评估。

为便于演练评估操作，通常事先设计好评估表格，包括演练目标、评估方法、评价标准和相关记录项等。有条件时还可以采用专业评估软件等工具。

7. 编写演练方案文件

文案组负责起草演练方案相关文件。演练方案文件主要包括演练总体方案及其相关附件。根据演练类别和规模的不同，演练总体方案的附件一般有演练人员手册、演练控制指南、技术保障方案和脚本、演练评估指南、演练脚本和解说词等。

8. 方案审批

演练方案文件编制完成后，应按相关管理要求，报有关部门审批。对综合性较强或风险较大的应急演练，在方案报批之前，要由评估组组织相关专家对应急演练方案进行评审，确保方案科学可行。

演练总体方案获准后，演练组织机构应根据领导出席情况，细化演练日程，拟定领导出席演练活动安排。

9. 落实各项保障工作

为了按照演练方案顺利安全实施演练活动，应切实做好人员、经费、场地、物资器材、技术和安全等方面的保障工作。

1）人员保障

演练参与人员一般包括演练领导小组、演练总指挥、总策划、文案人员、控制人员、评估人员、保障人员、参演人员、模拟人员等，有时还会有观摩人员等其他人员。在演练的准备过程中，演练组织单位和参与单位应合理安排工作，保证相关人员参与演练活动的时间；通过组织观摩学习和培训，提高演练人员素质和技能。

2）经费保障

演练组织单位每年要根据具体应急演练方案规划编制应急演练经费预算，纳入单位的年度财政（财务）预算，并按照演练需要及时拨付经费。对经费使用情况进行监督检查，确保演练经费专款专用、节约高效。

3）场地保障

根据演练方式和内容，经现场勘察后选择合适的演练场地。桌面演练一般可选择在会议室或应急指挥中心等；实战演练应选择与实际情况相似的地点，并根据需要设置指挥部、集结点、接待站、供应站、救护站、停车场等设施。演练场地应有足够的空间，良好的交通、生活、卫生和安全条件，尽量避免干扰公众生产生活。

4）物资和器材保障

根据需要，准备必要的演练材料、物资和器材，制作必要的模型设施等，主要包括：信息材料、物资设备、通信器材和演练情景模型等。

5）技术保障

根据技术保障方案的具体需要，保障应急演练所涉及的有线通信、无线调度、异地会商、移动指挥、社会面监控、应急信息管理系统等技术支撑系统的正常运转。

6）安全保障

应急演练组织单位要高度重视应急演练组织与实施全过程的安全保障工作。在应急演练方案编制中，应充分考虑应急演练实施中可能面临的风险，制定必要的应急演练安全保障措施或方案。大型或高风险应急演练活动要按规定制定专门应急预案，采取预防和控制措施。

10. 培训

为了使演练相关策划人员及参演人员熟悉演练方案和相关应急预案，明确其在演练过程中的角色和职责，在演练准备过程中，可根据需要对其进行适当培训。

在演练方案获准后至演练开始前，所有演练参与人员都要经过应急基本知识、演练基本概念、演练现场规则、应急预案、应急技能及个体防护装备使用等方面的培训。对控制人员进行岗位职责、演练过程控制和管理等方面的培训；对评估人员进行岗位职责演练评估方法、工具使用等方面的培训；对参演人员进行应急预案、应急技能及个体防护装备使用等方面的培训。

11. 预演

对大型综合性演练，为保证演练活动顺利实施，可在前期培训的基础上，在演练正式实施前，进行一次或多次预演。预演遵循先易后难、先分解后合练、循序渐进的原则。预演可以采取与正式演练不同的形式，演练正式演练的某些或全部环节。大型或高风险演练活动，要结合预先制定的专门应急预案，对关键部位和环节可能出现的突发事件进行针对性演练。

（三）实施

演练实施是对演练方案付诸行动的过程，是整个演练程序中的核心环节。

1. 演练前检查

演练实施当天，演练组织机构的相关人员应在演练开始前提前到达现场，对演练所用的设备设施等情况进行检查，确保其正常工作。

按照演练安全保障工作安排，对进入演练场所的人员进行登记和身份核查，防止无关人员进入。

2. 演练前情况说明和动员

导演组完成事故应急演练准备，以及对演练方案、演练场地、演练设施、演练保障措施的最后调整后，应在演练前夕分别召开控制人员、评估人员、演练人员的情况介绍会，确保所有演练参与人员了解演练现场规则以及演练情景和演练计划中与各自工作相关的内容。演练模拟人员和观摩人员一般参加控制人员情况介绍会。

导演组可向演练人员分发演练人员手册，说明演练适用范围、演练大致日期（不说明具体时间）、参与演练的应急组织、演练目标的大致情况、演练现场规则、采取模拟方式进行演练行动等信息。演练过程中，如果某些应急组织的应急行为由控制人员或模拟人员以模拟方式进行演示，则演练人员应了解这些情况，并掌握相关控制或模拟人员的联系方式，以免演练时与实际应急组织发生联系。

3. 演练启动

演练目的和作用不同，演练启动形式也有所差异。示范性演练一般由演练总指挥或演练组织机构相关成员宣布演练开始并启动演练活动。检验性和研究性演练，一般在到达演练时间节点，演练场景出现后，自行启动。

4. 演练执行

演练组织形式不同，其演练执行程序也有差异。

1）实战演练

应急演练活动一般始于报警消息，在此过程中，参演应急组织和人员应尽可能按实际紧急事件发生时的响应要求进行演示，即“自由演示”，由参演应急组织和人员根据自己关于最佳解决办法的理解，对情景事件做出响应行动。

演练过程中参演应急组织和人员应遵守当地相关的法律法规和演练现场规则，确保演练安全进行，如果演练偏离正确方向，控制人员可以采取“刺激行动”以纠正错误。“刺激行动”包括终止演练过程，使用“刺激行动”时应尽可能平缓，以诱导方法纠偏，只有对背离演练目标的“自由演示”才使用强刺激的方法使其中断反应。

2）桌面演练

桌面演练的执行通常是五个环节的循环往复：演练信息注入、问题提出、决策分析、决策结果表达和点评。

3）演练解说

在演练实施过程中，演练组织单位可以安排专人对演练过程进行解说。解说内容一般包括演练背景描述、进程讲解、案例介绍、环境渲染等。对于有演练脚本的大型综合性示范演练，可按照脚本中的解说词进行讲解。

4）演练记录

演练实施过程中，一般要安排专门人员，采用文字、照片和音像等手段记录演练过程。文字记录一般可由评估人员完成，主要包括演练实际开始与结束时间、演练过程控制情况、各项演练活动中参演人员的表现、意外情况及其处置等内容，尤其要详细记录可能出现的人员“伤亡”（如进入“危险”场所而无安全防护，在规定的时间内不能完成疏散等）及财产“损失”等情况。

照片和音像记录可安排专业人员和宣传人员在不同现场、不同角度进行拍摄，尽可能全方位反映演练实施过程。

5）演练宣传报道

演练宣传组按照演练宣传方案做好演练宣传报道工作。认真做好信息采集、媒体组织、广播电视节目现场采编和播报等工作，扩大演练的宣传教育效果。对涉密应急演练做好相关保密工作。

5. 演练结束与意外终止

演练完毕，由总策划发出结束信号，演练总指挥或总策划宣布演练结束。演练结束后，所有人员停止演练活动，按预定方案集合进行现场总结讲评或者组织疏散。保障部负责组织人员对演练场地进行清理和恢复。

演练实施过程中出现下列情况，经演练领导小组决定，由演练总指挥或总策划按照事先规定的程序和指令终止演练：①出现真实突发事件，需要参演人员参与应急处置时，要终止演练，使参演人员迅速回归其工作岗位，履行应急处置职责；②出现特殊或意外情况，短时间内不能妥善处理或解决时，可提前终止演练。

6. 现场点评会

演练组织单位在演练活动结束后，应组织针对本次演练的现场点评会。其中包括专家点评、领导点评、演练参与人员的现场信息反馈等。

（四）评估总结

1. 评估

演练评估是指观察和记录演练活动、比较演练人员表现与演练目标要求并提出演练中发现问题的过程。演练评估目的是确定演练是否已经达到演练目标的要求，检验各应急组织指挥人员及应急响应人员完成任务的能力。要全面、正确地评估演练效果，必须在演练地域的关键地点和各参演应急组织的关键岗位上，派驻公正的评估人员。评估人员的作用主要是观察演练的进程，记录演练人员采取的每一项关键行动及其实施时间，访谈演练人员，要求参演应急组织提供文字材料，评估参演应急组织和演练人员表现并反馈演练发现。

应急演练评估方法是指演练评估过程中的程序和策略，包括评估组组成方式、评估目标与评估标准。评估人员较少时可仅成立一个评估小组并任命一名负责人。评估人员较多时，则应按演练目标、演练地点和演练组织进行适当的分组，除任命一名总负责人外，还宜分别任命小组负责人。评估目标是指在演练过程中要求演练人员展示的活动和功能。评估标准是指供评估人员对演练人员各个主要行动及关键技巧的评判指标，这些指标应具有可测量性，或力求定量化，但是根据演练的特点，评判指标中可能出现相当数量的定性指标。

情景设计时，策划人员应编制评估计划，列出必须进行评估的演练目标及相应的评估准则，并按演练目标进行分组，分别提供给相应的评估人员，同时给评估人员提供评价指标。

2. 总结报告

1）召开演练评估总结会议

在演练结束后一个月内，由演练组织单位召集评估组和所有演练参与单位，讨论本次演练的评估报告，并从各自的角度总结本次演练的经验教训，讨论确认评估报告内容，并讨论提出总结报告内容，拟定改进计划，落实改进责任和时限。

2）编写演练总结报告

在演练评估总结会议结束后，由文案组根据演练记录、演练评估报告、应急预案、现场总结等材料，对演练进行系统和全面的总结，并形成演练总结报告。演练参与单位也可对本单位的演练情况进行总结。

演练总结报告的内容包括：演练目的，时间和地点，参演单位和人员，演练方案概要，发现的问题与原因，经验和教训，以及改进有关工作的建议、改进计划、落实改进责任和时限等。

3. 文件归档与备案

演练组织单位在演练结束后应将演练计划、演练方案、各种演练记录（包括各种音像资料）、演练评估报告、演练总结报告等资料归档保存。

对于由上级有关部门布置或参与组织的演练，或者法律、法规、规章要求备案的演练，演练组织单位应当将相关资料报有关部门备案。

（五）改进

1. 改进行动

对演练中暴露出来的问题，演练组织单位和参与单位应按照改进计划中规定的责任和时限要求，及时采取措施予以改进，包括修改完善应急预案、有针对性地加强应急人员的教育和培训、对应急物资装备有计划地更新等。

2. 跟踪检查与反馈

演练总结与讲评过程结束之后，演练组织单位和参与单位应指派专人，按规定时间对改进情况进行监督检查，确保本单位对自身暴露出的问题做出改进。

第五节 煤矿事故应急预案评估

一、应急预案评估的基本要求

应急预案编制单位应当建立应急预案定期评估制度，对预案内容的针对性和实用性进行分析，并对应急预案是否需要修订作出结论。

矿山企业应当每三年进行一次应急预案评估。

1. 应急预案的评估目的

应急预案评估是指对应急预案内容的适用性所开展的分析过程，目的是发现应急预案存在的问题和不足，对是否需要修订做出结论，并提出修订建议。

2. 应急预案的评估依据

主要依据以下内容：

（1）相关法律、法规、标准及规范性文件。

（2）生产经营单位风险评估结果。

（3）生产经营单位应急组织机构设置情况。

（4）应急演练评估报告。

（5）应急处置评估报告。

（6）应急资源调查及评估结果。

（7）其他相关材料。

二、应急预案的评估程序

1. 成立评估组

结合本单位部门职能和分工，成立以单位相关负责人为组长，单位相关部门人员参加的应急预案评估组，明确工作职责和任务分工，制定工作方案。评估组成员人数一般为单数。应急预案评估可以邀请相关专业机构或者有关专家、有实际应急救援工作经验的人员参加，必要时可以委托安全生产技术服务机构实施。

2. 资料收集分析

确定需评估的应急预案，依据应急预案的评估依据，收集相关资料，明确以下情况：

（1）依据的法律、法规、规章、标准及上位预案中的有关规定变化情况。

（2）应急指挥机构和成员单位（部门）及其职责调整情况。

（3）面临的事故风险变化情况。

（4）重要应急资源变化情况。

（5）应急救援力量变化情况。

（6）预案中的其他重要信息变化情况。

（7）应急演练和事故应急处置中发现的问题。

（8）其他情况。

3. 评估实施

采用资料分析、现场审核、推演论证、人员访谈的方式，对应急预案进行评估。

（1）资料分析：针对评估目的和评估内容，查阅法律法规、标准规范、应急预案、风险评估方面的相关文件资料，梳理有关规定、要求及证据材料，初步分析应急预案存在的问题。

（2）现场审核：依据资料分析的情况，通过现场实地查看、设备操作检验的方式，准确掌握并验证应急资源、生产运行、工艺设备方面的问题情况。

（3）推演论证：根据需要，采取桌面推演、实战演练的形式，对机构设置、职责分工、响应机制、信息报告方面的问题进行推演验证。

（4）人员访谈：采取抽样访谈或座谈研讨的方式，向有关人员收集信息、了解情况、考核能力、验证问题、沟通交流、听取建议，进一步论证有关问题情况。

生产安全事故应急预案评估表见表3-6。

表3-6 生产安全事故应急预案评估表

评估要素	评估内容	评估方法	评估结果
1. 应急预案管理要求	1.1 梳理《突发事件应对法》《安全生产法》《生产安全事故应急条例》等法律法规中的有关新规定和要求，对照评估应急预案中的不符合项	资料分析	是否有不符合项，列出不符合项
	1.2 梳理国家标准、行业标准及地方标准中的有关新规定和要求，对照评估应急预案中的不符合项	资料分析	是否有不符合项，列出不符合项
	1.3 梳理规范性文件中的有关新规定和要求，对照评估应急预案中的不符合项	资料分析	是否有不符合项，列出不符合项
	1.4 梳理上位预案中的有关新规定和要求，对照评估应急预案中的不符合项	资料分析	是否有不符合项，列出不符合项
2. 组织机构与职责	2.1 查阅生产经营单位机构设置、部门职能调整、应急处置关键岗位职责划分方面的文件资料，初步分析本单位应急预案中应急组织机构设置及职责是否合适、是否需要调整	资料分析	根据文件资料，判断组织机构是否合适，列出不合适部分

表3-6（续）

评估要素	评估内容	评估方法	评估结果
2. 组织机构与职责	2.2　抽样访谈，了解掌握生产经营单位本级、基层单位办公室、生产、安全及其他业务部门有关人员对本部门、本岗位的应急工作职责的意见建议	人员访谈	列出相关人员的建议
	2.3　依据资料分析和抽样访谈的情况，结合应急预案中应急组织机构及职责，召集有关职能部门代表，就重要职能进行推演论证，评估值班值守、调度指挥、应急协调、信息上报、舆论沟通、善后恢复的职责划分是否清晰，关键岗位职责是否明确，应急组织机构设置及职能分配与业务是否匹配	推演论证	职责划分是否清晰，岗位职责是否明确，机构设置及职能分配与业务是否匹配，列出不符合项
3. 主要事故风险	3.1　查阅生产经营单位风险评估报告，对照生产运行和工艺设备方面有关文件资料，初步分析本单位面临的主要事故风险类型及风险等级划分情况	资料分析	根据相关资料得出的本单位面临的主要事故风险类型及风险等级划分情况
	3.2　根据资料分析情况，前往重点基层单位、重点场所、重点部位查看验证	现场审核	现场查看风险情况
	3.3　座谈研讨，就资料分析和现场查证的情况，与办公室、生产、安全及相关业务部门以及基层单位人员代表沟通交流，评估本单位事故风险辨识是否准确、类型是否合理、等级确定是否科学、防范和控制措施能否满足实际需要，并结合风险情况提出应急资源需求	人员访谈	事故风险辨识是否准确、类型是否合理、等级确定是否科学、防范和控制措施能否满足实际需要，列出不符合项
4. 应急资源	4.1　查阅生产经营单位应急资源调查报告，对照应急资源清单、管理制度及有关文件资料，初步分析本单位及合作区域的应急资源状况	资料分析	根据相关资料得出的本单位及合作区域的应急资源状况
	4.2　根据资料分析情况，前往本单位及合作单位的物资储备库、重点场所，查看验证应急资源的实际储备、管理、维护情况，推演验证应急资源运输的路程路线及时长	现场审核、推演论证	应急资源的实际情况与预案情况是否相符，列出不符合项
	4.3　座谈研讨，就资料分析和现场查证的情况，结合风险评估得出的应急资源需求，与办公室、生产、安全及相关业务部门以及基层单位人员沟通交流，评估本单位及合作区域内现有的应急资源的数量、种类、功能、用途是否发生重大变化，外部应急资源的协调机制、响应时间能否满足实际需求	人员访谈	应急资源是否发生变化，外部应急资源的协调机制、响应时间能否满足实际需求，列出不符合项

表3-6（续）

评估要素	评估内容	评估方法	评估结果
5. 应急预案衔接	5.1　查阅上下级单位、有关政府部门、救援队伍及周边单位的相关应急预案，梳理分析在信息报告、响应分级、指挥权移交及警戒疏散工作方面的衔接要求，对照评估应急预案中的不符合项	资料分析	是否有不符合项，列出不符合项
	5.2　座谈研讨，就资料分析的情况，与办公室、生产、安全及相关业务部门、基层单位、周边单位人员沟通交流，评估应急预案在内外部上下衔接中的问题	人员访谈	是否有问题，列出预案衔接中的问题
6. 实施反馈	6.1　查阅生产经营单位应急演练评估报告、应急处置总结报告、监督检查、体系审核及投诉举报方面的文件资料，初步梳理归纳应急预案存在的问题	资料分析	列出存在的问题
	6.2　座谈研讨，就资料分析得出的情况，与办公室、生产、安全及相关业务部门、基层单位人员沟通交流，评估确认应急预案存在的问题	人员访谈	列出座谈中反映的问题
7. 其他	7.1　查阅其他有可能影响应急预案适用性因素的文件资料，对照评估应急预案中的不符合项	资料分析	是否有不符合项，列出不符合项
	7.2　依据资料分析的情况，采取人员访谈、现场审核、推演论证的方式进一步评估确认有关问题	人员访谈、现场审核、推演论证	列出其他有关问题

4. 评估报告编写

应急预案评估结束后，评估组成员沟通交流各自评估情况，对照有关规定及相关标准，汇总评估中发现的问题，并形成一致、公正客观的评估组意见，在此基础上组织撰写评估报告。

三、应急预案的评估内容

1. 应急预案管理要求

法律法规、标准、规范性文件及上位预案是否对应急预案做出新规定和要求，主要包括应急组织机构及其职责、应急预案体系、事故风险描述、应急响应及保障措施。

2. 应急组织机构与职责

主要包括：

（1）生产经营单位组织体系是否发生变化。

（2）应急处置关键岗位应急职责是否调整。

（3）重点部门应急职责与分工是否重新划分。

（4）应急组织机构或人员对应急职责是否存在疑义。

（5）应急机构设置与职责能否满足实际需要。

3. 事故风险

主要包括：

（1）生产经营单位事故风险分析是否全面客观。

（2）风险等级确定是否合理。

（3）是否有新增事故风险。

（4）事故风险防范和控制措施能否满足实际需要。

（5）依据事故风险评估提出的应急资源需求是否科学。

4. 应急资源

生产经营单位对于本单位应急资源和合作区域内可请求援助的应急资源调查是否全面、与事故风险评估得出的实际需求是否匹配；现有的应急资源的数量、种类、功能、用途是否发生重大变化。

5. 应急预案衔接

生产经营单位编制的各类应急预案之间是否相互衔接，是否与相关人民政府及其部门、应急救援队伍和涉及的其他单位的应急预案相衔接，对信息报告、响应分级、指挥权移交、警戒疏散作出合理规定。

6. 实施反馈

在应急演练、应急处置、监督检查、体系审核及投诉举报中，是否发现应急预案存在组织机构、应急响应程序、先期处置及后期处置方面的问题。

7. 其他

其他可能对应急预案内容的适用性产生影响的因素。

四、应急预案评估报告

1. 生产安全事故应急预案评估报告编制大纲

生产安全事故应急预案评估报告编制大纲见表3－7。

表3－7　生产安全事故应急预案评估报告编制大纲

序号	一 级 目 录	内容/说明
1	总则	评估对象、评估目的、评估依据
2	应急预案评估内容	应急预案管理要求、组织机构与职责、主要事故风险、应急资源、应急预案衔接、实施反馈
3	应急预案适用性分析	对应急预案各个要素内容的适用性进行分析，指出存在的不符合项
4	改进意见及建议	针对评估出的不符合项，提出相应的改进意见和建议
5	评估结论	对应急预案做出综合评价及修订结论

2. 评估报告主要内容

（1）评估人员情况：评估人员基本信息及分工情况，包括姓名、性别、专业、职务职称及签字。

（2）预案评估组织：预案评估工作的组织实施过程和主要工作安排。

（3）预案基本情况：应急预案编制单位、编制及实施时间及批准人。

（4）预案评估内容：评估应急预案管理要求、组织机构与职责、主要事故风险、应急资源、应急预案衔接及应急响应级别划分方面的变化情况，以及实施反馈中发现的问题。

（5）预案适用性分析：依据评估出的变化情况和问题，对应急预案各个要素内容的适用性进行分析，指出存在的不符合项。

（6）改进意见和建议：针对评估出的不符合项，提出改进的意见和建议。

（7）评估结论：对应急预案作出综合评价及修订结论。

第四章　露天煤矿危险源辨识评价

第一节　危险源及控制概述

一、危险源

1. 危险源的概念

“危险源”，即危险的根源，指可能导致人员伤害或疾病、物质财产损失、工作环境破坏或这些情况组合的根源或状态因素。在《职业健康安全管理体系　要求及使用指南》（GB/T 45001—2020）中的定义为：可能导致伤害和健康损害的来源，包括可能导致伤害或危险状态的来源，或可能因暴露而导致伤害和健康损害的环境。没有危险源，就不可能发生事故，所以系统安全认为，危险源是事故发生的先决条件。然而，目前对危险源概念的理解并未统一。同时，对危险源的外延也不清晰，往往把危险源与事故隐患（或安全隐患）、事故致因因素等相混淆。

危险源是危险的根源，这一观点基本得到普遍认同，但对危险的根源究竟是什么说法不一。麦克法兰特（Mc Farland）关于能量意外转移理论认为，所有的伤害事故（或损坏事故）只有两种情况：一是接触了超过机体组织（或结构）抵抗力的某种形式的过量能量；二是机体组织与周围环境的正常能量交换受到了干扰（如窒息、淹溺等）。研究发现，在《企业职工伤亡事故分类》（GB 6441—1986）的 20 种事故类型中除了窒息和淹溺外，其余所有事故都是直接由能量造成的，而窒息和淹溺也是因为有能量的生命体进入危险环境而造成的，因此，可以认为，可能导致事故发生的能量或能量载体（危险物质）就是危险的根源，即危险源。这种定义与系统安全理论是一致的，系统安全理论认为，如果系统中没有危险源就不会发生事故（实际上，如果系统中没有导致事故发生的能量或能量载体，也就不会发生事故）；防止事故的发生就是要消除或控制各种危险源，那么也就是要消除或控制各种能量或能量载体。

按照上述定义，那么危险源的外延就很清楚：首先人是危险源；其次各种安全隐患（人的不安全行为和物的不安全状态）不是危险源。例如，在人脚扎钉子事故中，置于地面的钉子不具有造成事故的能量，不是危险源，而是诱导事故发生的隐患，钉子扎到人的脚是由于人的能量造成的；在窒息或淹溺事故中，人是由于缺少氧气而死亡，与饿死或渴死的道理一样，事故的发生都是由于存在人这样的危险源而造成的，从某种程度上来说，还类似于机器缺少燃料而停止运转的事故（运转的机器是危险源）；人在易燃易爆环境下抽烟，这种行为是隐患，但不是危险源，烟火才是危险源，等等。

2. 危险源的分类

目前，危险源的分类方法有很多种，概括起来主要有两种思路：一种是按照不同危险源可能导致的事故类型不同来分，如根据《企业职工伤亡事故分类》将危险源分为 20 类，这是针对一般工业事故而言的，对于煤矿企业，则应按照煤矿事故类型来对各种危险源进行分类，按伤亡事故的性质，《煤炭工业企业职工伤亡事故报告和统计规定（试行）》（煤安字〔1995〕）将煤矿事故分为顶板、瓦斯、机电、运输、放炮、火灾、水害和其他 8 类事故。另一种是按照可能发生的某种事故中危险源的不同地位和作用来分，如 2 类和 3 类危险源。20 世纪 90 年代初，陈宝智等提出的两类危险源被很多人所接收。第一类危险源指系统中存在的、可能发生意外释放的能量或危险物质；第二类危险源指导致约束、限制第一类危险源的能量措施失效或破坏的各种不安全因素。田水承则提出了三类危险源的概念，即第一类危险源是指能量载体或危险物质；第二类危险源是指物的故障、物理性环境因素，个体人失误（侧重安全设施等物的故障、物理性环境因素）；第三类危险源是不符合安全的组织因素（组织程序、规则和制度，组织文化等），包含组织人（不同于个体人）不安全行为、失误等。

生产过程总是伴随着能量的流动，当危险源的能量按照人们意志转移和流动时就不会发生事故，这时的能量处于某一平衡和受控状态，但是，由于某些危险源的能量所处的平衡状态的稳定性较差，当这种平衡被打破时，能量就开始意外释放，意外释放的能量作用于人和设备时，即造成人员伤亡和财产损失事故，这种直接造成事故损失的能量或能量载体可以被称为直接危险源。而打破这种平衡也需要能量，打破这种平衡的能量或能量载体称为一级触发危险源。例如：煤矿顶板事故中，垮落石块具有的动能是直接危险源，采掘扰动是一级触发危险源；有毒气体泄漏事故中，有毒气体的化学能是直接危险源，导致泄漏的能量或能量载体（人的错误操作等等）是一级触发危险源。其他事故也都可以如此分类，唯有窒息、淹溺、渴死、饿死或机器缺少燃料停运等事故较为特殊，其他事故都是施加的能量超过承受值而导致的，而这几种事故是由于需要的能量得不到满足而造成，按照对应关系，在这些事故中可以把需要的能量作为“直接危险源”（如氧气、食物、燃料等），而把造成“直接危险源”意外缺少的能量作为一级触发危险源（如淹井事故中水的势能、煤体突出事故中煤的势能等）。触发危险源的能量往往也是处于受控的平衡状态，而导致这种平衡状态失衡的能量或能量载体就是二级触发危险源，如此下去，最终的触发危险源一般都是人、动物或自然能量（如风、雨、雷电、地震、阳光等），这类危险源称为初始触发危险源。人作为触发危险源与其他触发危险源不同，他具有主观能动性。

3. 煤矿危险源分级

现实生产中，能量或能量载体是随处可见的，但并非所有能量或能量载体都能造成事故损失。在一定条件下某种形式的能量造成事故损失的大小主要取决于：①能量的大小和集中程度；②作用时间和频率；③作用部位。作为直接危险源，由于其能量大小不同，造成事故的严重程度也会不一样，因此，在安全管理中，对各种危险源都同等对待和处理既不经济也不可行，合理的做法是对各种危险源进行分级管理。

《危险化学品重大危险源辨识》(GB 18218—2018）将重大危险源定义为：长期或临时地生产、储存、使用和经营危险化学品，且危险化学品的数量等于或超过临界量的单元。

根据重大危险源概念及其界定思路，可以将煤矿重大危险源定义为：可能导致煤矿重大事故的设施或场所。

《危险化学品重大危险源监督管理暂行规定》(2015 年修订版）将危险化学品的重大

危险源分为一、二、三、四级。当然煤矿重大危险源也可以根据其危险性评价的结果进行分级，以确定不同等级的重大危险源采取不同的管控措施，但目前仍然没有出台政府方面的分级方法和依据。

4. 危险源与事故隐患的联系和区别

隐患与危险源是两个截然不同的概念，隐患可存在于许多事情中，在生产安全领域通常称作事故隐患、安全隐患等。隐患是劳动者在长期劳动实践中提出的名词术语，并没有一个科学完整的定义，在实践中很多人将安全隐患与危险源等概念混淆，认为危险源和隐患都是危险有害因素。

通过前面的危险源定义分析可知，危险源是可能导致事故发生的危险物质或能量，是危险的根源，没有危险源就不可能发生事故。如井工煤矿的瓦斯，它具有化学能，可能会导致瓦斯爆炸事故的发生。

而隐患是指在某个条件、事物以及事件中所存在的不稳定并且影响到个人或者他人安全利益的因素，它是一种潜藏着的因素，"隐"字体现了潜藏、隐蔽，而"患"字则体现了祸患，不好的状况。隐患即是危险源的控制系统存在的缺陷。传统认为，隐患包括人的不安全行为、物的不安全状态及管理缺陷，上述3个方面都是由于危险源没有得到有效控制造成的。例如，现场通风系统不可靠即是安全隐患。

生产系统中的危险源，有些是可以移除的，但绝大多数是伴随生产系统一道存在的，是不能消除的，人们只能对危险源进行辨识，并对辨识的危险源进行控制，以防止其发展为事故。而安全隐患是必须要进行排查并采取措施消除的。

二、危险源的辨识与评价

危险源辨识是发现、识别系统中危险源的工作。以前，人们主要根据以往的事故经验进行危险源辨识。例如，海因里希建议通过与操作人员交谈或到现场安全检查、查阅以往的事故记录等方式发现危险源；日本中央劳动灾害防治协会推广危险预知活动进行危险源辨识。

1. 一般危险源的辨识

按照《企业职工伤亡事故分类》(GB 6441—1986) 进行辨识，一般危险源有：物体打击、车辆伤害、机械伤害、起重伤害、触电、淹溺、灼烫、火灾、高处坠落、坍塌、放炮(爆破)、化学性爆炸（瓦斯爆炸、火药爆炸）、物理性爆炸（锅炉爆炸、容器爆炸）、其他爆炸、中毒和窒息、其他伤害。

《生产过程危险和有害因素分类与代码》(GB/T 13861—2009) 按可能导致生产过程中危险和有害因素的性质进行分类，生产过程危险和有害因素共分为四大类：人的因素、物的因素、环境因素和管理因素。

还可以根据国内外同行事故资料及有关工作人员的经验进行一般危险源的辨识。

2. 重大危险源的辨识

重大危险源辨识是危险评价的首要任务，也是防止重大工业事故发生的第一步。对于危险化学品重大危险源辨识，主要参考《危险化学品重大危险源辨识》(GB 18218—2018)，由政府主管部门或权威机构在物质毒性、燃烧、爆炸特性基础上，确定危险物质及其临界量标准（即重大危险源辨识标准）。通过危险物质及其临界量标准，就可以确定哪些是可能发生重大事故的需优先控制的潜在危险源。

根据煤矿重大危险源的定义与特性，可以看出，煤矿重大危险源与工业领域的重大危险源有着较大的不同，煤矿重大危险源的辨识必须依据其定义的表述，即“煤矿重大危险源是指可能导致煤矿重大事故的设施或场所”这一概念，着重考虑煤矿存在的重大事故危险类别，而将存在的危险物质及其数量作为参考因素。从这一角度出发，煤矿重大危险源的辨识，主要是辨识煤矿可能发生的各类重大事故。露天煤矿滑坡事故、火灾事故、爆破事故、水灾事故等都会产生严重的事故后果。因此，只要一个露天煤矿存在滑坡事故危险性，就可以确定为滑坡重大危险源；存在火灾事故危险性，就可以确定为火灾重大危险源；其他以此类推。就是说，一个煤矿，只要存在发生某种重大事故的危险性或可能性，即可定为该种事故的重大危险源。

3. 重大危险源的评价

重大危险源的评价是评价重大危险源导致事故、造成人员伤亡或财产损失的危险程度的工作，是应急预案编制的基础。一般地，危险性涉及危险源导致事故的可能性和一旦发生事故造成人员伤亡、财产损失的严重程度两方面的问题。

如果单从煤矿企业应急管理的角度来看，煤矿重大危险源评价可以姑且不考虑事故发生的可能性，而只单一考虑事故发生的严重性，即考虑一些重大事故发生后影响的范围有多大，该范围内会造成多大的人员伤亡和财产损失，生产系统遭受多大的破坏，等等，这就是脆弱性分析。煤矿各种重大危险源的脆弱性分析能为应急预案编制和应急救援工作提供重要的参考。

三、危险源控制

（一）系统安全理论

系统安全理论认为，在系统的整个生命周期内，应采用系统安全工程和系统安全管理方法，辨识出系统中的危险源，并采取有效的控制措施使其危险性降到最低，从而使系统在规定的性能、时间和成本范围内达到最佳的安全状态，达到有效预防和控制事故发生的目的。

经过长期研究，人们发现各种系统的控制，都是以信息的传递、反馈为基础的活动，典型的系统反馈控制模式如图4－1所示。

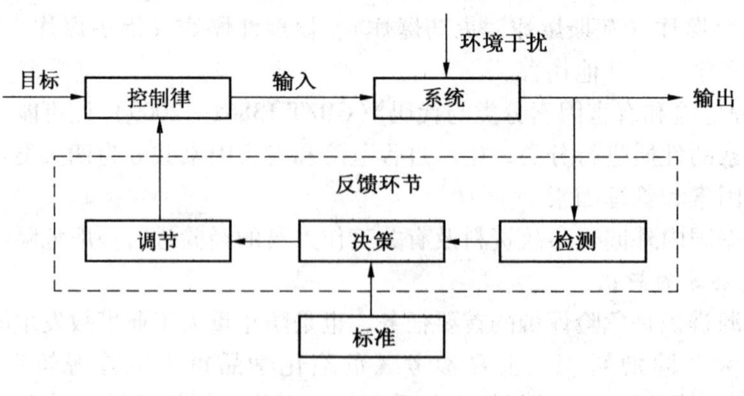

图4－1　典型的系统反馈控制模式

典型的系统反馈控制工作原理如下：

(1) 系统输出端给出系统输出量的相关信息，然后检测单元将结果传递给决策单元（若系统中包含人，则检测单元必须包含人的感官）。

(2) 决策单元得到检测单元提供的信息后，对照事先给定的判断标准进行逻辑判断，根据判断结果调节输入量，最后向调节单元发出调节指令，如果决策单元是人，则指人的大脑。

(3) 标准单元在绝大多数情况下，是一种事先给定的某个或几个参数的数值，例如温度、压力、流量、电流、电压等，但是标准单元有时是决策人对目前可供选择的若干方案中的最佳方案。

(4) 反馈环节的执行机构是调节单元，它执行决策单元传递过来的指令，在有人的系统中，调节单元还指人的肢体。

一般来说，控制系统中的人受主观和环境因素影响较大，具有很大的不稳定性和难驾驭性，但是人又具有主观能动性和自我调节约束能力，能完成更加复杂的系统的调节和控制；而机器设备的可靠性和故障率相对来说比较稳定，能预见。

安全控制系统是由各种相互制约和影响的安全因素所组成的。主要包括安全物质，如工具设备、能源、危险物质、人员、环境等，还有安全信息，如政策、法规、指令、情报、各种参数数据等。企业安全控制系统包括宏观安全控制和微观安全控制两类，控制手段有技术手段和管理手段之分。

以煤矿安全为例，煤矿宏观安全控制是以整个煤矿安全生产系统为控制对象，运用系统工程的原理，对危险进行控制。它接近于上层建筑范畴，一般是指各级政府的行政主管部门，以国家法律、法规为依据，应用安全监察、检查、经济调控等手段，实现整个国家、区域或企业的安全生产目标的全部活动。宏观安全控制系统如图 4－2 所示。

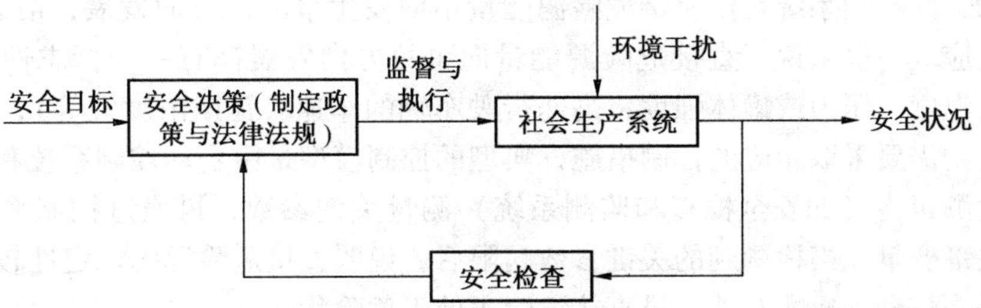

图 4－2 宏观安全控制系统

企业微观安全控制系统是以具体的危险源为控制对象，以系统工程的原理为指导，在整个生产作业环境的影响下，采取技术手段和管理手段相结合，使危险源的能量始终处于受控状态。

政府的宏观安全控制系统与企业的微观控制系统是相辅相成的，是继承与落实的关系，企业安全生产系统是宏观安全控制系统中的社会生产系统的一部分，国家的宏观安全政策和法律法规、标准必须要通过企业的遵守才能落到实处，而企业对有关法律法规和标准的遵守也需要政府的监督。

（二）危险源控制模型

1. 基于危险源理论的事故控制模型

事故的发生是初始触发危险源、触发危险源和直接危险源的能量相继触发、连锁反应的结果，各种危险源在事故发生发展过程中的地位和作用是不同的，事故预防就是要针对各种不同危险源采取相应的预防措施。

直接危险源是针对某类事故而言的，是造成某类事故损失的主要能量或能量载体，对于同一类事故其直接危险源往往是明确的、具体的，而触发危险源往往有多种（如煤矿山下瓦斯爆炸事故，其触发危险源——火源有很多种），因此控制某类事故重点是控制其直接危险源。

一级触发危险源是直接危险源能量意外释放的关键，一级触发危险源必须具有一定的能量水平才能使直接危险源的能量意外释放（如火灾需要达到着火点），这种导致直接危险源能量向事故方向发展的一级触发危险源的最小触发能量可以反映直接危险源向事故转化的难易程度，称为直接危险源的稳定性，一级触发危险源的最小触发能量越小，直接危险源越不稳定，反之则直接危险源越稳定，当直接危险源的稳定性达到没有任何触发危险源能使其能量意外释放的时候，即该直接危险源是本质安全的。当直接危险源的稳定性达不到本质安全的时候，就要管理或控制好触发危险源，减弱、消除或隔离一级触发危险源。

初始触发危险源是事故发生的起源，同一个初始触发危险源与不同触发危险源及直接危险源的组合会形成不同的事故链条，产生不同的事故。因此，应该研究各种初始触发危险源某种能量释放（重点研究人的行为）的可能后果，从而采取相应的措施切断事故链条，预防事故的发生。

对直接危险源的控制就是使直接危险源的能量按照正常的渠道流动，它与一级触发危险源往往是两个作用方向相反的能量，一级触发危险源的能量是使直接危险源的能量向事故方向流动，而控制系统是使直接危险源能量不向发生事故的方向发展，前者是负效应，后者是正效应。一般来说，直接危险源能量向事故方向发展都有一个标志性参数（如压力容器罐的温度、压力或罐体强度，高速行驶车辆的车速，瓦斯浓度等等），当此参数达到某值时，则需要采取相应的控制措施，典型的控制模型是由自动控制系统和控制人员组成，通过检测机构（如安全检查和监测系统）测量关键参数，再通过控制系统的执行机构，控制关键变量。当检测到的关键参数超限后，说明直接危险源的稳定性较差，则控制系统发出警告信号，提醒有关人员直接危险源处于危险状态。

基于危险源理论的事故控制模型如图4-3所示。

事故控制模型中，围绕直接危险源存在两大系统，一是事故触发系统；二是事故控制系统。前者是使直接危险源向事故方向转化，后者是使直接危险源向本质安全方向发展。但由于控制系统自身不可靠，也会产生一些误动作，从而使控制系统功能失效，甚至产生负效应，使直接危险源的能量向事故方向发展，此时，控制系统就转变为事故触发系统。

除了自然能量（风、雨、雷电、地震等）外，初始触发危险源一般都是人或者动物，事故统计发现，85%以上的事故的初始触发危险源都是人。对初始触发危险源（监控人）的信息作用主要有安全文化（如安全教育培训、强制等）和各种环境刺激（安全标志、警告等）的作用，初始触发危险源也有可能是一级触发危险源。基于上述危险源理论的

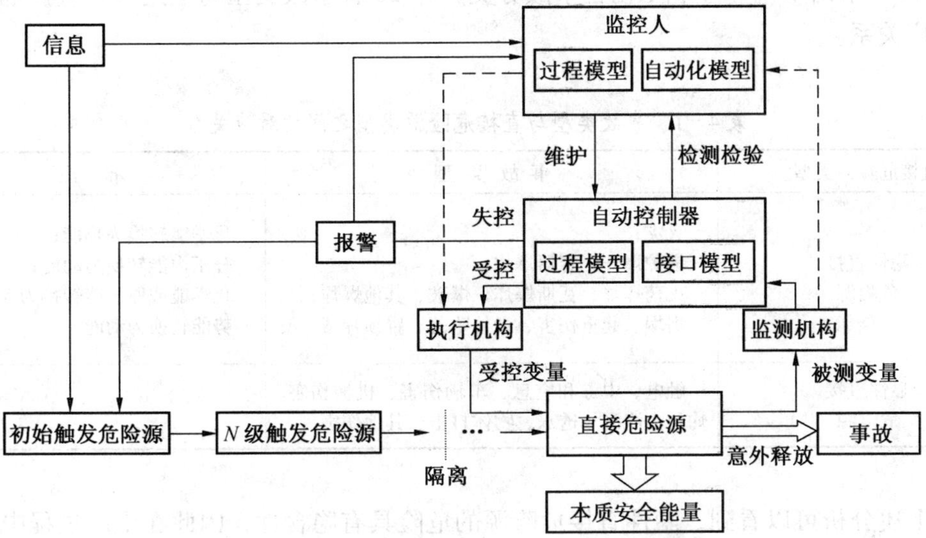

图4-3 基于危险源理论的事故控制模型

事故控制模型如图4-3所示。

安全管理的作用就是要建立一个较为可靠的事故控制系统，并设法消除或减少外界环境对系统正常运行的干扰（如对高速公路和铁路进行封闭式管理）。

例如：在煤矿瓦斯爆炸事故中，直接危险源是瓦斯，一级触发危险源是引爆瓦斯的火源（有很多种，如明火、电气火花、碰撞摩擦火花等），初始触发危险源都是人（如违章操作）。为了防止煤矿瓦斯爆炸事故的发生，首先，要建立一套较可靠的瓦斯控制系统，把瓦斯浓度降到爆炸极限以下，这样瓦斯能量就处于非常稳定的状态，即使有火源也不会爆炸，但由于这套控制系统不可能达到百分之百可靠，因此很难保证瓦斯始终不超限，超限后瓦斯能量就处于一种很不稳定的状态（触发能量是0.28mJ），就需要与一级触发危险源——火源进行隔离。安全管理就是要建立一套有效的控制系统，如建立瓦斯监测监控系统，通风系统等，把煤矿井下瓦斯浓度控制在爆炸极限以下（增加直接危险源的稳定性），并消除（隔离）各种火源。消除或减少外界环境对系统正常运行的干扰，如通过抽采煤层瓦斯、采取防突措施、限制无关人员下井等等。对现场作业人员、瓦检员、通风员、监测监控人员等初始触发危险源或监控人进行安全教育培训和强制管理。

2. 直接危险源控制模型

不同直接危险源发展为事故所经历的过程是不同的，有的直接危险源的能量不需要转化就可以对人造成伤害、对物造成破坏，而有的危险源能量必须要经过转化后才能造成事故损失。因此，可将直接危险源分为两类——显性直接危险源和隐性直接危险源。如触电事故中的电能在正常生产时就是以电能的状态存在的，其他如物体打击、机械伤害、中毒、灼烫事故等等都属于显性直接危险源；而如物理爆炸事故中密闭容器内气体分子内能，化学爆炸事故中的化学能，高处坠落事故中人的势能等等为隐性直接危险源，其能量在正常生产中是处于另外一种能量状态的，只有在某种触发能量作用下才转换为事故能量。表4-1给出了《企业职工伤亡事故分类》中20种事故类型与上述两类直接危险源之间的对应关系。

表4-1 事故类型与直接危险源类型之间的对应关系

直接危险源类型	事故类型	备注
隐性直接危险源	火灾； 锅炉爆炸、容器爆炸； 火药爆炸、瓦斯爆炸、爆破、其他爆炸； 坍塌、起重伤害、高处坠落、冒顶片帮	化学能转换为热能； 分子内能转换为动能； 化学能或原子能转换为动能； 势能转换为动能
显性直接危险源	触电、中毒和窒息、车辆伤害、机械伤害、灼烫、淹溺、透水、物体打击、其他伤害	

从上述分析可以看到，隐性直接危险源的危险具有隐含性，因此在生产过程中不被人们所警惕，容易产生麻痹思想，而显性直接危险源正好相反。

1）显性直接危险源的事故控制模型

对于显性直接危险源，在正常生产过程中，其能量本身就是能够造成事故损失的五种能量［动能（力）、电能、热能（温度）、化学能和辐射能］之一，能量受到种种约束和限制，按照人们的意志流动、转换和做功。如果由于某种原因能量失去了控制，超越了人们设置的约束或限制而意外地逸出或释放，则称发生了事故。

为了预防各种显性直接危险源导致事故的发生，针对各种显性直接危险源所对应的事故能量类型，通常采取不同的措施和方法，如对于电能可以采用绝缘材料或者空间（空气）隔离，电磁辐射能可以采用屏蔽的方法，核辐射能可以放入重水中，动能可以采用实物使之在时间和空间上与被保护对象隔离，中毒和窒息的有毒物可以采用密闭的方式隔离等等。分析发现，上述各种控制方法有一个共同的本质，就是切断被保护对象（人或设备、设施）与显性直接危险源之间的能量流通渠道，让显性直接危险源能量不能传递到被保护对象，或者说使传递到被保护对象的事故能量降低到可接受程度。即隔离方法，这里的隔离是一种广义的隔离，包括实物隔离和时间、空间上的隔离。第一触发危险源的作用就是破坏这种隔离。按照上述分析，可以得到显性直接危险源的事故控制模型，如图4-4所示。

从图4-4中可以看到，为了预防显性直接危险源事故的发生：①必须在被保护对象和显性直接危险源能量之间设置显性直接危险源能量的非传导介质作为隔离系统；②辨识出系统中存在的从初始触发危险源到第一触发危险源的隔离系统和破坏系统，这个破坏系统会破坏、消除这种隔离，或者使隔离效果降低，因此，采取措施切断事故触发链条或将第一触发危险源能量降低到触发能量以下；③建立一套隔离系统的检测、修复和报警系统，当隔离效果降低时能适时报警，并修复隔离系统，检测和修复系统中的自动控制器具有更好的灵敏度和可靠性。上述三大系统组成显性直接危险源事故控制系统，生产系统中的显性直接危险源三大控制系统完备、有效才能预防事故的发生。

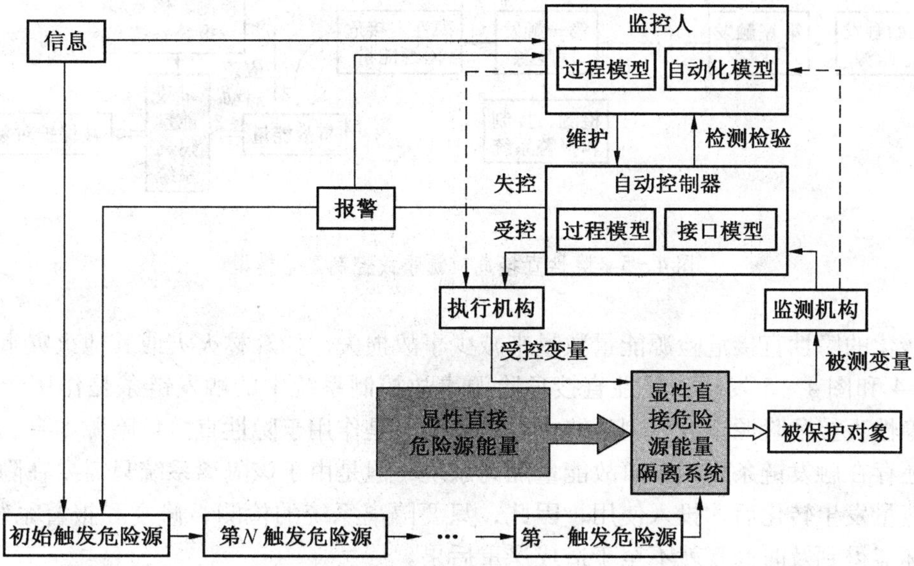

图4-4　显性直接危险源事故控制模型

2）隐性直接危险源事故控制模型

隐性危险源要导致事故的发生，首先必须要转换成可以直接造成伤害的五种能量，因此，隐性危险源的控制技术包括两个方面：一方面，防止隐性直接危险源的能量转化为事故能量；另一方面，在隐性直接危险源能量发生转化后，建立转化后能量的隔离系统防止或减少转化后的能量作用于人体或设备、设施等。后者与显性直接危险源的控制道理相同，关键要研究前者。

隐性直接危险源能量向事故能量转化是有条件的，即第一触发危险源的能量必须要超过某一临界值，例如，火灾和化学爆炸要求触发危险源能量要达到着火点，高处坠落、坍塌等需要有一个大小达到一定值的外力（触发危险源）触发，锅炉和压力容器爆炸需要压力超过容器的许用应力等等。也就是说，隐性直接危险源的能量在事故发生前的某一刻总是处于某种稳定的平衡和受控状态下，当第一触发危险源作用的能量（或功）超过某一阈值后，隐性直接危险源原有的稳定的平衡才能被打破，并向新的平衡和稳定发展演化，在此过程中，隐性直接危险源的能量转换为事故能量。稳定性反映系统维护其自身稳定现状的能力，直接危险源的稳定性由第一触发危险源的触发能量阈值来衡量。根据上述分析可以得到隐性直接危险源事故控制简略模型，如图4-5所示。

必须要说明的是，隐性直接危险源的能量转化为事故能量并不一定会发生事故，是否会发生事故要看转化了多少能量以及最终作用于被保护对象的能量强度。如瓦斯浓度不在爆炸极限内遇到火源后，只有少量瓦斯和氧气发生反应，并不会造成事故，再如安全网、安全带可以减少高处坠落的能量转化等等。有些隐性直接危险源能量向事故能量转化的过程是瞬间的、短暂的，这种事故的直接危险源能量往往全部转化为事故能量，而有些事故中隐性直接危险源能量转化为事故能量的过程是缓慢的、渐渐的，这种情况下可以通过减

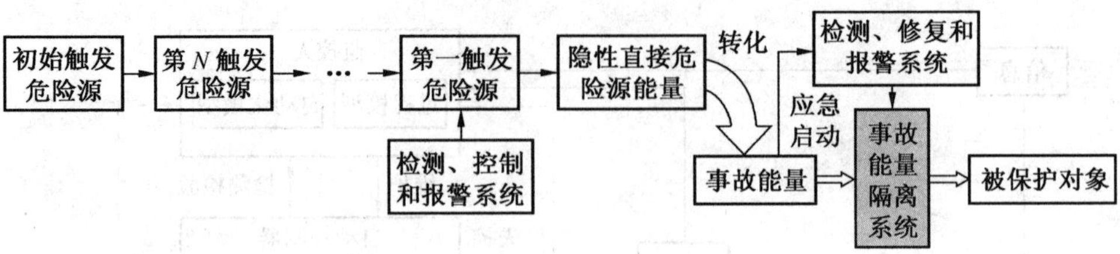

图4-5　隐性直接危险源事故控制简略模型

少参与转化的隐性直接危险源能量数量来减少事故损失，如森林火灾或其他火灾事故。对比图4-4和图4-5发现，显性直接危险源事故控制系统中的触发链条是作用于隔离系统；而隐性直接危险源事故控制系统中的触发链条是作用于隐性直接危险源本身，同时可以确定还存在触发链条作用于事故能量隔离系统，但是由于该隔离系统只需要在隐性直接危险源能量发生转化后才投入使用，因此，只要隔离系统的检测、修复和报警系统完好，这种破坏能得到及时修复就不至于造成严重后果。

综合上述分析，为了预防隐性直接危险源发生事故：①应建立第一触发危险源检测、控制和报警系统，切断触发链条，使第一触发危险源能量处于触发能量之下；②搞清隐性直接危险源能量转化机理，建立相应体系防止或减少隐性直接危险源参与转化；③建立隐性直接危险源转化后能量与被保护对象之间的隔离系统，这种隔离系统只需要在隐性直接危险源能量发生转化后可靠工作即可；④建立隔离系统的应急启动、检测、修复和报警系统。上述四大系统组成隐性直接危险源事故控制系统。

3. 人的安全生产行为控制模型

英国著名的心理学家Reason在《人的失误》(1990) 一书中认为，大多数人的失误是非意向性的（Unintended)，即漫不经心或未经过太多的考虑而发生的失误；而有些失误是意向性的（Intended)，即操作者的行为是经过认真思考而采取的行为，当然操作者是不期望发生失误的，但由于操作者的知识经验不足，对自己采取行动的可能结果认识不清而造成的。在此，不考虑人的故意的破坏行为。可以看出，前一种人失误的原因是人的注意力资源没有集中到这项行为上来，后一种人失误的原因是由于知识水平或经验不足。图4-6是参照了Reason关于人的失误的分类方法而进行的不安全行为的分类框架。

《企业职工伤亡事故分类》将人的不安全行为定义为：能造成事故的人为错误。在企业安全生产中，通常将“违章作业、违章指挥和违反劳动纪律”等“三违”行为定性为不安全行为，即有关的规章制度和管理规定成为衡量一个行为是否为不安全行为的标准。通过上述分析可以得出一个简单结论：从理论上来说，不安全行为就是可能导致事故发生的行为；从实际操作上来说，“三违”即是不安全行为。前者更加严格，后者更加具有可操作性，但不够严格，因为企业安全生产的各种规章制度和规定是人为制定的，每个人的知识水平和经验等不同，所制定的规章制度也不一样。制度制定者为了规避自己的责任风险总是将制度制定得尽可能严格，而制度执行者是制度约束的“受害者”，因此，两者的矛盾在企业是普遍存在的，这也正是很多规章制度得不到

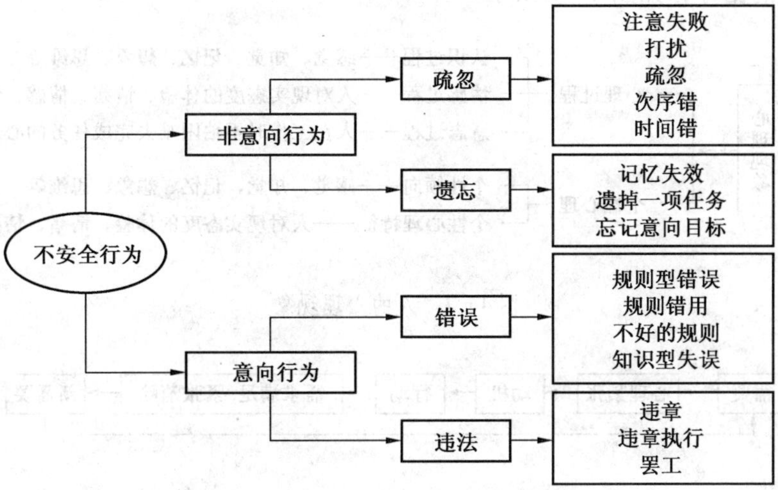

图4-6　Reason关于人的不安全行为的分类框架

遵从的主要原因。

人的行为无外乎受3个方面因素的影响，一是人的自身条件和状态；二是人的外部环境和特征；三是人机之间的交互作用。相应地，在安全行为方面产生3个研究方向：一是主要从心理学、生理学等方面来研究；二是从管理学、社会学和人类学方面进行研究；三是从工效学和人机工程的角度来研究。这里将周围的自然环境划分到第三种情况，即把自然环境和机器设备作为一个整体考虑。

1）以心理学、生理学为基础的个体行为控制

人的心理现象是宇宙间最复杂的现象之一。人的心理活动是通过外部的行为而表现出来的，或者说，人们外显的行为表现是受内隐的心理活动支配的。可以说，人的所有行为（包括无意识的行为）都受到心理活动的支配，反过来，心理活动也只有通过行为才能得到发展与表现。当掌握了各种心理活动与行为之间的规律时，便可以对人的行为加以解释、预测和调控。此外，也要看到，心理活动不是虚无缥缈的，由于它在头脑中产生，必然受到生物学规律的支配；同时，人是物种发展中最高等的社会性生物，一切活动都无法摆脱社会、文化方面的影响，这就使得心理学兼有了自然科学和社会科学双重性质。

人的心理现象是心理学研究的主要对象，它包括了既有区别而又紧密联系的心理过程和个性心理这两个方面，如图4-7所示。心理学认为人的行为是由需要和动机决定的，人的需要是指人体某种生理或心理上的不满足感。美国心理学家马斯洛将人的需要由低到高分为5个层次：生理需要、安全需要、社交需要、尊重需要和自我实现需要，并认为人在某一时刻是多种需要并存的，但强势需要产生主导动机。某种需要都会产生紧张的心理状态，有学者把这种紧张心理状态称为心理能，或力比多（Libido），在遇到能够满足需要的目标时，这种紧张的心理状态就转化为动机，促使人们去从事某种活动来达到目标。当目标达成时，需要也得到满足，紧张的心理状态就会消除。这时，就会有新的强势需求

产生，形成新的循环，如图4-8所示。

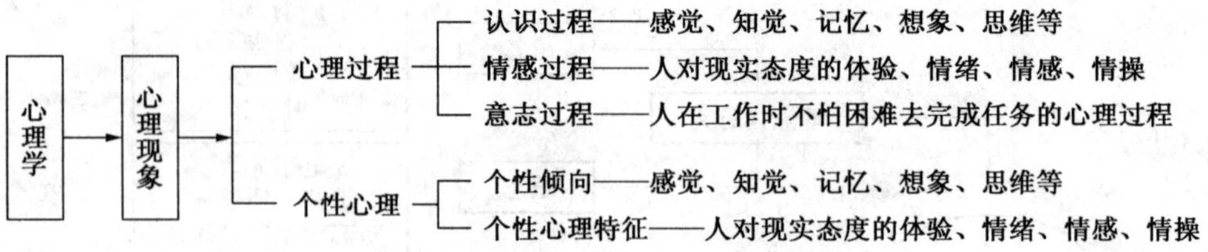

图4-7　人的心理现象

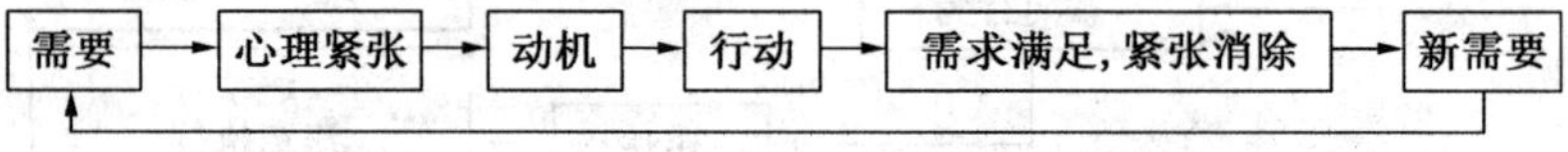

图4-8　需求对行为的影响模型

人的行为实际是对外界环境信息的感知，根据自身经验、知识加以判断和处理，并做出相应响应的一个过程。在陈红的人的行为模型的基础上，人的行为控制模型如图4-9所示。

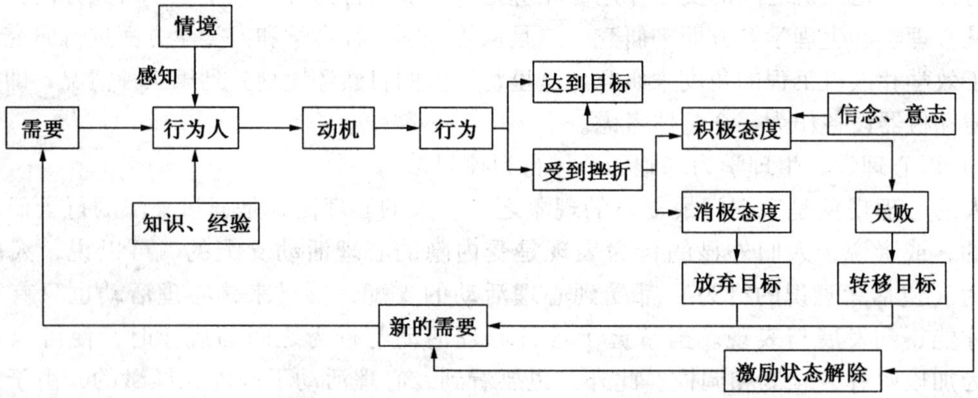

图4-9　人的行为模型

行为人首先需要对周围的情境进行感知，然后根据自己的经验和知识进行判断，如果判断的结果是：在这个情境下，能够完成某项行为，且行为的结果能满足自己的需要，那么行为人就会产生实施该项行为的动机，从而实施这一行为。相反，如果判断的结果是：现在的情境不能通过实施可能的行为而达到某个目标，最终满足自己需要的话，则不会采取行动。

从图4-9中可以看到，人的行为是受需要驱使的。按照马斯洛需要层次理论，人的需要是多层次的，由低到高是生理需要、安全需要、社交需要、尊重需要和自我实现需要。概括这几种需要后发现，生理和安全需要其实就是人不希望自己的生理受到伤害的需要，而社交、尊重和自我实现即是不希望自己的心理受到伤害的需要，始终保持一种平衡的心理状态。企业中的行为人同样也具有多重需要。例如，在生理需要方面，他们需要完成各项工作任务，这样才能有相应的收入，收入可以购买各种需要的商品，同时，由于这种需要一直被工资、奖励所不断强化，因此，一般占企业行为人的主导需要地位，另外，他们还希望通过更少的体力成本获取更大的收入，这正是行为人图省事、偷懒的原因；在安全需要方面，尽管也比较强，但还是占据不了主导地位，特别是当行为人很少经历事故时，这种需要就会被进一步弱化；在社交、尊重需要方面，行为人会做一些从众性行为，以期得到同伴的认同，例如，在周围人都不系安全带的情况下，行为人可能也不系（如果系则需要很强的心理调节动力）；在自我实现需要方面，行为人可能会做一些分外的工作，将模糊的责任范围向外扩展和落实，同时也实现自我价值。这些额外的工作有时候对安全是有利的，有时候是不利的，如吉林三妇女拦火车防止了重大交通事故的发生，而煤矿山下工人自己拆矿灯维修则可能造成瓦斯爆炸，另外，自我实现的需要在企业生产工作中还表现为工作创新、勇于探索等。马斯洛认为，人的这五种需要是同时存在于每个人思想内的，只是各种需要的水平不同，只有较低层次的需要得到满足后，较高层次的需要水平才有可能上升。在安全生产工作中应该要不断提高安全需要水平，但马斯洛并未就如何提高需要水平做充分说明。

人对周围情境的感知是信息输入过程，具有选择性，人一次感知的信息量是有限的。一般来说，感知的选择性表现为：信号较强的信息、符合行为人需要的信息或者与其他信息有明显区别的信息优先被感知，例如，在一个嘈杂的环境中，最洪亮的声音或者赞美的语句更容易被人感知。另外，当行为人重复同样的工作且同样的情境重复出现的时候，行为人会弱化感知，形成固定思维，这样会使情境中的某种改变被忽略。例如，2012 年 9 月 11 日晚，温州瑞安塘下上潘村西二大街森绿大楼，37 岁的余女士抱着孩子从 6 楼进入刚打开的电梯门，竟然没有注意到里面的情况而一脚踏空坠落死亡，这就是对熟悉情境的感知被弱化的结果。

行为人判断所需要的经验和知识也非常重要，判断时行为人会根据自己已有的经验和知识，确定将要采取行为可能造成的结果，如果这种判断错误将会直接造成任务的失败，甚至导致事故的发生。在对多种可能结果进行选择时，行为人的价值观会对这种选择产生直接的影响，例如，冒险行为可能会带来伤害，但冒险行为同时会带来心理满足或者省力的收益，因此，是否采取冒险行为就看行为人在不受伤害的安全需要和心理满足两个方面哪个更强烈一些。当然，这种判断过程并非每次都非常谨慎和认真的，当行为和结果之间的关系比较简单和明确时，或者当行为的结果对行为人并不重要（与行为人的价值观有关）时，判断的谨慎和认真程度会明显降低。当行为失败后，在信念和意志的作用下行为人根据对任务的难易程度的判断，有可能选择放弃或继续努力，最终使需要得到满足或需要得不到满足而导致精神紧张。

这里的行为人是指决策层、管理层和执行层等各种人员。对于决策层，其行为就是决策，如安全生产投入的决策，安全技术措施是否采用的决策等，这种决策一般都是多种方案的优选。很明显，这种决策与决策者的价值观有非常直接的联系，当然也与决策者“感受”情境的有关信息以及决策者的经验、知识有关，如果决策层具有“以人为本”的价值观，把职工的生命视作高于一切，那么决策者可接受的风险程度就较低，当决策者根据自己的知识、经验对所了解的信息进行加工以后，即可得到当前的风险值，如果风险值高于可接受程度则需要采取相应的对策措施加以改进。对于管理层，是将决策层的最终策略具体化、细节化、方案化，并使之落实，如安排哪些人完成哪些任务，准备哪些材料和设备，各个部门之间如何协调等等，建立有效的控制体系，如对行为进行检查、监督或实时监控，并对行为进行纠偏。管理层需要考虑企业生产中可能遇到的风险，并采取切实可行的措施将风险控制在可接受的范围内，这对管理层的经验、知识及判断能力提出同样的要求。对于执行层，根据管理层指派的任务操作，使任务步骤化并认真执行，将动机最后转化为具体的行为，执行层的行为有可能会发生错误，即人为差错。同时，为了使高层了解底层的信息，底层了解高层的决策，有效地沟通是必不可少的，而这种有效沟通的基础就是底层对高层重视安全的信任程度。

以心理学和生理学为基础的人的不安全行为控制，主要研究人在劳动过程中心理活动的规律和心理状态，探讨人的行为特征、心理过程、个性心理以及生理状况与安全的关系，找出人的不安全行为产生的心理和生理原因，从而有效控制人的不安全行为。如人的生物节律、作业疲劳等对安全行为的影响，还有人的个性心理对不安全行为的影响，最早由格林伍德和伍慈于1919年提出事故频发倾向理论。该方面的研究进一步扩展到环境对人的安全心理的影响，以及人的不安全行为的一些心理状态，如省能心理、侥幸心理、逆反心理、凑兴心理、群体心理等。

2）以管理学、社会学和人类学为基础的不安全行为控制

以管理学、社会学和人类学为基础研究人的不安全行为控制主要包括四个方面：个体心理与行为，群体心理与行为，领导心理与行为，组织心理与行为。即将组织行为学研究的有关成果应用于组织或企业中劳动者不安全行为的控制。

个体心理与行为理论是以激励为核心的，安全管理的“人本原理”正是要求管理模式由强制的“监督”向“动机激发”转化。相关的激励理论还有：双因素理论、目标激励理论、公平理论等，用于激励、强化人的安全意识与安全行为、消除不安全行为，提高安全管理效能的研究。激励是个体行为控制方法之一，是通过研究个体人的需要，并设定能实现需求的场景和任务，从而让置于其中的个体产生行为动机。激励有正激励和负激励之分。同时，人对工作的满意度以及对公司的满意度（即组织承诺度）对人的态度也会产生影响，进而对人的行为激励产生影响。

人并非孤立存在的，是与一定的群体相联系的，群体成员之间会相互作用、相互影响，从而产生相应的群体心理。例如人有情感和归属的需要，有受到尊重的需要。因此，人的行为不仅受个体影响，同时也受到周围人的影响。或者说，个体行为是个体因素与周围人的因素综合作用的结果，当然这并没有改变个体行为受个体需要和动机支配的这一事实，只是将个体需要的范围从个体扩展到群体。在群体行为理论中，对个体行为产生最大影响的是领导者的行为，如领导方式、领导者个人魅力等。在安全生产工作中，领导者本身对安全工作的态度和重视程度，以及所表现出来的行为，会直接影响每个员工对安全的态度和重视程度，从而影响每位员工的行为表现。行为科学的领导理论主要有三个方面的成果，即领导特性理论、领导行为理论和领导权变理论。领导特性理论又叫领导特质理论，即研究安全生产工作杰出的企业领导所具有的共同特性和品质；领导行为理论即研究领导行为与领导效率之间的关系，如Hemphill（1941）认为领导行为包

括两个相互独立的维度——抓组织和关心人；领导权变理论是将情景因素考虑到领导效率的影响因素中。

组织是完成社会化大生产任务的重要保证，组织都具有相应的目标，其中包括安全目标，如何有效实现组织安全目标就有必要将组织行为学引入安全生产研究当中。组织行为学研究的主要内容有：组织结构和组织设计，工作设计和工作压力，组织文化，组织环境及组织变革和发展等等。组织公民行为（Organizational Citizenship Behaviours，OCB）是组织行为理论的又一重要现象，组织公民行为指的是有益于组织，但在组织正式的薪酬体系中尚未得到明确或直接确认的行为。OCB 至少由七个维度构成：助人行为、运动家道德、组织忠诚、组织遵从、个人首创性、公民道德和自我发展。组织公民行为对安全生产的积极参与起着推动作用。

综合来看，上述 4 个行为科学的研究方向是从不同角度和不同的研究对象来研究人的行为规律，对安全生产特别是人的行为控制具有重要的理论指导意义。也有学者将上述四种行为科学归并为三类，即：个体行为、群体行为和组织行为，领导行为只是群体行为中的特例。应该说，个体行为是造成事故发生的直接原因，而群体行为和组织行为是造成事故发生的间接原因，是通过对群体（或组织）中个体的影响和作用来体现出来的。

3）基于工效学的人的行为控制

随着科技的发展，各种巨系统（如化工工业、核工业、航空航天等）的复杂化程度越来越高，连续性和自动化程度不断增强，在人-机-环境的整个系统中，人为差错成了导致系统失效的最主要原因。人为差错和人的可靠性成为研究的热点问题。在工效学中，人的行为控制主要研究的术语就是人的可靠性或人为差错，他们是一个问题的正反两个方面。人的可靠性分析（Human Reliability Analysis，HRA）是以分析、预测、减少与预防人的失误为研究核心，以行为科学、认知科学、信息处理和系统分析、概率统计等理论为基础，对人的可靠性进行分析和评价的新兴学科。HRA 是一种预测人的行为不发生失误的可能概率的工具，分为定性和定量两个方面。

上述 3 种关于人的不安全行为控制的研究，其研究的出发点、侧重点不同，研究的思路也不一样，适用的范围也略有区别。以心理学、生理学为基础的人的不安全行为控制研究主要侧重于单项任务中的个体操作者，以个体操作者为中心，来研究人的不安全行为产生的生理、心理原因，如体质、健康状况、感觉、知觉、需求、动机、性格、情绪、意志、信念、价值观等等，从而找出相应的对策措施；而以管理学、社会学和人类学为基础的人的不安全行为控制主要是从宏观的角度去研究组织中人的不安全行为发生原因，如奖惩制度、领导效能、群体士气、组织凝聚力、组织设计、目标设定、安全绩效、人际关系等等，进而提出相应的对策措施；以工效学和人机工程学为基础的人的不安全行为控制，主要以系统的观点考察复杂系统中人的行为失误问题，人的行为失误不再是单纯的生理和心理因素（操作者）引起的，还与任务、环境、组织及系统等有关，组织因素中包含安全文化。可以看出，基于工效学和人机工程学的人的行为失误控制研究考虑得是最为全面的，该方法研究的对象也从最初的人的失误向包括人的失误、疏忽等在内的不安全行为扩展。同时，上述三种研究又有着千丝万缕的联系，组织的人文环境和物理环境对置于其中的人的心理会产生影响，这种心理影响进而会影响到人的行为，因此人的行为控制可以系统地来研究。

第二节　露天煤矿危险源辨识

露天煤矿危险源的主要特征：一是具有较大的能量，一旦导致事故，往往造成严重伤害与损失；二是同一作业场所可能存在多种危险源，而识别和控制这些危险源又比较困难。能否对这些危险源预先进行辨识、评估，进而进行有效管理、控制，对煤矿安全生产来说至关重要。

露天煤矿主要危险、有害因素源自矿山自然安全条件、生产作业方式方法、工艺设备及人员的作业行为等各个方面。常见的危险源有以下几种：露天矿火灾、水害、爆破事故、边坡（坍塌）事故、运输事故、机电事故及设备维修事故、高处坠落、触电与雷击、物体打击、压力容器爆炸等。

一、滑坡的致灾因素分析

滑坡危害属变形破坏，是指完整的边坡土岩体沿其内部的一定的面或带，或边坡上部的松散堆积土岩沿其基底面（或带）作整体移动。由于边坡是露天采矿工程活动所形成的一种特殊结构物，影响露天矿边坡的因素很多。凡是使稳定系数降低的因素都是危险因素。

1. 采场边坡危险因素分析

（1）采场边坡岩石矿物组成的影响：若岩石力学指标（通常用抗剪切强度-黏聚力 C 值和内摩擦角 ϕ 值综合代表）低下，影响岩体力学指标下降，造成稳定系数降低。

（2）岩体结构面、结构体、岩体结构的影响：边坡岩体的破坏主要受岩体中不连续面（结构面）的控制。影响边坡稳定的岩体结构因素主要包括下列几个方面。

① 结构面的倾向和倾角。一般来说，同向缓倾边坡（结构面倾向和边坡坡面倾向一致，倾角小于坡角）的稳定性较反向坡差。同向缓倾坡中，岩层倾角愈陡，稳定性愈差；水平岩层稳定性较好。

② 结构面的走向。当倾向不利的结构面走向和坡面平行时，整个坡面都具有临空自由滑动的条件，对边坡的稳定不利。结构面走向与坡面走向夹角愈大，对边坡的稳定愈有利。

③ 结构面的组数和数量。首先，当边坡受多组相交的结构面切割时，整个边坡岩体自由变形的余地大，切割面、滑动面和临空面多，易于形成滑动的块体，而且为地下水活动提供了较好的条件，对边坡稳定不利。其次，结构面的数量直接影响被切割的岩块的大小，它不仅影响边坡的稳定性，也影响边坡变形破坏的形式。岩体严重破碎的边坡，甚至会出现类似土质边坡那样的圆弧形滑动破坏。

④ 结构面的起伏差和表面性质。结构面的光滑程度对结构面的力学性质影响极大。边坡岩体沿起伏不平的结构面滑动时，可能出现两种情况：一种情况是如果上覆压力不大，则除了要克服面上的摩擦阻力外，还必须克服因表面起伏所带来的爬坡角的阻力，因此，在低正应力情况下，起伏差将使有效摩擦角增大。另一种情况是当结构面上的正应力过大，在滑动过程中不允许因为爬坡而产生岩体的隆胀时，则出现滑动的条件必须是剪断结构面上互相咬合的起伏岩石，因而结构面的抗剪性能大为提高。如果结构面上充填的软

弱物质的厚度大于起伏差的高度时，就应当以软弱充填物的抗剪强度为计算依据，不应再把起伏差的影响考虑在内。

（3）水的影响：地下水和雨水可软化岩石，降低其强度，以及对边坡的静水压力和动水压力作用，使岩石力学指标与稳定系数下降。

（4）爆破作业和震动的影响：爆破震动力增加了边坡的滑动力，破坏了边坡岩体，降低了岩体的强度，加速岩体风化，使边坡的稳定性降低。

（5）构造应力的存在会减小边坡的稳定性。

（6）边坡整体高度越高，稳定系数越低。

（7）边坡角越陡，稳定系数越低。

2. 外排土场边坡危险因素分析

（1）排弃物料力学指标低（如土、岩混排），使其稳定系数也相应降低。

（2）开采工艺因素。

① 排土带宽度与排土工作线的推进速度不匹配，可降低基底含水土层的固结程度，使稳定系数降低。

② 开采程序和排土程序的不合理分配，可使排土场的稳定系数降低。

（3）边坡角越陡，稳定系数越低。

（4）排土场原剥离土岩的含水大；排土平盘、台阶坡面、基底土层渗入大气降水；排土场基底含水条件，均可使稳定系数降低。

（5）基底平缓，局部有微小坡度，其倾向与台阶坡面一致（滑移面），对稳定不利。

（6）随物料排弃高度的增加，对基底上层的压力也相应增加，当压力超过 800 kPa 时，土体微结构被破坏且被压密，不易透水，导致土体上层泡水，矿物软化形成衍生弱层，稳定系数随即降低。

3. 内排土场边坡稳定危险因素分析

（1）内排土场基底以煤层底板为主，当煤层倾角较大时，坑底受地下涌水及大气降水的影响，有残余水存在，将对稳定性不利。

（2）大型结构面倾向和走向与排弃物边坡相同且倾角较大、离基底面较近时，排土场稳定系数下降，稳定性差。

二、卡车运输事故的致灾因素分析

1. 事故类型

1）卡车与轻型车碰撞

俗称大车轧小车，由于车体结构的原因，使驾驶卡车的司机不能看到向前行驶的最近路段，构成视野盲区。因而不可避免地存在大型卡车与驶入其盲区的轻型车辆发生碰撞的可能性。此类事故在大型露天矿中多有发生。

卡车运行的主要危险因素有：存在盲区；转向、制动失效（机械系统、电气系统和人为因素）；轻型卡车驶入（相对运动）盲区之前未能发现（天气影响、夜晚）；超速运行；司机技术不佳；行车路线违规等。

轻型车运行的主要危险因素有：违反行车规则，不遵守左侧通行；停车位置不安全（如盲区内）；超速行驶；抢道；刹车失效；转向不灵；人的因素（情绪焦躁、作风松懈、困乏、不守规程、饮酒等）。

2）卡车与卡车碰撞

驾驶员操作失误，不熟悉露天场内的作业环境和路线，不合理使用灯光，超速、超载或是抢路行驶，容易发生车辆碰撞事故。冬天冰雪，视线不清，容易发生追尾。超速行驶；抢道；道路等级差（转弯半径小、坡度大，竖曲线半径小，道路宽度不足 3 车道）；安全路标不齐，无反光标识等；路面不好；司机操作失误；车况不佳；两车同侧行驶时后面的车速过快或制动失效可能导致追尾。

3）卡车着火

导致卡车着火的主要危险有害因素是油和火源。

（1）可燃油：发动机漏油；储油箱漏油及其连接的油管破裂漏油。

（2）液压油：液压油泵漏油；液压油管漏油；翻卸车举升缸系统漏油；后车轮内制动系统漏油；前车轮转向系统漏油；控制系统漏油；各个机械零部件间隙及封闭壳内漏油。

（3）火源：主要是刹车片摩擦高温，一旦遇到喷洒出的油，起火燃烧；发动机排气管高温红热，遇到喷洒出的油燃烧；电气着火。

4）卡车启动撞坏设备、撞轧人

启动前瞭望不够，尤其是对存在于盲区和车体附近的人员与设备查看不够；发出行车信号不到位或未发出信号。

5）卡车侧翻倒

过弯时卡车速度超过了额定车速，导致超过了重车抗倾倒的安全系数，导致翻倒。装车时超载、偏载，且过弯道时偏载在弯道外侧导致事故的发生。路面凹凸不平，导致卡车过弯道时，路面外侧超高不足，加大离心力矩，使车辆翻倒；或偏载侧在路面凹处，导致事故发生。

6）卡车翻滚到台阶下

安全挡墙不合格，高度、宽度不够，坚固程度不够，或无安全墙。超速行车，弯道处超速导致离心力过大，撞毁安全墙翻滚而下。

7）装车不规范

如出现超载、装载过满，卡车边缘会有大块物料掉落，容易砸伤人员。

8）爆胎

容易产生爆胎的情况：轮胎磨耗超限或轮胎局部受损伤，抗空气压力明显下降到不能约束轮胎内空气压力时；轮胎受到突然撞击，胎内压力突然增大，超过轮胎约束力；轮胎受到热源的热量、胎内压力增加，超过轮胎约束力。

2. 致灾因素分析

矿用汽车行车事故、设备事故发生的原因是多方面的，总的概括起来有四个方面的原因：驾驶员的不安全行为、不良的道路和作业环境、车辆的不安全状态和汽车运输安全管理薄弱，而大多数事故是驾驶员的直接责任造成的。

1）驾驶员不安全行为

（1）违章操作。驾驶员的安全意识不强，法纪观念淡薄，违反交通规则、矿山安全行车制度、操作规程和联合作业规程。

（2）疲劳开车。产生疲劳驾驶的原因是工作时间长、工作量大、休息不好等主客观因素造成的。疲劳驾驶时，驾驶员在驾驶过程中，感知能力降低、判断能力失准、操作准确度下降，疲劳驾车事故大都是恶性的。

（3）生理原因。精神分散、注意力不集中，感觉器官（视、听、触觉）出现临时性障碍，酒后或疲劳时头脑不清，反应迟钝，感知判断有误，会导致重大事故的发生。

（4）操作技术差。由于操作技术不精，对变化了的环境和道路不熟悉，加之感觉思维、应变等综合能力较差，遇有紧急情况惊慌失措，发生误操作而导致事故发生。

2）环境和作业条件方面的原因

（1）矿山道路未按要求和规定设计。道路宽度、路面结构等不符合“公路工程技术标准”，低劣的施工质量也威胁着行车安全。

（2）采场及排土场不符合要求。采场平盘不符合安全宽度和平度，在台阶坡顶线边缘未设置移动的明显标志和安全挡墙（阻车堤）；排土场容量小于卡车的排弃量，匹配不合理，车辆拥挤，造成安全距离不够；排土场随机性延展的安全墙及反坡做得不规范或漏做等。

（3）非封闭式的大型露天矿，周边几十到上百千米长和周围的公路或便道相连，难以管理。

（4）矿山生产指挥车、养路车、火工品运输车、材料和机电检修用的辅助车辆，以及运送人员的客车和矿山运输重型卡车混合行驶于同一道路，由于卡车盲区较大，一旦疏忽大意将造成事故。

（5）恶劣的气候。如雨天、雾天、雪天、风沙、严寒酷暑等天气影响行车安全。

3）车辆的不安全状态

车辆的安全技术状况差，特别是汽车转向和制动系统带病作业将导致重大事故。如果是效能差或功能丧失，将使车辆失去控制而发生重大事故。

4）安全管理方面的问题

矿内道路交通安全行车规定及事故预防制度，违章处罚条例，事故调查、分析及处理制度，安全目标化管理和奖罚制度，设备维修保养方面的有关制度没有健全和完善。还有安全管理不严，安全教育力度不大等。

三、爆破事故的致灾因素分析

爆破安全是指整个爆破工艺过程中人身安全和建筑物、设施的安全。也就是爆破装药、起爆过程中，直接的或次生的危害对人员和建筑物、设施的危害程度。如爆破地震、空气冲击波、飞石、炮烟和噪声，以及早爆与拒爆现象对人员和设施的影响。

产生爆破危害的危险因素主要有以下几个方面：

（1）爆破区警戒制度执行不严，车辆、人员误入爆破区可能造成大的危害。

（2）爆破制度执行不严，漏查和未清理爆破区界内人员或设备可能造成大的危害。

（3）爆破质量不好，出现早爆或拒爆等造成危害。爆破质量不好，导致挖掘机挖响瞎炮或违章处理瞎炮，造成人员伤亡和设备损毁。

（4）穿孔作业未按穿孔参数设计要求进行。

（5）潜孔钻进行穿孔作业和行走时，履带边缘与坡顶线的距离不符合规程规定。

（6）爆炸材料的运输、储存、使用和销毁，永久性爆炸材料库建筑结构及各种防护措施，库区的内、外部安全距离等不符合国家有关法规和标准的规定。

（7）爆破作业使用的器材，不符合国家或行业标准。露天煤矿爆破作业，不遵守《爆破安全规程》的规定。

（8）运输爆炸材料不符合安全规定。

（9）爆炸材料管理不符合《煤矿安全规程》规定。

（10）雷管和炸药混放，炸药库违章使用明火。

（11）运输过程中操作不当、不了解炸药的性能，由于摩擦等原因引起爆炸。

（12）爆破工未按照规程要求连线。

（13）躲炮时间和安全距离不够。

（14）在浓雾、闪电、大风、黑夜等情况进行爆破作业。

四、电气危害的致灾因素分析

电气线路危害的现象是电气线路烧蚀、短路或线路烧毁，可使电气线路控制的设备功能丧失，严重的可将整台机械设备烧毁报废。

造成电气线路危害的原因有内在原因和外在原因。内在原因是电气线路自身出现故障（线路绝缘老化、短路和长期超负荷运行等），使电气线路发生着火；外在原因是受到外部影响（雷击过电压、明火、热源和外部撞击磨损等），而使线路造成危害。

露天煤矿主要用电设备有电铲、钻机、排水泵及采场照明等设备，其电气线路发生雷击过电压着火的可能性是存在的。同时，电焊作业工作过程中，焊渣引燃电气线路橡胶外套着火，设备内部液压油管破裂，渗漏的液压油遇高温热源（如发动机涡轮增压器）发生电气线路着火。

另外，触电事故也是电气危害之一。触电危险的分布极广，凡是用到电气设备的和有电气线路通过的场所，都是触电事故可能发生的场所。常见的引发触电事故的因素有：

（1）电线、电气设施的绝缘或外壳损坏、设备漏电。

（2）电气设备接地损坏或接地不良。

（3）移动使用的配电箱、板及所用导线不符合要求，未使用漏电保护器。

（4）乱接不符合要求的临时线。

（5）不办理操作票或不执行监护制度，不使用或使用不合格绝缘工具和电气工具。

（6）检修电气设备工作完毕，未办理工作票终结手续，就对检修设备恢复送电。

（7）在带电设备附近进行作业，不符合安全距离的规定要求或无监护措施。

（8）跨越安全围栏或超越安全警戒线；工作人员走错间隔误碰带电设备；在带电设备附近使用钢卷尺等进行测量或携带金属超高物体在带电设备下行走。

（9）线路检修时不装设或未按规定装设接地线，不验电。

（10）使用的电动工具金属外壳不接地，操作时不戴绝缘手套。

（11）标志缺陷（如裸露带电部分附近无警告牌或警示标志不明显，就可能导致作业人员疏忽大意，进而发生触电、误合刀闸等人身或设备事故）。

五、火灾的致灾因素分析

露天煤矿涉及的火灾危险，按引火源的性质可分为内因火灾（自燃火灾）危险和外因火灾危险两种。自燃火灾主要是煤炭在一定的条件和环境中（破碎堆积、化学变化），逐渐聚集热量而着火形成的火灾。外因火灾是可燃物受到外来热源的作用而形成的火灾，主要发生于建筑物、仓库、油库、爆破器材库、木料场等地区。

1. 内因火灾产生的原因

在采场、排土场及储煤场等地点，若松散煤炭长期堆积而未及时处理，则可能因煤炭氧化，热量积聚导致自然发火。

2. 外因火灾产生的原因

（1）使用明火。用电炉、大灯泡取暖，违章进行气焊、电焊、喷灯焊接等引燃可燃物而导致火灾。

（2）出现失控的电火。如使用电气设备或电气设备性能不良，管理不善；电缆连接不良、设备出现损坏、过负荷、短路等均可引起电火花，继而引燃可燃物。

（3）摩擦撞击出现的火花。机械设备之间的撞击或摩擦，坚硬顶板冒落的撞击，金属表面的摩擦等都有可能产生火花，继而引燃可燃物。

（4）漏电电流引起的火花。对于 380 V 和 660 V 电网，漏电电流分别达到 88 mA 或 42 mA 时，产生的火花就能引燃瓦斯或可燃物。

（5）堆积煤尘是引起外因火灾的重要可燃物，如施焊后未及时清理现场，电焊火花会引燃可燃物，此类火灾的隐蔽性强，一般都在施焊结束后 2 ~ 3 h 发火。

六、水灾的致灾因素分析

露天采场，特别是凹陷露天大采场本身就相当于一口大井，从客观上它具备了汇集大气降水、地表径流和地下涌水的条件。露天矿水害主要是矿坑内地下水涌出和大气降雨积水，如无防排水措施，雨水直接冲刷边坡破坏边坡的稳定，造成坍塌；凹陷采场，还会大面积积水造成停产及淹溺事故。

影响露天煤矿涌水的因素分为自然因素和人为因素两种。

1. 自然因素

自然因素包括气候条件、地表水体、地形条件、岩石结构和地质构造。

（1）大气降水的渗透是地下水获得补给的主要来源，而蒸发又是潜水的主要排泄方式之一，所以气候对地下水的水量大小、水位高低有直接的影响。在气候条件中又以降水量和蒸发量对地下水的影响最大，气候条件具有较强的地区特征，从而决定了矿床的含水性不仅具有季节性的特征，而且也有明显的区域性特征。

（2）地表水体和地下水在一定条件下可以互相转化补给，两者之间有着密切联系。因此，在地表水水网密度大的地区建设矿山时，必须查明地表水体与矿体之间的水力联系情况，特别是在裂隙发育、透水性较好的岩层中，地表水体很可能成为矿山涌水的水源。

（3）地形影响到地下水的循环条件和含水岩层埋藏的深度。一般在地形切割较为剧烈的地区，地表径流量大而地下径流量小；反之，在地形比较平缓的地区，地表径流量小而地下径流量大。在地下水比较充沛的条件下，矿床的充水量比较大，而且比较稳定。

（4）岩石结构致密、节理裂隙不发育时，其透水性很弱，不易充水，甚至隔水；反之，透水性就较强，充水量也较大。岩石中的孔隙不仅是大气降水和地表水补给的通路，而且往往也是汇集和储存地下水的场所。

（5）岩石的产状和褶皱、断层等构造也影响地下水的储量，有时还构成地表水与地下水之间的水力联系。如断层破碎带是地下水的导水通路，也经常是矿山涌水的渠道，但是由压应力形成的断层，由于破碎的岩块被挤压成粉状且胶结紧密，以致透水性很低甚至隔水，形成自然的隔水帷幕。

2. 人为因素

（1）对防排水工作的重要性认识不足，或不掌握矿山的水文地质资料，未采取有效的防排水措施等，往往容易导致突然涌水，引起不必要的损失。

（2）由于开采工作的错误而打通了含水层，使矿山涌水量突然增大。

（3）边坡参数的确定不合理或维护不善，发生大面积滑坡时，容易诱发涌水，甚至造成滑坡与涌水之间的相互诱发。

（4）废弃的矿坑常有大量积水，当排水工作停止后，废坑内的积水水位将会上涨，这种水源一旦与采场沟通，一瞬间就会以很大的水压和水量突然涌入采场。

（5）地质勘探工作结束后，必须用黏土或水泥将钻孔封死，否则，未封闭或封闭不严的钻孔一经开采就会成为沟通含水层和地表水的通路，将水引入作业区。

（6）有过地下开采活动的露天煤矿，矿田范围内地下开采形成的采空区和周边矿山开采形成的采空区都可能有积水，采空区周围一经开采，积水可能涌入采场。

七、机械伤害的致灾因素分析

机械伤害是矿山生产中机械（如装载机、挖掘机、车辆等）造成的伤害，它是由人的不安全行为和物的不安全状态造成的，一般有以下几方面的原因：

1. 违反安全操作规程或因人的失误所致

一般有以下几种情况：

（1）维修人员进入设备未停电，未挂“有人检修、禁止合闸”的警示牌，有人误合闸作业，造成设备的突然启动；检修人员刚检修完尚未离开，他人开动机器而被机器伤害。

（2）在机器设备运转时进行检修、加油、清理卫生，因误入某些危险区域或部位造成伤害。

（3）防护用品没有穿戴好，衣角、袖口、头发等被转动的机械拉卷进去。

（4）作业人员违章或误操作。

2. 机械设备方面的原因

机械设备缺乏安全防护装置，本身的结构强度不合理或安装维修不当，使设备的安全性能降低，常见的情况有：

（1）设备超载运行或保险装置失灵等原因造成伤人事故。

（2）机械设备维修不及时，带病运转。

（3）机械传动部位没有防护罩而轧伤人或转动部件的螺丝松动而飞击伤人。

（4）设备的某部分没有安装牢固，受力后摆动倾翻而伤人。

（5）机械设备某些零部件强度不够或受损伤，突然断裂而伤人。

（6）设备的防护栏杆不坚固、盖板不稳固，人员撞落或失足进入危险区而遭伤害。

3. 工作场所环境不良

工作场所环境不良也是造成机械事故伤害的原因之一，如空间狭窄、安全距离不足、照明不良、噪声大、设备布置不合理、物体堆放杂乱等。

八、高处坠落的致灾因素分析

在露天矿开采生产过程中，由于露天采场的作业场所高差较大，可能出现人员、设备站立不稳，从分层坡面高处坠落；台阶坍塌，造成人员设备高处坠落；排土时没有人指挥，没有安全堤，汽车卸载时可能从排土场边高处坠落；露天矿山的台阶、行人坡道、积水的采剥工作面、倾角较大的采剥工作面等处也易发生高处坠落。

高处坠落是指从超过基准坠落面 2 m 以上的地方上跌落下来。

事故致灾因素有：

（1）使用安全保护装置不完善的设备、设施进行作业。

（2）高处作业时安全设施损坏。

（3）使用登高用的梯子不当。

（4）没有按要求使用安全带、安全帽等劳动防护用品、用具。

（5）高处作业安全管理不到位。

（6）作业人员疏忽大意，或违章操作，或疲劳过度。

（7）主观判断失误。

九、物体打击的致灾因素分析

物体打击是指飞来物或空中掉落物击中人体或设备，造成人员伤亡及设备损坏的事故。

造成物体打击的主要原因有：

（1）浮石处理不及时、处理浮石不彻底或不按规程操作。

（2）对处理不彻底的危岩不及时支护。

（3）作业场所狭小，缺乏躲避空间。

（4）照明不足，对危岩观察不清。

（5）出矿时注意力不集中，对工作中出现的危险不能及时作出反映。

（6）没有排险工具或排险工具长度不够。

（7）安全检查不细致，对经过爆破震动后工作面等部位没有及时检查处理危岩。

（8）不按要求穿戴安全帽、背夹等劳动防护用品。

十、触电与雷击的致灾因素分析

矿山生产作业使用的电气设备，如果线路不合理、维修管理不善、设备或线路有缺陷，工人缺乏电器安全知识以及缺少防护、标志不清、违章作业及发生雷电等，会造成触电事故和（或）引发火灾。

1. 电伤害的方式

电流的热效应、化学效应、机械效应会对人体造成局部伤害，形成电弧烧伤、电流灼伤、电烙印、电气机械性伤害、电光眼等。

2. 电伤害的途径

（1）直接烧伤。当带电体与人体间发生电弧时，有电流流过人体形成烧伤。直接电弧烧伤是与电击同时发生的。

（2）间接烧伤。当电弧发生在人体附近时，对人体产生烧伤。

（3）电流灼伤。人体与带电体接触，电流通过人体由电能转换为热能造成伤害。

3. 常见的引发因素

通常造成电伤害的原因，除了设计不周、设备缺陷等技术方面的原因外，大部分事故是由于违章指挥、违章作业引起的。

（1）检修电气设备时，不执行工作票制度及监护制度。

（2）检修线路时，没有装设或没按规定要求装设接地线，或装设接地线后不验电。

（3）在带电设备附近进行作业，不符合安全距离。

（4）作业时，没使用或使用不符合绝缘要求的工具，或使用电动工具的金属外壳不接地。

（5）工作过程中跨越安全围栏或超越安全警戒线，误碰带电设备。

（6）电气设备检修工作完毕，未办理工作票终结手续，即对停电设备恢复送电。

（7）在某些特定场所作业，没按规定使用安全电压照明灯。

（8）未正确实施个体防护或个体防护用品不合格（如不戴绝缘手套、不穿绝缘鞋，无绝缘垫或防护品绝缘不合格，老化失效等）。

4. 雷击伤害

雷击伤害指地表建筑物、供电设施未按规定设防雷装置，落雷伤害人员、击毁设备。雷电放电产生的电弧、静电火花等易引发火灾。

十一、压力容器爆炸的致灾因素分析

矿山使用的压力容器较多，如空压机储气罐、氧气瓶、乙炔气瓶等，如未按安全要求使用和维护，往往会发生容器爆炸事故。压力容器爆炸的危害形式为爆炸冲击波危害、爆炸容器碎片的伤害、爆炸产生有害气体的伤害等，引发压力容器爆炸的主要原因有：

（1）安全阀、压力表等安全附件不全或失灵。

（2）压力容器放置位置不当，靠近热源和经常遭受外来物的机械撞击。

（3）遭受严重腐蚀使强度降低。

（4）未制定安全操作规程或操作人员违规操作。

（5）未定期进行检测或虽检测但仍使用不合格设备。

（6）空压机操作工无特种设备操作证，无证上岗。

第三节　露天煤矿火灾分析及防治措施

露天矿火灾是指发生在露天矿采坑内或采坑附近、威胁矿区安全生产、形成灾害的一切非控制燃烧。根据发生火灾的原因可以将露天矿火灾分为内因火灾和外因火灾两大类。

一、内因火灾

1. 煤自燃的机理

内因火灾亦称煤自燃火灾，是指煤因为氧化产热而自然发火产生的火灾。煤矿煤层自然发火的必要条件是：①有自燃倾向性的煤呈破碎堆积状态存在；②有适量通风供氧；③具有良好的蓄热温升条件。

煤自燃的充分条件是：3 个必要条件同时存在，且存在的时间大于煤层的自然发火期。

只要破坏或消除3 个必要条件之一或其中的几个，就可以达到预防自燃发生的目的。

煤自燃有本身结构和外部条件两个原因。一般认为，煤的变质程度低，着火点就低。堆放在地面或煤仓中的煤，暴露在大气中的采煤面、排土场的杂煤，由于与空气接触氧化生热，都能引起自燃。

2. 煤自燃的危害

煤自燃不仅会损失大量的煤炭资源，灭火不及时会烧毁设备和材料，而且煤的自燃产生大量的煤烟，煤烟中含有烟尘、一氧化碳、二氧化碳、二氧化硫、氮氧化物、碳氢化合物等有毒有害气体，污染环境，危害人体健康。

3. 煤自燃的防治措施

防治煤自燃总的原则是尽量避免煤体与大气接触或减少接触时间。

（1）煤层中有空巷，要及时密闭、充填。

（2）对长期不实施推进、不能及时排土回填的非工作帮及端帮的含煤台阶应用黏土剥离物覆盖并碾压封闭。

（3）合理安排备采煤量，避免煤层的长期暴露。对平盘上和台阶坡脚处堆积的散煤应进行清理。

（4）建立坑内防灭火系统，如有自燃现象，及时用坑内灭火管路或洒水灭火两用车等设备灭火。

（5）对已自燃的煤及时利用小型液压反铲、前装机等设备进行清理，剥挖阻断法或压覆窒息法灭火。

（6）对于老的火区，可以采用注浆、注氮或三相泡沫等灭火技术。

（7）制定严格的行政管理措施，杜绝采场内明火出现。

二、外因火灾

1. 外因火灾的原因

外因火灾又称外源火灾，是指外部热源如明火、机械冲击与摩擦、爆破等引燃可燃物造成的火灾。外因火灾的致因形式多样，露天煤矿开采过程中有多个生产环节和多种大型机器参与，同时受到自然环境因素的影响，露天煤矿的外因火灾形式也是多样的，可能因人为因素、天气炎热、爆破作业、电气设备故障、火工品及油料运输车的事故、车辆操作不当或摩擦碰撞、轮胎摩擦等引发外因火灾。

2. 外因火灾的防治措施

根据火灾种类不同，制定相应的火灾防治措施（表4－2）。

表4-2　外因火灾的防治措施

可燃物	燃烧形式	火灾原因	防范措施
火工品（如炸药、雷管、导爆索、导火索、导爆管等）	爆炸	1. 受撞击、坠落、推拉、掷滚或敲打 2. 违章在恶劣环境下爆破，产品出现故障 3. 近距离内有明火引燃 4. 其他人员违规操作等	1. 严格落实各项火工品搬运、储藏与管理制度 2. 火工品生产、使用、运输、储藏环节严禁吸烟，带火种进入
油库、加油站等油气储运设施	明火燃烧或爆炸	1. 明火引燃 2. 电气故障等	1. 库房严禁带入火种，并设置防火警示牌；储运设施有导静电措施 2. 物品的存放要符合防火规定，易燃、易爆物品要分开存放 3. 经常检查设施，及时排除隐患
油罐车与火工品运输车	明火燃烧或爆炸	1. 车辆因碰撞、震荡、摩擦起火 2. 车内其他易燃品引燃 3. 静电积累引燃 4. 明火点燃等	1. 严格管理火工品、油类运输车辆 2. 配备电气防护装置 3. 注意清洁卫生
油浸抹布、油纱布、油手套等	明火燃烧	明火点燃	用完后要妥善放置，禁止放在火源的附近
电气设备	阴燃或明火燃烧	1. 短路 2. 过流 3. 过载 4. 绝缘等级降低 5. 散热不良 6. 雷击 7. 保护失灵 8. 电、火焊等明火 9. 其他原因	1. 配备避雷装置、保险接地装置，防漏电等保护装置 2. 经常检查，排除隐患
生产运输车辆	明火燃烧	1. 明火烤车 2. 地面油污时引燃 3. 设备轴承摩擦起火 4. 高压油管爆裂 5. 车辆碰撞、摩擦等事故	1. 严禁明火烤车 2. 发现地面有油污时，应立即用土及沙子埋盖，以防发生火灾 3. 设备的轴承要经常注润滑油，防止摩擦起火 4. 经常点检设备，发现老化、故障的及时更换 5. 配备灭火器材
轮胎	明火燃烧或爆炸	1. 路面差，摩擦损伤引起爆炸 2. 轮胎冷气压超标，运行时温度升高 3. 运行中轮胎热剥离着火爆炸 4. 电动轮、刹车系统着火，扑救不及时，引燃轮胎	1. 严格执行轮胎安装、拆卸、使用规程 2. 隔离火源，不得在轮毂上焊接 3. 清洁路面，保持整洁，驾驶员注意车辆保养维护

表 4-2（续）

可燃物	燃烧形式	火灾原因	防范措施
煤渣、可燃生产生活垃圾等	自燃或明火燃烧	生产生活用火不慎	1. 及时清除灰渣，洒水处理，防止死灰复燃，并将灰倒在指定的安全地点 2. 安全用火，提高防火意识

根据露天矿火灾的防范措施，对露天矿火灾的预防，应加强以下管理：

（1）健全组织机构、周密部署、层层落实责任。

（2）强化管理，突出关键环节和重点部位。

（3）定期开展对防火设备设施、要害岗位及重点部位的专项检查，加强隐患排查力度。

（4）完善消防硬件设施配置，加强检查与保养。

第四节　露天煤矿水害分析及防治措施

一、露天煤矿涌水对开采工作的危害

（1）露天煤矿涌水降低了设备的效率和使用寿命。采掘设备在有水的工作面上作业时，其工作时间的利用系数一般只达到正常情况的 1/2 ~ 1/3，特别是对于运输设备来讲，不仅降低了效率而且威胁到行车安全。露天煤矿涌水还提高了设备故障率并降低了设备使用寿命。

（2）露天煤矿涌水降低了矿山工程的建设速度。采场底部汇水受淹会降低掘沟速度，从而降低矿山工程下降速度，给新水平的准备工作造成很大困难。

（3）露天煤矿涌水破坏了边坡的稳定性。煤矿涌水是促使滑坡的一个主要因素，它能使岩体的内摩擦角和黏聚力等物理性能指标降低，从而削弱边坡岩体的抗剪切强度。

二、露天煤矿防水的主要措施

露天煤矿防水工作的目的在于防止地表水、地下水和采空区积水涌入采场。防水工作必须贯彻“以防为主、防排结合”的原则，并应与排水、疏干统筹安排。

1. 地面防水

地面防水的对象是地表水。凡能以地面防水工程拦截或引走的地面水流，应不再让其流入采场。

（1）修筑截水沟。在矿区四周修筑截水沟，当雨季降水量大时，既能起到拦截作用，又能起到疏引暴雨山洪的作用。

（2）河流改道。如河流穿过矿区开采境界时，必须改道迁移，改道应选择线路短、地势平和渗水性弱的地段。同时还要考虑矿山的发展远景，避免二次改道。新河道的起点应选在河床下易冲刷的地段，并与原河道的河势相适应，新河道的终点要止于原河道的稳定地段。

（3）调洪水库。季节性的地表水流横穿开采境界时，除采取改道措施外，须在矿区

上游修筑调洪水库截流和储存洪水。

（4）修筑拦河堤。当露天矿开采境界四周的地面标高与附近河流、湖泊的岸边标高相差较小，甚至低于岸边地形时，应在岸边修筑拦河护堤。防止河流洪水上涨时灌入采场。

2. 地下防水的主要措施

地下防水的对象是地下水。要正确做好地下防水工作，首先必须了解地下涌水水源状况，其次取决于防水措施的可靠性。因此，查明地下水源，做好地质水文观测工作和掌握地质水文资料是做好地下防水工作的前提。

（1）探水钻孔。矿山的实践证明“有疑必探，先探后采”是防止地下涌水的正确决策。尤其是对于有地下采空区和溶洞分布的露天矿，必须对可疑地段先探水孔，查明地下水源情况，以便采取应急措施，避免突然涌水造成涌水事故。

（2）修建防水墙和防水门。露天矿山是采用地下井巷排水或疏干的矿山，为保证地下水泵房不受突然涌水淹没的威胁，必须在地下水泵房设防水门。防水门采用铁板或钢板制作，并应顺着水流的方向关闭，门的四周装设密封装置。

对于不能为排水、疏干所利用的旧巷道，必须修建防水墙，使之与地下排水或疏干巷道相隔离。防水墙采用砖砌或混凝土修筑，墙的厚度视水压和墙的强度而定。墙上留有防水孔，以便及时掌握和控制积水区内的水压和水量的变化情况。

（3）防水矿柱。当露天矿采掘工作或地下排水巷道接近积水采空区、溶洞或其他自然水体时，须留有防水矿柱，并明确画出安全采掘边界线。

（4）防渗帷幕。防渗帷幕防水是在露天矿开采境界以外，在地下水涌入采场的通道上，设置若干个保有一定距离的注浆钻孔，并依靠浆液在岩缝中的扩散、凝结组成一道挡水隔墙。所谓防渗帷幕就是指由若干个注浆钻孔所组成的挡水隔墙。

三、露天煤矿排水的主要措施

露天矿经疏干和采取各种防水措施后，已控制了大量的地下水和地表水流入采场。但是，仍可能会有少量的涌水渗入作业区。对于这部分少量渗入的地下水和大气降雨汇水，必须采取有效措施予以排除。

露天矿排水分为露天排水（明排）和地下排水（暗排）两种方式。各矿山企业应根据本单位的采矿工艺和设备效率而定。露天矿的排水系统主要有以下几种：

（1）自流排水系统。是指利用露天采场与地形的自然高差，不使用动力设备，完全依排水沟等简单工程将水自流排出采场的排水系统。当局部地段受到地形的阻挡难以自流排出时，可采取开凿平硐导通排除。

（2）露天采场底部排水系统。这种排水系统是在露天矿采场底部设临时水仓和水泵，使进入到采场里的水全部汇集到底部水仓里，再由水泵经排水管排至地表。

（3）露天采场分段截流排水系统。这种排水系统是在露天采场的边帮上设置几个固定式泵站，分段拦截并排出涌水。各固定泵站可将水直接排至地表外，也可采取接力方式通过上水平的泵站将水排到地表。

该排水系统适用于汇水面积和水量较大，或者开采深度大、矿山工程下降速度较快的矿山，其优点是：采场底部积水少，掘沟和扩帮作业条件比较好。不足之处是：基建工程量大，最低工作水平还需设临时泵站排水；泵站多，管理不集中。

(4) 地下井巷排水系统。地下井巷排水的布置形式较多，如采取垂直式的泄水井或放水钻孔将采场里的水排泄到集水巷道里，也可以在边坡上开凿水平泄水巷道泄水。

垂直泄水井在我国露天矿应用较少。设在采场内的泄水井易对采矿作业有一定的干扰，有的还需降段，管理上比较复杂。

四、矿床疏干

矿床疏干是借助于巷道、疏水钻孔、明沟等各种疏水构筑物，在矿山基建之前或基建过程中，预先降低开采区域的地下水位，以保证采掘工作正常而又安全进行的一项防水措施。对矿床预先疏干的条件是：

(1) 矿床的上、下盘岩石存在有含水丰富的或水压很大的含水层以及流沙层时，一经开采有涌水淹没和流沙掩埋作业区的危险。

(2) 由于地下水的作用，使被揭露的岩土物理力学性质削弱、强度降低，有使露天矿边坡丧失稳定性而滑坡的危险。

(3) 地下水对矿山生产工艺和设备效率有严重的影响，以致不能保证矿山的正常生产。矿床疏干应保证地下水位下降所形成的降落曲线低于相应时期的采掘工作标高。疏干工程的进度和时间应满足矿床开拓、开采计划的要求，在时间、空间上必须有一定的超前。疏干的具体方法如下。

1. 巷道疏干法

巷道疏干法是利用巷道和巷道中的各种疏流水孔降低地下水位的疏干方法。疏干巷道设在含水层内或嵌入在含水层与隔水层的分界线处，可直接起疏水作用。如果掘进在隔水层中，则巷道只能起引水作用，这时必须在巷道里穿凿直通含水层的各种类型疏水孔，地下水通过疏水孔自流式进入巷道。

疏水孔主要有以下几种类型。

(1) 丛状放水孔。适用于基岩含水层，放水孔的直径一般为75～110 mm，孔深以达到涌水处为止，一般在100 m以内，放水孔呈丛状分布在放水硐室里。

(2) 直通式放水钻孔。它是由地表施工，垂直穿透含水层的疏水孔，其下部与疏干巷道旁侧的放水硐室贯通。

(3) 打入式过滤管。它是直径与长度不大而顶端呈尖形的筛管，可在巷道的顶底板或两帮将其打入含水层中进行疏水。它只适用于疏干距巷道不超过5～8 m的含水层。筛管（过滤部分）下面是若干节用螺纹连接的管子，其直径为25～50 mm，每节长1 m左右。在一般情况下，打入式过滤管的间距为10～30 m。

2. 深井疏干法

深井疏干法是在地表钻凿若干个大口径钻孔，并在钻孔内安装深井泵或潜水泵抽水降低地下水位。

我国目前主要使用的是离心式深井泵，其疏干深度不超过水泵的最高扬程，并应保证抽水后的地面不致产生强烈下沉而影响水泵的正常工作。

3. 明沟疏干法

明沟疏干法是在地表或露天矿台阶上开挖明沟以拦截地下水的疏干方法。此法很少单独使用，经常作为辅助疏干手段与其他疏干法配合使用。

第五节 露天煤矿爆破事故分析及预防措施

爆破是矿山生产的主要工序之一，如矿石回采、岩石剥离以及土石方工程等均要用炸药爆破的方法来完成。国内外矿山工伤事故统计资料表明，爆破事故在矿山伤亡事故中一般占第二位到第四位。

一、爆破事故的危害

露天采矿的爆破事故主要有：早爆事故、拒爆事故、飞石事故、地震事故、空气冲击波事故、毒气事故及因爆破引发的次生事故（如塌方事故、滑坡事故）等。

露天爆破的危害有爆破地震效应、爆破个别飞石、爆破有毒气体、爆炸空气冲击波和噪声等危害。

（1）爆破地震效应严重危害露天矿边坡稳定和周边建筑物。

（2）个别飞石严重危害爆破作业人员及周边设备。

（3）爆破有毒气体对爆破人员及设备操作人员造成重大危害。

（4）空气冲击波与噪声对露天矿设备及人员也会产生特定危害。

二、爆破事故的预防措施

（1）从事爆破工作的人员必须受过爆破技术专门训练，熟悉爆破器材的性能、操作方法和安全规定，并严格遵守爆破安全规程和措施。

（2）专业技术人员布孔，炮孔充填物和充填质量符合要求。

（3）爆破时必须有安全警戒负责人，警戒哨与爆破工之间应实行“三联系制”，警戒哨及警戒距离必须符合规程规定。

（4）遇有火孔、高温孔、水孔时必须单独处理。

（5）有拒爆、哑炮等情况，应进行上报并及时采取措施进行处理，二次爆破必须符合相关规定。

（6）在浓雾、闪电、雷雨及6级以上大风天气和黑夜时，不得进行露天爆破作业。

（7）严禁向炮孔内投掷起爆器具和受冲击易爆的炸药，严禁使用塑料、金属或带金属包头的炮杆。

露天煤矿爆破是采矿工艺的一个重要环节，爆破事故预防是露天采矿作业安全的第一要务。露天矿爆破作业必须严格执行《爆破安全规程》和《煤矿安全规程》相关要求。

第六节 露天煤矿边坡事故分析及预防措施

边坡事故是因边坡破坏导致边坡失稳而发生的。边坡破坏由生产过程中的多种因素造成。露天开采破坏了岩体内原始的应力平衡，在次生应力场作用下，发生滑坡和坍塌现象，这种现象称为边坡破坏。滑坡和坍塌是边坡破坏的主要类型，而边坡破坏又是影响边坡稳定，造成边坡事故的主要原因。

一、露天矿边坡特点

露天矿边坡与其他岩土工程边坡相比，具有如下特点：

（1）露天矿边坡的规模较大，边坡高度一般为200～300 m，最高可达500～700 m，边坡走向延伸可达数公里，因而边坡揭露地层多，边坡各部分的地质条件差异大，变化复杂。

（2）露天矿边坡一般不维护，故易受风化作用的影响。

（3）露天矿场频繁的爆破作业和车辆运行，使边坡经常受到动荷载的作用。同时随着采掘、运输及其他设备日益大型化，边坡台阶的负荷有日益增大的趋势。

（4）露天矿的最终边坡由上至下逐渐形成，上部边坡服务期长，下部边坡服务期则相对较短。

（5）露天矿边坡的不同地段要求有不同的稳定程度。边坡上部地表有重要建筑物不允许变形时，要求的稳定程度高。边坡上有站场、运输线路，下部有采矿作业时，要求的稳定程度较高。对生产影响不大的地段，稳定程度可要求低一些。

（6）露天矿边坡稳定性分析与维护涉及岩体工程地质、岩体力学性质试验、边坡稳定性分析与计算、边坡治理和监测、维护等工作。

二、边坡事故的预防措施

（1）边坡监测：边坡稳定的监测是防止滑坡和预报滑坡的重要手段，布设监测点，定期观测监测点，观测监测点有无位移。

（2）加强地面防水和坑下排水工作，防止地面水流入坑下影响边坡的稳定，防止坑下积水影响内排基底的稳固性。

（3）加强边坡的监测和分析，在出现滑坡征兆时，根据具体条件，从打抗滑柱、锚杆加固、挡土墙方法中选择合理的治理措施。

（4）在非工作帮和端帮，要严格按照设计进行采掘，不能过界，不得超挖坡底线。

（5）非工作帮、端帮和到界台阶，有露头煤和煤层存在，应加以封盖和采取其他防止风化的措施。

（6）采取采矿工程防治方法，如削坡减重、坡底回填、合理的开拓系统和开采程序。

（7）在排弃时，基底尽量排弃块大的、坚硬的、见水不易泥化的物料。

（8）在排土场边坡上建立完整排水系统，使排土场边坡上的雨水尽快排出，以降低地下水水位，提高排土场边坡的稳定。

（9）在内排前应弄清基底岩层的赋存状态，清除基底上不利于边坡稳定的松软岩土。

（10）内排土场最下一个台阶的坡底与采掘工作面之间应留有足够的安全距离，按《煤炭工业露天矿设计规范》其间距不得小于50 m。

（11）合理进行爆破作业以减少爆破震动对边坡的影响。

由于爆破产生的地震可以使岩体的节理张开，促使边坡破坏。因此在爆破作业中必须注意如下事项：

（1）在接近边坡地段尽量不采用大规模的齐发爆破，有条件的可采用微差爆破，并严格控制同时爆破的炸药量。

（2）在采场内尽量不用抛掷爆破，应采用松动爆破。这样既可以使爆堆较为集中，防止飞石伤人，也可减少对边坡的破坏。

（3）分层开采的矿山，在接近边坡地段应推广使用预裂爆破、减震爆破、缓冲爆破等控制爆破技术。

第七节　露天煤矿运输事故分析及预防措施

重型自卸汽车运输是现代化大型露天矿运输方式之一，在现代化大型露天矿生产中已越来越显示出它的优越性。但汽车运输抗恶劣气候能力较低，行驶中盲区较大、视野较窄，操作及维修技术要求较高等。由于这些不利于安全的因素存在，汽车运输的事故率和危害性都高于露天矿其他类型的事故。

一、矿用汽车运输事故的分类

汽车运输中有两类不同性质的事故，即行车事故和设备事故。其中包括由于机械和电气故障引发的火灾。

（1）行车事故：汽车起步、倒车、运行、停车装载、卸载所发生的相撞（正面相撞、侧面剐蹭、尾撞头、尾撞尾、追尾撞等），车撞铲、车撞推土机、车撞设施（路灯灯杆、电杆、电缆桥等）和人，以及翻车、降段、滚坡等事故。行车事故中也包括由于设备本身的突发性故障（转向系、制动系突然失控）而引起的行车事故。

（2）设备事故：是指汽车行驶中，其零部件突然损坏而发生的事故。实践证明汽车运输事故中，行车事故的危害和损失大于设备事故。

二、矿用汽车运输事故的特点

（1）矿用汽车运输事故的频率和危害性大于露天矿其他伤亡和非伤亡事故。

（2）矿用汽车运输事故与公路交通事故的表现形式和侧重点不同。公路交通事故表现较多的是车与行人、摩托车、自行车相撞。而矿用汽车极少发生这类行车事故。

（3）矿用汽车在行车中，发生较多的是刮、碰事故。即发生在车与车、车与铲、车与其他设备设施之间。而地点多数发生在停车场、采掘排土工作面、检修车间等处。危害性最大的是大型自卸卡车与指挥车、接送维修人员和交接班人员的客车相撞，造成财产损失和人员伤亡事故。

（4）矿用汽车运输事故中，损失最大的是翻车和火灾事故。翻车事故特别是火灾事故，对矿用汽车威胁最大。

三、矿用汽车运输事故的预防措施

1. 驾驶员的安全技术教育与培训

（1）严格体检。要按矿用汽车职业的特点和要求，严格驾驶员的体检。严禁录用、聘用不合乎要求的人做驾驶员。

（2）对驾驶员教育和培训的主要内容：矿用汽车构造、各系统的工作原理、技术性能和故障的应急处理；交通规则、煤矿安全规程、安全操作规程、联合作业规程、矿山道路安全行车规定和安全管理制度；安全操作驾驶技术；矿用汽车日常点检及列检的项目、方法和标准；汽车运输矿山典型事故案例。

（3）矿用汽车驾驶员的教育与培训方法。有两种方法，一种是先通过普通车辆的公路培训、考试合格取得驾驶执照后，再到矿山公路在矿用汽车上实习3～6个月。本着先安全考试、后理论考试和实际操作的原则，严格考核竞争上岗，合格者经政府劳动部门发给特殊工种操作证，矿山发给准驾证。另一种是直接经矿用汽车教练培训和考核合格后发证，但最好的方法是由技工学校进行专业培训。安全培训工作是一项长期的任务，无论是新老司机都要进行定期的再教育与培训、考核，实行操作证验审制度。

2. 驾驶员的安全保护

由于矿用汽车驾驶员在恶劣的工作条件下工作，劳动强度大，加之倒班影响生活规律，因此必须注意保证驾驶员的身体健康和休息，要采取一定的保护措施，改善劳动条件和生活条件。对于确实不适应矿用汽车驾驶的人员应调整岗位。

3. 矿用汽车运输安全行车规定

交通规则是公路运输的法规。在矿山特定工作环境下，露天矿要根据自己的客观情况，制定安全行车的有关规定：最高行驶速度的规定、汽车运行安全间距和超车规定、汽车的避让规定、汽车运输的定位定时交接规定、停车的规定、夜间行车的规定、装车的规定、卸车的规定、起步与倒车的规定、安全装置的规定。

4. 矿用汽车运输安全防护

（1）安全防护设施。为了保证行车安全，在急转弯、平交道口、桥头引道、高路堤、视距不足和地形险峻路段，应根据各露天矿地形和实际情况设置安全设施。

（2）矿山运输道路的路堤或半路堤区段，必须修筑高度不小于最大重型卡车轮胎直径2/5的安全土堤；沿台阶坡顶线修筑的安全墙高度不得小于轮胎直径的1/2；沿固定道路或端帮半固定道路修筑的安全墙高度不得小于轮胎直径的2/3；坡道转弯处的安全挡墙应等于轮胎直径。还应修筑避难车道。

5. 矿山道路交通安全环境治理

（1）对非封闭式露天矿必须禁止外部车辆驶入，要下大力气封堵矿山周边通道，留一条通道并设立道口严格管理。

（2）加强对外来车辆的管理。

（3）重型卡车盲区较大，和其他车辆平行和交叉运行时危险性很大。为减少盲区可在指挥车上加装3.5 m以上的高杆红旗和夜间用的旋转红灯，这样增加了卡车视野，从而能防止行车事故的发生。

6. 设备事故的预防

加强设备的维修保养，搞好日检工作，发现问题及时处理。不马虎、不凑合、不出带病车。汽车的转向系统、刹车系统、灯光、音响、仪表、雨刷器、后视镜等属于安全装置，与安全行车有着密切联系，要作为日检的重点项目来抓。

第八节　露天煤矿机电事故分析及预防措施

随着露天煤矿建设的不断扩张，煤矿机电设备也在飞速增加，尤其是露天煤矿的相关机械设备一直在朝着大型化的方向发展，然而在这一过程中由于诸多因素的操作不当，导致了一些机电事故的发生。

一、露天煤矿机电设备的运行特点

一般情况下，在露天煤矿工作过程中都需要开采和运送大量的煤炭及一些土岩，因而不可避免地就会用到钻机、电铲、卡车、推土机、洒水车、起重机、前装机等各种类型的机电设备，然而在对这些设备进行管理的过程中总是存在一些问题，因此必须做好露天煤矿机电设备的安全管理工作。

露天煤矿的机电设备运行具有独有的特点，包括专业技术性强、设备种类众多、生产任务工作量大、价值昂贵、作业环境恶劣、分布广、机动性强等，并且机电设备的操作人员较多，而管理人员较少，并且操作人员多为多人倒班作业，这就在一定程度上加大了机电设备出现问题的可能。

实际数据表明，因为机电设备管理不善、机电设备故障或操作不当而造成的煤矿事故占到了总事故的近三成。由此必须要认识到机电设备运行管理不善所造成事故后果的严重性，并且充分考虑到露天煤矿机电设备运行的特点，包括设备众多、管理难度大、管理点分散等。

二、当前露天煤矿机电运行管理中存在的问题

1. 特种作业人员文化程度参差不齐，掌握特种作业技术不娴熟

据相关调查统计，在露天煤矿机电运行过程中17起机电运行事故中当事人中小学文化程度的占了40%。对技术工种安全操作知识掌握不牢，熟悉程度不够，是造成多发事故的重要原因。特别是部分设备操作人员文化基础差、态度不端正、上进心不强，学习业务技术的积极性差，素质低，给机电运行安全带来了非常大隐患。

2. 安全制度不严，遗留安全隐患

（1）岗位责任制度不健全，责任制度落实不到个人，隐患得不到及时地整改落实。

（2）安全制度执行不严，对安全隐患考核不严，安全奖罚无法落实到个人，不能及时兑现，对管理人员反“三违”的积极性有严重不良影响。

（3）对事故处理不能严格按照“三不放过”原则分析处理，不严肃追责任，工作人员无法受到应有的教育。

3. 安全基础工作薄弱，安全可靠性差

首先是安全投入不足，考核不严，机电运行标准化工作难以到位；其次是特种作业人员的安全培训不够，特别是用人体制的进一步改革之后，职工都在满负荷甚至超负荷状态下工作，有的岗位还打破了8 h工作制做连班，要抽出人员进行脱产培训的确很难。因业务培训难以组织或组织成效不大，从而使工人不能得到很好地培训，技术素质得不到提高。

4. 特种作业人员的调换，岗位的调整

特种作业人员大多数都是经过培训取得操作合格证后的作业者，对他们的工种不宜随意予以变动。但是，在矿山的某些技术性工种，有些企业领导不去考虑学识水平，不讲究用工要求，而是当做好工种，并通过人情关系把一些不合格的人员充塞进去，再加上一些人员不钻研技术业务，违章违纪现象比较突出。除此之外，临时性工作调整时安全培训工作没有及时到位也带来了安全隐患。

5. 露天煤矿机电管理监察不足

由于露天煤矿机电的专业性比较强，要求的专业知识涉及面广，因此监察人员需要有比较全面的知识水平和监察素质。现阶段露天煤矿机电管理监察方面，监察人员素质存在很大的不足，在监察过程中很难对其方向很好地把握，不能有效地找出露天煤矿生产过程的问题。另外，由于大部分监察人员来自基层，因此对于基层工作人员的工作比较清楚，对于一些看似简单的错误容易出现故意放水等现象，从而有可能引发严重的安全事故。在机电安全监察的过程中，专业水平较强的监察人员比较少，而相应露天煤矿机电运输系统的范围广、战线长，因此大部分安全监察都是采取抽查的方式，容易出现监察不全面的情况。

三、露天煤矿机电事故的预防措施

1. 加强露天煤矿机电设备运行管理制度建设

建立合理和健全的露天煤矿机电设备运行管理制度是对机电设备进行有效管理的前提，首先要建立专业的机电设备管理机构，并制定明确的规章制度和管理流程，并加强管理监督工作，使各项规范和制度真正落到实处，保证露天煤矿机电设备正常运转和使用。

2. 加强职工的安全业务培训工作

减人提效后，以岗定人，管理层和工人岗位限额，原有的培训组织形式已不适应，需根据新的形势采取新的对策：一是建立竞争机制；二是每隔一定时期组织职工进行技术比武；三是采用“三结合”的培训方式，即业余培训与重点培训相结合，以重点培训为主，内培与外培相结合，以内培为主；对新工人、新岗位、新技术要进行强化培训，以全面提高职工的安全业务素质为目的，为搞好安全生产打下坚实的“以人为本”的基础。

3. 完善特种作业人员管理

露天煤矿机电运输工作技术性及专业性较强，要确保整个运输环节的安全性，就要紧抓安全管理中的关键点。特种作业人员直接影响着露天煤矿机电设备运行安全，因此在安全管理工作中要对特种作业人员进行严格管理，严厉打击特种作业人员的不规范行为，杜绝特种作业工作之间的随意调动，提高特种作业工作的规范性与合理性。另外，应根据露天煤矿机电设备不同的工种特点，结合特种作业人员的性格特点及技术状况，对其进行合理化分配，优化特种作业内部组织。

4. 加强露天煤矿机电设备的维护、改造与更新工作

（1）在机电运输设备的维护方面，露天煤矿应该建立健全安全投入机制，为露天煤矿机电设备的维护、维修提供足够的资金支持，从而确保机电设备的安全作业，并且减少作业中断的损失。

（2）加大对原有机电设备的改造力度，对于那些可以再利用的机电设备，应该积极进行更新改造。

（3）保证主要的露天煤矿机电设备的及时更新换代与正常运转，应该根据现实的需要，引进先进的机电设备，既有利于减少原有机电设备的安全隐患，同时又有利于提高露天煤矿的生产效率。

5. 加强露天煤矿机电设备的安全管理监督力度，向监督要安全

强化露天煤矿机电运输的监督制约机制，充分发挥安全监督工作人员的作用；同时，落实相关安全管理制度，特别是要建立与完善安全生产责任制与工人的岗位责任制，保证安全责任落实到个人。此外，推行相关的物质激励制度，通过奖金的协调，对相关的安全管理监督人员进行严格的考核，从而保证相关安全管理制度的有效落实。

6. 设备的环保管理

加强设备的环保管理，为作业人员提供一个安全卫生的作业环境，可以减少许多伤害事故的发生。

7. 积极推动露天煤矿机电设备运行信息化建设

随着现代信息化技术的不断发展，积极推动露天煤矿的机电设备信息化建设，能够有效地提高机电设备的运行效率。利用实时监控系统，建立预警系统，对机电设备运行进行精细化管理和对机电设备的全方位监管。

第九节 露天煤矿高处坠落事故分析及预防措施

一、高处坠落事故的特点

高处坠落事故，从发生事故的主体看，由于违反操作规程或劳动纪律及由于未使用或正确使用个人防护用品而造成的坠落事故占大多数；从发生事故的客体看，原因是多方面的，包括安全生产责任制落实不到位，安全经费投入不足，安全检查流于形式，劳动组织不合理，安全教育不到位，施工现场缺乏良好的安全生产环境与生产秩序等；从发生事故的结果看，作业离地面越高，净击力越大，伤害程度越大；从发生事故的类型看，高处坠落事故最易在生产安装、维修作业过程中的登高作业，以及悬空高处作业。

高陡边帮作业时，由于管理指挥不当、防护措施不力，挖掘机、推土机等机械设备在小工作台面运行、剥落岩层会引发人员坠落、伤亡。主要危险源：距离地面高度2 m以上的作业；坡度超过30°的坡面作业；安全绳没有拴在牢固地点的作业；多人同时使用一条安全绳的作业；在有坠入危险的钻孔、陷坑、泥浆地和水仓等区域内的作业；挖掘机等重型设备距平台边缘小于2 m的地段内行驶、停留和工作等；地下存在溶洞、溶腔，设备在其上行驶产生陷落。

二、高处坠落事故的预防措施

（1）严把高处作业人员检查关。高处作业人员应每年进行一次体检，无妨碍工作病症，须持证上岗。登高作业前应确认身体及精神状态良好。高处作业人员应衣着灵便，穿软底鞋，正确佩戴合格的个人安全防护用品。高处作业人员严禁携带手机，特殊高处作业（如高塔作业等）应与地面设联络或通信装置并由专人负责。

（2）登高工器具、设施必须可靠。登高工器具每次使用前必须对其外观、基本性能、检验标签等进行检查；登高前，应检查登高设施是否牢靠；上杆塔前，应先检查杆塔根部、基础和拉线是否牢固；在不坚固的结构上作业前，应先做好防止结构失稳、人员滑落等安全措施。

（3）加强登高过程全程监护。上下杆塔应沿脚钉或爬梯攀登，不得沿单根构件上爬或下滑，严禁利用绳索、拉线上下杆塔或顺杆下滑；上下脚手架应走斜道或梯子，不得沿绳、沿脚手架立杆或栏杆等攀爬；攀登无爬梯或无脚钉的钢筋混凝土电杆必须使用登杆工具，多人上下同一杆塔时应逐人进行；使用梯子登高时要有专人扶守，并采取防滑限高措施；禁止携带器材登杆或在杆塔上移位。

（4）高处作业必须正确使用安全带（绳）。高处作业人员必须使用安全带（绳），且宜使用全方位防冲击安全带。安全带（绳）和保护绳应分系在不同部位的牢固构件上，不得低挂高用，系安全带（绳）后应检查扣环是否扣牢。禁止将安全带（绳）系在移动或不牢固的物件上，如避雷器、断路器（开关）、隔离开关（刀闸）、电流互感器、电压互感器等。砍剪树木时，安全带不得系在待砍剪树枝的断口附近或以上。

（5）高处作业人员转位时不得失去防护。在杆塔高空作业时，应使用有后备绳的双保险安全带。人员转位时，手扶的构件必须牢固，且不得失去后备保护绳的保护。进入杆塔横担前，应检查横担连接是否牢固和腐蚀情况，并须先将后备保护绳系在主杆或牢固构件上；下瓷瓶串时，安全绳应拴在横担主材上，安全带和安全绳或速差自控器不得同时使用；安装间隔棒时，安全带应系在一根子导线上。

（6）高处作业防护器材组合必须完整。在大间隔部位或杆塔头部水平转移时，应使用水平绳或增设临时扶手；垂直转移时应使用速差自控器或安全自锁器。高塔作业必须使用速差自控器及安全自锁器。作业活动范围较大（使用3 m以上后备绳）时，应使用速差自控器。220 kV及以上线路杆塔宜设置高处作业人员上下杆塔的防坠安全保护装置。在没有脚手架或没有栏杆的脚手架上工作，或坠落相对高度超过1.5 m时，必须使用安全带，或采取其他可靠的安全防护措施。

（7）高处作业行为必须符合规范要求。高处作业人员不得坐在平台或孔洞的边缘，不得骑坐在栏杆上，不得站在栏杆外作业或凭借栏杆起吊物件。上下传递物件应用绳索吊送，严禁抛掷。作业人员不得依靠瓷柱作为支持物。上下构架必须使用工作梯。杆塔上有人时严禁调整拉线、突然剪断导（地）线等危及杆身稳定的相关作业。

（8）高处作业面必需措施齐全、可靠。高处作业区周围的孔洞、沟道等必须设盖板、安全网或围栏，高处作业的平台、走道、斜道等应装设防护栏杆和挡脚板，或设防护立网。高处作业地点、各层平台、走道及脚手架上不得堆放超过允许荷载的物件。严禁在脚手架上使用临时物体（箱子、桶、板等）作为补充台架。更换绝缘子串时，要有防导、地线脱落的后备保护措施。

（9）严禁非载人机械载人从事高处作业。严禁使用非载人机械（如物料提升机、卷扬机、挖掘机、装载机等）载人从事高处作业。严禁人员乘坐无吊篮的起重车进行高处作业。乘坐有吊篮的起重车进行高处作业时，应关好出入门，系好安全带，戴好安全帽，起重车车体应有可靠接地措施，并设专人指挥和监护。不得用汽车吊（斗臂车）悬挂吊篮上人作业。

（10）恶劣环境条件时不宜进行高处作业。遇有六级及以上大风或恶劣气候时，应停止露天高处作业；在冰雪、霜冻、雨雾天气进行高处作业，应采取防滑措施和防寒防冻措施。在夜间或光线不足的地方从事高处作业，必须设置足够的照明。

第十节　露天煤矿物体打击事故分析及预防措施

一、物体打击事故的特点

露天煤矿发生物体打击伤害的场所主要有采场工作面、装（卸）矿场地和运输过程中。物体打击伤害事故的主要表现：

（1）装载机或挖掘机装卸过程中物料滚落。

（2）采场坡面上浮石滚落。

（3）工作帮片帮和危石掉落。

（4）装载车辆时，有滚石落下。

（5）采场危石未及时处理，人员在下面通过时落石伤人。

（6）车辆装载过满造成石块滚下伤人。

（7）运输车辆通过弯道时石块甩落伤人。

（8）上下相邻的两个工作台阶同时作业，工具或矿岩坠落。

（9）挖掘机铲斗有浮石，铲斗从人员上方或司机室上方经过，撞车过程中块石坠落。

（10）没有明确规定清理道路上废石的时段，在清理上部平台的道路需要倾倒废石时，未在下方道路划定警戒范围并设立警示标志，未安排专人进行警戒，致使在上部平台倾倒废石时下方道路有人员或车辆通过而发生伤害。

二、物体打击事故的预防措施

（1）爆破后认真检查现场、确认，对危石采取措施后方可进入。

（2）应优先使用机械化进行装车作业。

（3）有矿岩滚落的区域，禁止人员逗留、休息或设立警戒线。

（4）及时安排有经验人员处理边坡危石。

（5）按照设计要求留好安全平台。

第十一节　露天煤矿触电与雷击事故分析及预防措施

一、触电与雷击事故的特点

在雨季，极容易发生漏电、触电事故。由于雨水浸湿的导线及各种电气设备其绝缘性受到影响，加之高温，容易导致老化、破损，极易使电气设备外壳带电；潮湿的物体、空气也容易导电。若有一处漏电，就可能造成触电事故。触电事故主要发生在各作业区、配电室。引发触电事故的主要表现：

（1）未能执行停送电的安全措施和技术措施。

（2）未办理临时用电审批手续，乱拉、乱接临时用电线路。

（3）电气设备金属外壳没有可靠接地。

（4）电气线路、设备绝缘老化破损漏电。

（5）电气作业人员未经过培训，无证上岗。

（6）配电箱、柜、板不符合设计要求，质量不合格，安装、布线混乱。

雷电是一种自然现象，雷击可能造成设备或设施的损坏，造成大规模停电、停产，也可能引起火灾爆炸，特别是重点要害部位，可能导致巨大经济损失和人员伤害。

二、触电与雷击事故的防范措施

1. 触电事故的防范措施

（1）电气作业人员应严格按操作规范进行作业。作业时要穿（戴）工作服、绝缘鞋、绝缘手套等劳保用品，高空作业系好安全带。关键部位要做到一人作业一人监护，并采取可靠的安全措施。

（2）定期对线路及电路进行检修，老化的电线要及时更换；按规定对相应设备做好跨界片连接及接地保护。

（3）不准带电作业，不准乱接临时电线。

（4）电气作业人员做好日常巡检，雷雨天气要加强巡检，固定电源线路做好日常检查，并做好记录。

（5）岗位职工在打扫卫生、擦拭设备时，严禁用水冲洗或用湿布擦拭电气设备。

（6）非电气人员严禁私自触摸、拆卸和检修电气设备，发现异常及时报告。

2. 雷击事故的防范措施

（1）在外遇雷雨时，要在屋顶下方稍有空间的房屋或金属房中躲避，如附近没有躲避的场所，应两脚合拢，尽可能站在不吸湿的材料上，不要站在高大单独的树木下。

（2）不要靠近高压电杆、铁塔、避雷针的接地线周围 20 m 以内，以免雷击时发生跨步电压触电。

（3）在室内，人体最好离开电线、灯头或无线电天线 1.5 m 以外，尽量远离暖气管线、水管线、气管线等与外界相通的金属导体。

（4）防雷击安全装置，必须每年检测维修一次，达到安全要求。

（5）雷雨天气不得进行建筑物上部、罐体上部和高处作业。

（6）夏季多雷雨天气，应提前做好防雷静电接地检测工作，作业前严格检查静电接地是否连接正常。打雷期间，停止一切室外作业。

第十二节　露天煤矿压力容器爆炸事故分析及预防措施

一、压力容器爆炸事故的特点

压力容器爆炸是指压力容器破裂引起的气体爆炸（物理性爆炸）以及容器内盛装的可燃性液化气在容器破裂后，与周围的空气混合形成爆炸性气体混合物遇到火源时产生的化学爆炸，容器爆炸的后果是人员伤亡和设备损坏。因此必须严格遵守压力容器使用规程。

二、压力容器爆炸事故的预防措施

（1）根据压力容器特点制定操作规程，避免操作失误、超温、超压、超负荷运行、失检、失修、安全装置失灵，确保在任何情况下正常运行。

（2）使用中的压力容器严禁进行检修，特殊情况下必须制定专项安全可靠的措施，经主管领导审核后方可处理。

（3）在日常的工作中加强压力容器的检修保养，并制定相应的管理制度。

（4）工作场所安全防护措施要落实到位，安全标志齐全完好，有必要的消防器材（灭火器、灭火沙等）。

（5）保证压力容器不超温、不超压，压力表、安全阀定期校验。值班人员做好巡视工作。

（6）在工作或检查时发现异常情况，要立即向调度室或责任单位汇报，并及时处理解决。

（7）空压机储气罐要求无严重锈蚀，支承平稳、焊接处无裂纹，运行中无剧烈晃动，定期检验、清洗。

第五章　露天煤矿事故应急救援与处置

第一节　煤矿事故应急救援决策与指挥

矿山发生事故后，如何安全、迅速、有效地抢救人员，保护设备，控制和缩小事故影响范围及其危害程度，防止事故扩大，将事故造成的人员伤亡和财产损失降低到最低程度，是救灾决策和应急救援的关键。在救灾决策指挥和救援行动的整个过程中，都必须体现以人为本、安全抢救的救援理念，正确处理救灾和保护人员安全的关系，坚持正确的抢险救灾决策指挥原则，按照保证救援人员安全、抢救遇险遇难人员、恢复矿山生产的顺序，用科学的方法和技术组织救灾。

一、应急救援指挥机构

灾害事故发生后，必须根据灾害性质和救灾需要，迅速建立起一套完善的、统一指挥并有序运转的抢险救灾指挥组织系统，这是实现安全、迅速、有效的抢险救灾目标的关键。

（一）设置依据

（1）依据国家安全生产的法律、法规的要求。《矿山救护规程》规定，发生重大、重特大事故后，必须立即成立现场救援指挥部并设立地面基地。救护队指挥员为指挥部成员。井下基地应设在靠近灾区的安全地点。

（2）依据应急预案和《矿山灾害预防和处理计划》的要求。应急预案和《矿山灾害预防和处理计划》是针对矿山生产过程中可能发生的灾害事故制定的针对性措施和计划，对抢险救灾的组织指挥机构及职责都有明确规定。因此，抢险救灾必须按照应急预案和《矿山灾害预防和处理计划》的要求执行。

（3）依据煤矿事故抢险救灾的需要。煤矿重大事故的抢险救灾，制约因素多，情况复杂多变，具备较强的技术性、专业性、时效性和更大的危险性。要求反应迅速，判断准确，应变及时，措施得力。因此，必须通过严密的组织指挥机构应对。

（4）依据实现安全救灾，科学救灾目标的需要。抢险救灾的目的是为了抢救遇险遇难人员，清除事故后果。如果由于决策和指挥失误造成事故扩大是抢险救灾指挥工作的最大失败。因此，要在指挥组织机构上保证决策指挥的正确性。

（5）依据矿山救护队工作性质的需要。灾区救援是一种高风险的工作，有一套严密的工作与行动程序，需要各个方面的配合。因此，必须通过一个专门的指挥组织系统来指挥协调。

（6）依据救灾指挥人员的精力和能力需要的要求。重大事故的抢救，仅靠指挥员个人精力和能力很难承担起全部指挥工作。因此，要依靠集体智慧来完成救灾指挥工作。

（二）机构组成

煤矿重大事故的抢险救灾涉及技术、救护、后勤、保卫、医疗及事故调查等方面的内容。尽管由于事故的性质、规模、处理的方法不同，使得救灾指挥的组织形式、职责等有所不同，但作为抢险救灾的指挥组织机构，一般应包括：抢险救灾总指挥部、救护指挥部、现场救护指挥组、通信保障组、医疗救护组、后勤供应组、治安保卫组、善后处理组等。这些机构在抢险救灾指挥部的统一指挥和领导下，构成两个相对独立而又互相联系的指挥组织系统，即救灾指挥组织系统和后勤保障服务系统。

（三）主要机构作用与职责

1. 抢险救灾指挥部

抢险救灾指挥部是处理矿山事故的领导和决策指挥机构。矿山发生重大事故后，必须立即成立抢险救灾指挥部，由指挥部按照事故应急预案及《××煤矿年度灾害预防和处理计划》中的机构设置要求，根据抢救工作的需要组成或启动相应的指挥组织机构，各行其责。指挥部的功能设置、规模大小、组成人员由总指挥根据事故的性质、范围、处理的难易程度及救灾需要等确定，以保证抢救工作正确决策和指挥顺畅为前提。指挥部一般设在矿调度室或附近，调度室承担起抢险救灾指挥调度职责，是现场救援指挥调度中心。

救灾总指挥是处理事故的全权指挥者，发布处理事故的各项命令。总指挥要坚守岗位，需要离开指挥岗位时，应指定其代理人，如果处理事故在一昼夜以上，总指挥应与其代理人共同轮流值班，直到事故处理结束。总指挥的代理人一般应按副总指挥的排序安排。在处理事故的整个过程中，总指挥要指定专人负责做好一切记录，以备下一步工作时参考和在事故处理结束之后进行总结。救灾指挥部主要职责是：

（1）对抢险救灾工作全面负责，具体指挥，并指定专人下达救灾命令。

（2）负责组建抢险救灾指挥其他组织机构，并任命各机构负责人，明确其职责，协调各机构之间的关系；制定抢险救灾工作制度和非常措施。

（3）根据灾害性质、地点、波及范围、人员分布，救灾的人力和物力，迅速而慎重地制定救灾总体方案，确定营救遇险遇难人员和处理事故的作战计划；确定现场基地位置。

（4）贯彻落实上级领导和应急组织的指示精神，认真听取专家建议，分析判断灾害发展趋势，及时调整和补充救灾方案和措施，在确保救援人员安全的前提下加快救灾进度。

（5）统筹安排救援力量和救援物资，及时调集救援力量和救援物资，必要时请求上级给予支援。

（6）当灾情发展或救灾工作需要，依靠自己力量无力承担时，请求上级派出专家组指导救灾，必要时请求上级救援指挥机构指挥救灾工作。

（7）听取救护队灾情汇报，掌握灾情信息，并及时向上级组织汇报救灾进展。

2. 救护指挥部

《矿山救护规程》规定，当矿山发生重特大事故时，如果有多支救护队联合作战时，应成立矿山救护联合作战部，由事故所在区域的救护队指挥员担任指挥，协调各救护队救援行动。如果所在区域的救护队指挥员不能胜任指挥工作，则由救援指挥部另行委任。由于在事故抢救中，救护队队长既要参加救灾方案制定，又要组织制定救护队行动计划和安全技术措施，合理安排救护力量。同时还要随时对灾区出现的意外情况做出判断和决策，仅仅依靠救护队长个人的能力和精力是难以承担的。因此，无论是一个还是多个救护队作战，都应该成立专门负责救护行动的指挥机构——救护指挥部。

救护指挥部服从抢救指挥部的领导，并接受上级救援指挥机构的指导。由参加抢救指挥部工作的救护队长担任指挥，救护指挥部设在抢救指挥部附近，建立和现场救护基地、地面救护基地、抢救指挥部的通信联络系统。由救护队大（中）长、技术负责人、矿山有关专业技术人员、安监人员组成，当有外援救护队时，其队长为救护指挥部成员。救护指挥部主要职责是：

（1）负责救护队的行动，指定现场救护基地救护指挥和地面救护基地指挥。

（2）全力以赴营救被困人员，采取措施控制灾情发展。

（3）了解矿山及灾区情况，参与救灾方案的制定，根据救灾命令，负责制定救援行动计划和安全技术措施。

（4）根据各队人员、装备及战斗力情况，合理安排战斗任务，协调各救护队的行动；当救护力量不足时，请求召请外援力量。技术力量不足时，请求技术支持。

（5）以书面形式下达救援行动命令，对任务的内容、完成的时间、要求及安全技术措施提出明确要求。

（6）及时了解现场救援工作进展情况，掌握灾情信息，当危险情况出现时，迅速安排接应救援力量。有权终止正在实施的危及现场工作小队安全的救援行动，有权命令工作小队撤离危险区，并及时向抢救指挥部汇报。

（7）根据灾情变化，有权对救灾方案提出更改意见，有权拒绝执行危及救护人员安全的命令，必要时可向上级救援机构反映情况。

（8）指挥部成员轮流在救护指挥部值班和担任现场救护指挥，了解灾情，必要时亲自组织和带领小队完成危、重、险、难任务。

（9）编排救护工作图表，制定救援工作制度。

（10）负责协调解决救援所需的人力、物力，调集必要的救护器材、设备等。

（11）负责协调解决和妥善安排所有救护人员的食宿、医疗救治。

（12）详细记录救援命令及实施效果，负责提交翔实的抢险救灾报告。

（13）未经抢救指挥部同意，任何人不得向外界通报救灾信息及灾区情况。

3. 现场救护指挥组

现场救护指挥组是现场抢险救灾行动的前线指挥部，既是救灾方案的执行者，又是救援行动的指挥者。建立现场基地救护指挥组是为了便于实施靠前指挥，落实救灾方案，及时掌握灾情信息、了解救灾进度。当有意外情况出现时，能够迅速做出决策并采取应对措施，便于抢救指挥部随时掌握灾情变化，及时调整救灾方案，统筹安排救灾任务和救援力量。现场救护指挥组对于保证整个救灾指挥系统顺畅、救灾决策与指挥迅速有效具有非常重要的意义。

由于现场救灾工作实行轮班制，组成人员不可能固定，由救灾总指挥和救护总指挥根据每班任务的需要决定，指挥人选必须具备相应的救护知识和救灾经验，矿山救护队指挥员是现场指挥组主要负责人之一，具体负责救护队一切行动。主要职责是：

（1）对当班灾区抢救工作负全部指挥责任。

（2）负责合理安排现场救护力量，具体落实救护队行动计划和安全技术措施；确定完成任务的时间及要求；明确出现意外情况时的应急措施。

（3）应经常和总指挥部保持联系，据实汇报灾情信息、工作进度，为救灾决策提供可靠依据。当灾情发生变化需要调整行动计划时，应及时汇报抢救指挥部，救护队指挥员必须汇报救护指挥部，取得同意，方可改变行动计划。

（4）负责直接指挥灾区救护小队的行动，并保持不断联系，随时掌握工作进度、队员身体状况和灾区情况。根据实际情况做出正确地分析判断和决策，果断下达继续工作或迅速撤出的命令，必要时请示抢救指挥部和救护指挥部。

（5）当有危险出现并危及救护队自身安全时，现场救护指挥员有权果断终止正在实施的救援行动，撤离危险区域，并及时汇报救护指挥部，必要时请求援助。

（6）负责划定救灾现场的警戒区域，设置安全岗哨，确定非救护人员的工作区域，安排跟班监护的救护人员。

（7）随时掌握抢救需要，及时调集所需物力、人力及食物饮料。

（8）负责安排好待机小队，并保证在任何情况下，使待机小队始终处于战斗准备状态。只有在紧急救人的情况下才可不设待机小队。

二、应急救援决策与指挥

（一）决策与指挥的原则

应引起注意的是：我国煤矿中多次出现在重大灾害事故发生初期，因灾害的性质不明做出了错误的决策，延误了救灾的时间，扩大了灾害损失。因此，重大事故发生后，千方百计查清事故真实性质，对减少灾害损失同样非常重要，为此矿山重大灾害事故的决策指挥必须坚持以下原则。

1. 以人为本，安全救援的原则

矿山重大灾害事故抢险救灾的目的是：一是抢救遇险人员，尽量减少人员伤亡；二是控制灾情发展，尽快消除事故灾害。由于我国煤矿中灾害处理技术尚处于经验型阶段，缺乏完全成熟的灾变处理技术，抢险救灾的决策指挥在一定程度上取决于指挥者个人的素质，取决于灾区信息的多少及信息的准确程度和指挥者对灾情分析判断的准确性；还取决于指挥者对现场情况的熟悉程度。因此，在目前这种情况下，救灾决策指挥就更应该贯彻“以人为本，安全救援”的原则，确保救援人员的安全，要做到以下几点。

（1）正确处理救灾与人员安全的关系。在救灾决策与指挥时，面对错综复杂的灾区环境和现今的救灾技术条件，必须尊重灾变规律，注意弘扬不顾个人安危的冒险精神和安全抢救所具有的不同意义。在灾情控制与保护救护人员安全、抢救遇险人员发生冲突时，必须首先保证救援人员及遇险人员安全。必须贯彻“以人为本”的理念，坚持科学救灾，安全抢救，减少灾害对人员生命的威胁和保障救灾工作的安全是救灾决策的基本原则，绝不能出现用活人换死人的现象。

（2）坚决执行应急救援的法律法规，在任何情况下都不能忽视救援人员安全而片面追求救灾进度，冒险决策，盲目指挥。更不能明知故犯，漠视法规，漠视救援人员的生命安全。

（3）对于直接从事抢险救灾的人员，特别是矿山救护队，既要爱护关心，又要使之

树立奔赴灾区建功立业的信心，解决他们提出的问题。因为事故现场时刻存在着危险，指挥部很难制定出确保安全、准确无误的方案和具体措施，有时救护队也不可能短时间排除危险，救灾存在一定难度和危险。因此救灾指挥人员要充分理解救护队所面临的危险及提出的要求。一些矿山在处理事故过程中，对救护队在生活上、安全保障上提出的一些合理要求，不是认真地加以解决，不在生活上关心，精神上鼓励，而是横加指责。在紧急情况下，如果不考虑救护人员的吃饭、休息等问题，只是一味地要求下井，疲劳作战，既挫伤了救护人员的积极性，又动摇了救护指战员克服困难、战胜困难的信心，不利于安全抢救。

(4) 救护指挥员要严格执行《煤矿安全规程》和《矿山救护规程》的规定。敢于坚持原则，要以保护救护人员安全为己任，不能唯命是从。对错误的决策和命令要敢于拒绝，大胆地说明理由，决不能盲目服从，丧失了安全救护的基本原则。指挥部成员要先听取救护队指挥员的意见，再作决定，发挥他们救灾经验丰富，熟悉煤矿救灾法律、法规的特长，不能以“官职太小”为由拒绝救护队队长参加抢救指挥部工作。不能盲目指挥，强迫救护队进入危险区工作。在确需救人的情况下，应采取有效措施，保证救护队在灾区的安全。在讨论救灾方案时，救护队长应积极提出意见，使救灾方案符合救护法规的规定，避免决策和指挥失误。当总指挥与救护队长意见不一致时，可报告上级领导，根据有关安全法规进行处理，不能互相顶牛，贻误战机。

在目前条件下，一方面应积极探索救灾决策的规章制度，分析灾情与救灾措施的对应规律，用于指导救灾决策或提供参考；另一方面还应正视当前救灾决策所面临的现状，尽量控制救灾决策的漏洞，最大限度地降低救灾行动的风险性，确保救援人员安全，不扩大事故，快速查明灾情，救助被困矿工，创造条件，消灭或控制灾情。真正达到安全而不违章、迅速而不冒进、有序而不忙乱、高效而不拖延的救灾效果。

2. 统一指挥，分级负责的原则

处理矿山事故，必须坚持统一指挥，分级负责的原则。矿山事故发生后，必须迅速成立抢救指挥部和相应的指挥组织机构并确定正确地抢救指挥程序，使救灾指挥系统适时有机运转起来，保证救灾总指挥能有条不紊、沉着冷静指挥，集中精力于重大问题的决策。具体要求如下。

(1) 矿长是救灾总指挥，在决策指挥与整个救灾过程中，局长和局总工程师只能对事故处理提出建议，由矿长考虑决定。不能形成无人领导或多头领导，乱指挥，也不能是谁的官大谁说了算，从而出现指挥上的失误，导致灾情扩大。

(2) 在抢险救灾过程中，救灾方案和安全技术措施，一经指挥部研究决定，正常情况下各指挥组织机构和救援队伍就要坚决执行，任何人不得改变。如因灾情变化需要改变时，必须如实汇报有关情况，经指挥部研究同意后，方可改变。

(3) 抢救指挥部根据救灾需要，为便于指挥，使整个救灾工作有计划、有组织地进行，应成立相应的指挥组织机构，使救灾工作涉及的方方面面都有专门的机构具体负责。明确各机构负责人和组成人员，确定职责范围，同时宣布工作纪律和请示汇报制度，在最短时间内使救灾指挥系统正常运转起来，从而实现在抢救指挥部统一领导下各机构分工负责的工作机制。尤其是具体负责救护队行动的救护指挥机构，应作为重点给予考虑，保证灾区救护工作持续、快速、有序进行。

（4）矿山的抢险救灾工作必须正常有序进行，指挥要统一，步骤要明确，环环相扣。否则任何疏忽大意都有可能造成严重后果。如：1983年4月11日，江西某救护队在处理坪湖矿3115掘进工作面火灾过程中，未及时成立抢救指挥部，未形成统一的指挥系统，救护队下井缺乏统一指挥，3个矿长，1个副局长和1个生产处长下井后，井上下电话联系不上，形成多头指挥；多次违章指挥，命令救护队进入灾区；信息判断错误，错误地认为火已熄灭，未撤出多余人员。结果在第五次进入洒水灭火时发生了爆炸，共死亡52人，伤16人（包括1名副局长，3名矿级领导，1名生产处长，救护队死亡10人，伤10人）的重大伤亡事故。因此，矿山的抢险救灾的决策与指挥，必须在抢救指挥部的统一指挥下，按一定的程序和步骤进行，不能在重大事故面前乱了阵脚，在灾情不明、信息不准的情况下而做出错误的判断和决策。

3. 科学分析，果断决策的原则

矿山抢险救灾决策指挥是一项比较复杂的系统工程，面临着许多目前无法解决的难题和困难。法规制度的缺失、救灾技术与依据的缺陷、救灾装备的局限性等，使得救灾决策与指挥在很多时候，还是在依靠着指挥者个人的经验和能力。在危急情况下，无论是抢救指挥部还是指挥者个人都很难在短时间内做出正确决断，使得决策方案和措施很难有针对性，无法准确预测其执行的后果，盲目性较大。一旦出现决策和指挥失误，就会扩大事故灾害，造成新的人员伤亡。所以在救灾决策时必须慎重对待，科学分析，最大限度地控制决策风险。

（1）矿山重大灾害事故的决策必须依据现有的法律、法规和最先进的救灾技术理论，经过科学分析论证比较，在最大限度降低风险概率的基础上制定出最优的处理方案。总指挥要善于听取意见，不能独断专行，就是有把握也应在议定后拍板，充分发挥指挥部成员的积极性，使所有指挥成员的救灾理论和经验达到最佳组合。避免单纯的救灾理论和单凭救灾经验的盲目决策，避免出现在重大事故面前因指挥者个人不冷静、不理智而做出错误决策。

（2）要客观全面地分析已掌握的灾情信息，纵观全局，综合考虑。指挥部在了解灾害发生原因、过程和现状的同时还要预计其发展，可能诱发的次生事故和出现的意外问题。要综合考虑各方面因素，准确分析，慎重对待，充分考虑不利因素和灾情发展趋势。在制定救灾方案时，要多做几项设想，拟定几套方案，使救灾方案和技术措施更有针对性，更具有全面性。如处理火灾，不能只考虑如何灭火，而要估计到火势控制不住有可能产生火风压引起风流逆转；在安排救护队侦察时，思维不能停留在事故发生前的巷道状况，而必须考虑到事故发生后因巷道冒顶或烟雾大、温度高而无法达到侦察目的时的补救措施。

（3）在科学分析论证的基础上，抓住战机，果断决策。指挥员要善于抓住战机，巧妙地组织力量并运用一切可以运用的救灾手段，力争最快地消灭事故。从时间上看扑灭任何灾害都是早比晚好，灾变初期总是易于控制的，要抓住战机，及时、果断地采取有效对策与措施，决不允许犹豫、拖拉，更不能议而不决，争论不休。指挥者要善于在诸多设想及不利因素中权衡利弊，及时做出最终决策。巧妙的组织力量和运用一切手段是在可能控制灾变的条件下，尽量少动用救护力量，现场救灾切忌人海战术和打疲劳战，非救护人员决不允许进入灾区。救灾需要勇敢与科学性相结合，任何侥幸、蛮干不仅于事无补，而且往往会带来不必要的损失或死亡。随着科学的进步，出现了许多新的救护技术装备，救护指挥员应该熟悉其性能，以便在扑灭灾变中应用。沉着、冷静、果断地解决问题，抓住战机处理事故是所有救灾指挥员必备的素质。

（二）决策与指挥的程序和步骤

1. 决策与指挥的基本程序

决策是针对矿山灾害事故制定具体的处理方案和计划，指挥是通过命令调度救援力量按照处理方案和计划展开抢救。决策是基础，指挥是手段，决策正确就能保证抢险救灾的方法正确，措施得力；指挥得当就能保证救灾行动的迅速有效，达到减少人员伤亡，控制灾情发展和社会影响的目的。矿山发生重大灾害事故后，在抢救指挥部的统一指挥下，按照一定的指挥程序，迅速展开事故处理，是实施有效救援的重要保证。

正确指挥程序是：必须立即撤出灾区人员和停止灾区供电→按《矿山灾害预防和处理计划》中规定的顺序通知矿长、总工程师等有关人员→立即向矿务局（公司）调度室汇报→召请救护队（本矿救护队先下井救灾）→成立抢救指挥部→派救护队进入灾区救人、侦察灾情→指挥部根据灾情制定救灾方案→救护队进行救灾工作，直至灾情消除，恢复正常生产。大量的案例证明，重大事故发生后，及时停电撤人，向矿务局（公司）汇报，尽快召请救护队和成立抢救指挥部至关重要。

2. 决策与指挥的步骤

（1）立即成立以矿长为总指挥的抢救指挥部，有关矿级领导，生产、通风、机电、运输、供应等部门负责人，救护队长、安全监察负责人为指挥部成员，指挥部成立后首先听取值班领导的灾情汇报，已下达过的命令以及执行情况的汇报；继续组织撤人、停电。

（2）由矿山调度室负责通知有关区队准确统计各班现场工作人员的人数及姓名，以便分析灾区人员数量及分布。通知有关单位准备救灾材料和医院准备急救伤员。

（3）组成现场救护指挥组，指定具有救护知识的领导人担任现场救护基地指挥，听取救护队指挥员意见，确定组成人员，明确救护队带队指挥员是现场指挥组的主要负责人之一，必要时可担任指挥职务。同时还要明确基地指挥只起“上传下达”作用，不得自行发布命令，以免形成多头指挥。但遇紧急情况，必须及时处理并立即汇报抢救指挥部。当抢救指挥部下达的命令明显不符合灾区实际情况或危及救护人员安全时，救护队指挥员要及时向救护指挥部讲清实情，以便采取相应措施。落实现场救护所需的通信设备、器材等，现场指挥组选定安全岗哨位置及其人员，明确其任务。

（4）救护指挥命令救护队进入灾区引导遇险人员撤退，将伤员救护到现场救护基地或其他安全地点进行现场急救后，独自或协助将伤员送到地面医院。得知人员受困在灾区时，一方面设法与受阻人员联系，稳定其情绪；另一方面立即报告抢救指挥部采取果断措施组织特别抢救。

（5）抢救指挥部根据现场灾情报告，责成助手成员或机构将抢险人员（主要是救护队）组成待机、准备力量，当专业抢险人员不足时应及时报告上级领导或机关，请求兄弟单位支援，及时满足现场需要，千方百计完成撤人抢险任务。如果救灾过程中出现反复或灾情扩大时，应下决心投入待机力量，同时采取安全措施保护救援人员，尽力避免扩大伤亡。

（6）事故发生初期，即第一阶段现场撤人和抢救人员完成后，应立即转入第二阶段即进行灾区侦察，在尽可能的情况下对灾区现场进行全面侦察，掌握灾情性质、影响范围等，同时撤出先期投入抢救的人员。

（7）总指挥组织指挥部成员听取侦察情况汇报后，应命令矿总工程师组织人员依据《矿山灾害预防和处理计划》结合灾情实际，尽快提出事故处理方案，并将成员明确分工，限定时间完成救灾准备工作，并派人员检查核实。对总工程师提出的事故处理方案应经过慎重研究讨论，在安全系数上应留有余地，应考虑到处理灾变过程中可能出现的异常情况及其补救措施，不能只想到顺利的一面，还应充分预计到不利因素。总指挥批准处理方案后，应及时报告矿务局（公司）领导，争取得到支持。

（8）根据掌握的灾情及处理方案的要求，应对救护队员做好战前思想动员，勉励队员树立信心，发扬不畏艰险、敢打敢拼的战斗精神。总指挥不断协调平衡力量，确保方案顺利进行，当遇灾情变化，及时修改救灾方案，调整救灾力量。事故处理结束稳定一定时间后，恢复事故破坏的各个生产系统，使之正常，特别是通风系统。当各系统恢复正常后，即可恢复正常生产秩序，抢救指挥部结束工作。

（9）事故处理结束后，总指挥指定有关部门和人员收集整理事故调查报告，并进行全面分析，对事故发生原因、抢救处理过程、重要的经验教训以及今后应采取的预防措施等，形成文件后上报和存档。

（三）决策与指挥的内容

矿山抢险救灾决策与指挥，并不只是各救灾指挥机构的事情。现场工作人员、生产调度人员、企业领导、政府及各级应急部门等在事故发生的初期及救灾过程中都涉及抢险救灾的决策与指挥，只不过是决策指挥的内容及对象不同，但都对抢险救灾起到重要作用。

1. 事故初期的现场决策与指挥

矿山发生重大灾害事故的初期，波及的范围和危害一般较小，既是抢救和控制事故的有利时机，又是决定矿山和人员安全的关键时刻。灾区人员应开展积极的救灾避灾，同时事故地点附近的人员应尽量了解或判断事故性质、地点和灾害程度，并迅速利用最近处的电话或其他方式向矿调度室汇报，向事故可能波及的区域发出警报，使其他工作人员尽快知道灾情。在汇报灾情时，要将看到的异常现象（火、烟、飞尘等），听到的异常声响，感觉到的异常冲击如实汇报，不能凭主观想象判定事故性质，以免给领导造成错觉，影响救灾决策。在这方面是有沉痛教训的。如：2008年8月1日零时15分，山西省太原钢铁（集团）有限公司矿业分公司尖山铁矿南排土场1632平台外侧约30 m处发生大面积下沉，之后排土场产生垮塌、滑坡。在排土场垮塌滑体压力的作用下，黄土山梁土体向下移动，从而推垮、掩埋了距寺沟旧村黄上山梁坡脚50 m处的部分房屋，造成43人死亡，2人失踪，直接经济损失3080.23万元。实际上，早在2008年4月排土场就持续发生局部下沉和滑塌，直到7月21日矿方仍在启用持续下沉的1632平台进行排土直至发生滑坡事故。因此，事故发生初期准确汇报灾情，查清事故性质，对减少灾害损失至关重要。

灾害事故发生后，处于灾区内外及受威胁区域的人员，应沉着冷静，根据灾情和现场条件，在保证自身安全的前提下，采取积极有效的方法和措施，及时投入现场抢救，将事故消灭在初期或控制在最小范围，最大限度地减少事故造成的损失。在抢救时，必须保持统一指挥和严密的组织，严禁冒险蛮干和惊慌失措，严禁各行其是和单独行动，要采取防止灾区条件恶化和保障救灾人员安全的措施。特别要提高警惕，避免次生事故发生。如：

神华北电胜利能源有限公司某露天矿 2014 年 7 月 1 日采用边坡雷达成功预警并处置了一次滑坡事故。滑坡发生前，矿区经历了几次较大的大气降水，大量雨水经地面裂缝涌入边坡内部，导致边坡岩体强度降低。雷达监测显示，滑动范围以▽960～▽975 坡面上一滑动区为中心不断向外扩展，并最终沿 5 煤内剥层泥岩夹矸滑出。此次滑坡过程中，雷达自 6 月 9 日发现有一小处边坡失稳，到 7 月 1 日最终滑坡，持续观测 22 天。矿技术部提前 5 天即 6 月 26 日预警此处边坡将发生滑坡，调度室及时调整了现场生产组织，于 6 月 30 日将此边坡范围内作业的设备及电缆转移至安全区域，避免了重大安全生产事故的发生。据测算，该滑坡规模为 200 万 m^3 左右。

当受灾现场不具备事故抢救的条件或可能危及现场人员安全时，应由在场负责人或有经验的老工人带领，根据《矿山灾害预防和处理计划》中规定的撤退路线和当时当地的实际情况，尽量选择安全条件最好、距离最短的路线，迅速撤离危险区域，并尽可能地通知邻近区域人员安全撤退。在撤退时要服从指挥，根据灾情使用防护用品和器具；要发扬团结互助的精神和先人后己的风格，主动承担工作任务，照料好伤员和年老体弱者。遇有溜煤眼、积水区、垮落区等危险地段，应探明情况，谨慎通过。如无法撤退（通路被冒顶阻塞，在自救器有效工作时间内不能到达安全地点等）时，应迅速进入预先筑好的或就近建筑临时避难硐室，妥善避灾，等待救援，切忌盲目行动。

2. 矿山调度值班人员的决策与指挥

矿山发生灾害事故后，矿山调度值班人员最先得到灾情信息报告。其决策与指挥的主要内容有：根据灾情程度及范围，命令相关采区变电所停止向灾区供电；准确选择避灾路线并迅速通知现场波及区域或有可能波及区域工作人员迅速撤离，同时利用最快捷的方式通知值班矿领导、矿长及相关人员到达调度室；通知有关区队、部门统计现场作业人数及撤出人数；及时了解和掌握现场灾情变化，及早通知矿救护队组织抢救遇险人员，尽量查清现场灾区情况，同时报告局调度室。

3. 矿山企业领导的决策与指挥

矿山领导到达调度室后，根据《矿山救护规程》规定和《矿山灾害预防和处理计划》中的措施要求，首先迅速组织矿山救护力量展开事故抢救。其决策与指挥的主要内容有：及时命令灾区停电撤人，向局（公司）汇报灾情，尽快召请救护队，应急救援力量不足时向局（公司）或上级应急救援管理机构求援；同时迅速启动应急救援预案，成立矿山抢险救灾指挥部及相关组织办事机构，明确职责范围和工作制度；安排专人具体负责救灾物资供应、救援人员的后勤保障、善后处理和伤员救治、治安保卫等；及时封存和妥善保管与事故有关的基础资料，配合搞好事故调查。

4. 地方政府组织的决策与指挥

重大事故的发生，往往超出企业自身的控制范围，需要各级地方政府的大力支持和配合。其决策与指挥的主要内容有：做出启动地方政府应急救援预案的决定，帮助企业协调解决所需应急资源，动员本区域内的社会各方面力量参与事故抢救和善后处理工作；采取有效手段和控制措施，确保矿区社会稳定；依靠企业自己的救援力量，立足于自救，当救援力量不足时，组织和调集本区域内能够利用的有效救援力量；必要时聘请救灾专家指导救灾，分析灾情及可能造成的环境危害，帮助制定可靠的救灾方案，确保实现安全抢救，最大限度控制和降低灾害损失。及时掌握救灾进度，了解灾情信息；及时上报灾情。必要时可向上级政府请求救援力量和救援物资、设备、救灾资金的支援。落实党中央、国务院领导和上级领导的指示精神，帮助企业解决实际困难，全力以赴组织救灾，指导救灾。

5. 省局和国家总局的决策与指挥

省局和国家总局是省级和国家应急救援的管理和指挥机构。其决策与指挥的主要内容有：协助地方政府指导抢险救灾工作，提供专业技术支持，从专业救灾角度提出具体意见和建议，协调解决救灾技术难题。传达党中央、国务院领导批示，帮助并督促落实，对救灾工作提出总体要求。根据灾情对救灾方案提出指导意见，对抢救事故和防止事故扩大提出建议措施；对违犯国家法律法规的方案、意见和措施坚决制止，并提出整改要求；支持在救灾中拒绝错误指挥和冒险作业的救护人员，听取救护队人员的汇报，对救护工作提出具体要求。根据需要在本省区域或全国范围内调集救灾专家对抢险救灾工作提供技术支持；必要时调集本省区或全国范围内的专业救援队伍和救灾物资装备。

（四）应急救援的指挥技术

抢险救灾工作能否达到预期目标，实现安全抢救，不仅需要决策正确，同时更需要每个救灾指挥人员的正确指挥。一个有勇有谋的指挥者的有效指挥，就在于他能随时了解救灾现场环境及条件变化，并依此做出判断，提出安全合理的救灾方案和安全技术措施，合理使用救援力量，能够迅速有效地完成救灾任务。可见救灾指挥在某种意义上说，它不仅是指挥者最基本的工作内容，还是指挥者的一门领导艺术，在矿山抢险救灾中起着非常重要的，甚至是决定性的作用，直接关系到救护队的自身安全和救灾的成败。为了保证抢险救灾工作按计划、有组织、安全地进行，救灾指挥人员必须善于使用自己的指挥权力，遵循矿山救灾指挥的基本原则和以人为本的救援理念。要指挥必须有权力，但有了权力不一定就能实现有效指挥，还要看指挥者是否掌握了灾变处理的方法和指挥原则，靠不讲科学、冒险蛮干的行政命令难以实现正确指挥和用好指挥权力。

1. 指挥要有权威

矿山救灾中，常常有这样一种现象，有的指挥人员说话没人听，其下达的命令让人难以心甘情愿地去执行，指挥不灵；有的指挥人员却与此相反，说话有人听，命令和观点容易服众，指挥很灵，其原因就是指挥不仅要有权力，而且还要有威信。简单地说，权力来自于指挥者的职位，而威信来自指挥者的能力，它是一种使人甘愿接受对方影响或指挥的心理因素。指挥人员要有指挥权威的前提是要有能力用好权力，关键有以下几点。

（1）大胆谨慎，用好法定权力。是指指挥人员在决策前要对灾情明了，决策时要谨慎，在指挥中要决心大，行动时要胆大心细。在灾情清楚的前提下该做的坚决指挥救援人员去做，不该做的或危及救援人员安全的要坚决制止，在困难面前或众说纷纭、意见分歧的情况下敢于做出正确决断。

（2）善于学习，用好专长权力。救灾指挥人员的救灾专业知识、决策能力，既不是头脑中所固有，也不会从天上掉下来，只有通过不断学习和总结救灾的经验教训才能获得。如果不善于学习，不勤总结，救灾知识贫乏，指挥才能一般，则就谈不上有专长权力，就难以服众，更谈不上指挥的权威，只能是瞎指挥。只有那些既有救灾经验，又有救灾理论，既能尊重科学，又不盲目冒险，时刻体现以人为本救援理念的指挥人员，救援人员才能相信，指挥起来才能得心应手，才能正确指挥救灾。

（3）设身处地为救援人员着想，增强由感情产生的权力。法定权力可使救援人员服从，但不能使其主动；专长权力能令救援人员敬佩。如果指挥者能有感情权力，就能使救援人员自觉、主动地对待救援工作，指挥者和救援人员达到心心相印，休戚与共，救援人员就甘愿接受指挥，这就要靠感情的沟通。这种感情来自于指挥者的觉悟、原则性和设身处地为救援人员安全着想的感情，真正理解救援人员的工作环境，理解他们面临的危险，并想办法控制和消除这种危险，解决生活中的困难。只有这样，指挥者才会得到救援人员的支持和拥护，心甘情愿地、积极主动地执行指挥命令。

2. 指挥要有魄力

指挥者如果仅有指挥的权威是远远不够的，只能说明其具备了正确指挥的基本素质，要把这种素质变成实际救灾的指挥效果，还要求具备指挥的魄力。指挥者要有胆、有识，具有敢于负责，敢于取胜的勇气和决心，有在挫折面前不退却的气概。指挥者的魄力应渗透到救灾的各个方面，贯穿于救援行动的各个环节上。具体有以下几点。

(1) 要有战略眼光。就是指挥者对救灾的重大问题要有战略头脑，要考虑经济损失，但更重要的是要把人员安全放在头等重要的位置去考虑，要能够把握住战略目标、战略重点、战略方针、战略步骤和战略措施。也就是要透过现象看到本质，找出重点，抓住战机，救灾决策与指挥要有全局意识，要有预见性，要充分估计到不利因素和灾情的变化，且不可因一时疏忽而影响救灾总体目标的实现。

(2) 指挥魄力。当明确了救灾的总体目标后，就要善于指挥所有救援人员争取每一步的胜利，不管救灾过程有多么艰难，指挥者都要想尽一切办法实现救灾目标。但灾情的变化有时不以人的意志为转移。因此，指挥者要时刻注意这种变化，及时果断地调整救灾的总体思路和方法步骤，在指挥上既要坚决，又要灵活，决不能不考虑灾情变化而盲目蛮干。

(3) 严格要求。严字当头是指挥魄力的一种表现，有了严格的时间观点，就能闻风而动；有了严格的纪律，就能思想高度集中，行为高度集中，就能令行禁止；有了良好的指挥环境，指挥起来就能得心应手，迅速有效。

3. 指挥要正确

指挥要正确，不仅是取得救灾胜利的关键，也是指挥者能否使用好自己指挥权力的条件。如果指挥失误，不仅会失去指挥者的威信，而且还会使灾情扩大或造成新的人员伤亡。指挥者要使自己指挥正确，必须做到多谋、果断。要多了解、多讨论，多比较、多听各方面意见、要有预见性。只有多谋，才能情况明，方法对，才可避免指挥失误。果断就是要断得及时，断得正确。既不能无休止地讨论，犹豫不决，也不能独断专行，听不得不同意见。要做到这一点，必须注意以下几点。

(1) 指挥者要善用人会用人。兵有强弱，仗有险恶，指挥者必须心中有数，区别对待，要善于用兵遣将，合理安排。在紧张和危险的时候，指挥员必须表现出冷静和勇敢，对于队伍中出现的紧张和恐惧情绪，除了讲明事故情况和行动要求外，有时不妨谈论一些轻松话题，来消除和缓解紧张和恐惧情绪。对于正常情况下的指挥工作，应放手让下级指挥人员去干，不应事必躬亲。对只会用行政命令指挥救灾，不知道如何科学救灾、安全施救的下级指挥人员，应坚决撤换。

(2) 指挥者不是全能的。指挥者不是什么都懂，什么都能指挥，如果一个指挥者越级指挥或不懂装懂地瞎指挥，不仅会造成指挥上的混乱，而且很有可能出现指挥失误。

（3）指挥者应善断和灵活。对突然出现的灾情变化，特别是救护队自身安全有危险时，指挥员必须表现出冷静、果断和勇敢，采取正确的应对措施。对于错误的决策和指挥难以拒绝和制止时，既可以按照有关规定执行，也可以通过上级部门和领导来制止，尽量不要采取使矛盾激化的方法。

（4）指挥者要按规定或程序执行。救援法律、法规的规定是成功的经验和血的教训的总结，指挥者必须严格执行。如下井前要做战前检查；进入灾区不得少于六人；有爆炸危险时不得强令进入灾区；封闭有爆炸危险火区时要先建防爆墙或远距离封闭等。

矿山救灾的指挥技术是指挥者个人素质的综合反映，如果哪位指挥者能在错综复杂的矛盾中抓住主要矛盾，能够对灾情信息科学分析，慎重决策、果断指挥，他就能把救灾指挥技术演绎得淋漓尽致，达到事半功倍的效果，实现安全迅速的救灾目标。在实际救灾中，有许多成功的经验就说明了这一点，值得我们学习和借鉴。但是由矿山灾变事故所具有的突发性、破坏性、灾难性和继发性特征这一客观事实和指挥者的个人原因，无论是矿山救灾指挥人员，还是救护指挥员，在重大灾害事故的突然冲击下，乱了阵脚，缺少冷静、缺乏预想，稍有不慎就有可能出现指挥失误，使事故扩大。这样的教训虽然是个别的，但其结果不仅影响了救灾总体目标的实现，而且给救护队自身安全造成很大威胁。因此，每一名救灾指挥人员，尤其是救护指挥员既要学习成功的经验，还要汲取血的教训，提高救灾指挥技术，从根本上杜绝指挥失误，实现科学救灾，安全施救。

（五）应急救援的决策技术

1. 经验决策

事故发生后，指挥者依据自身的专业技能、事故处理经验和事故现场信息来分析判断和决策指挥的方式就是经验决策。抢险救灾的成功与否很大程度上取决于指挥者判断的准确性，同时若指挥人员之间对救灾方案存在分歧，不能快速形成统一指挥时，往往造成事态扩大。随着矿山生产规模的扩大，大型机械化的广泛应用，开采深度的延伸，事故隐患增多，危害程度增大，单凭经验处理事故已经不能满足实际需要。因此，探求灾害事故处理的新技术、新装备，提高指挥人员的决策能力是当前迫切需要解决的问题。

2. 计算机模拟技术

随着计算机技术的发展和广泛应用，以及人们对煤矿各种事故灾害发生、发展规律的认识不断加深，使应急救援决策方法单纯由经验型向定量分析模式转化。现场指挥人员可借助计算机模拟技术和专业软件，对灾区有害气体危害大小、烟流流动规律、风量调节和控制、遇险人员撤退路线等问题进行定量分析，有助于提高决策水平。

3. 救灾专家系统

依据矿山实际，按照事故发生机理和发展规律，我国科研工作者开发出救灾专家系统。救灾专家系统不仅可以高效、准确、周密、迅速地推理出救灾对策和方案，而且可以避免人为决策时可能出现的疏漏和失误。目前，救灾专家系统已成为救灾决策的发展方向。

三、决策失误的表现及产生原因

矿山发生事故后，领导决策失误必然导致抢险救灾工作复杂化，甚至造成矿山救护指战员和其他抢救人员的伤亡，使事故损失扩大，对此问题各级领导特别是抢救指挥部成员应引起高度重视。

（一）决策失误原因分析

矿山领导违章指挥的产生原因是多方面的，有客观环境条件因素，也有指挥者知识水平、心理修养因素，其中指挥者知识水平和心理修养因素所占比重最大。

1. 突发事件，心里慌乱

煤矿中发生的事故，特别是爆炸、火灾等灾害性事故，往往是突然发生，所有人员毫无思想准备。这种突发事件，给矿山领导心理上冲击很大，往往使指挥者不能冷静、全面地考虑问题，制定出正确、有效的救灾措施，无意中出现违章指挥，即常说的“心慌意乱”。

2. 考虑不周，顾此失彼

矿山领导在指挥救灾中，有时考虑不周，思维只顾及某一个方面，而忽视了另一个方面，导致决策失误。例如处理火灾时一心只想灭火，忽视了火灾会引起爆炸事故，或忽视了一旦火势控制不住，会产生火压引起风流逆转。又如，为了灭火，需减少火区供风量，而忽视了风量减少就可能引起瓦斯浓度上升，可能会产生瓦斯爆炸，还可能造成灾区贫氧，不利于灾区人员撤退。

3. 信息不全，判断错误

灾害事故处理过程中，由于灾区信息量不多，或灾区信息没有反应灾区的真实情况，导致决策者判断错误，救灾失败。例如，在近距离煤层开采或厚煤层分层开采时，一旦隔离煤柱失效，采空区相互沟通，采煤工作面发生火灾或爆炸后产生的烟雾和有害气体，通过采空区的立体空间泄出，灾区气体监测中，由于监测范围仅局限于事故工作面的进回风巷，监测的数据中往往不包含立体空间外泄的数值，因而导致判断和决策错误。

4. 措施失效，忙乱指挥

重大灾害事故的共性之一时具有继发性，即产生伴生事故的特性。有的决策者对此特性认识不足，或重视不够，只顾处理当前出现的灾害，而不预测（分析判断）事故发展趋势，综合考虑制定多套救灾方案。一旦现行救灾方案失效，出现伴生事故便惊慌失措，忙乱指挥，导致违章指挥。

5. 动态变化，静态处理

火灾、爆炸等灾害事故都有一个发生—发展—扑灭（消失）的过程，是一种动态变化过程。处理这类事故就应该用动态的眼光、动态的措施去对待，而不能只用呆板的、固定的模式去对待。例如，火灾发生后，当救灾材料充足，救灾方案正确，救护力量充裕，火灾就能很快扑灭。一旦三者缺其一，火势就可能发展，还可能引起爆炸事故或出现二次火源。所以在处理过程中就应该根据灾情的变化采取灵活的救灾措施，避免出现灾情扩大。为了有利于灭火，应该适当减少火区风量，但一旦出现瓦斯浓度上升，甚至接近爆炸下限时就应该停止执行减风措施，而改用正常风量通风，必要时还要增大火区风量。当瓦斯浓度下降到安全浓度后又可（应）再用减风措施。如此灵活救灾才能达到预想目标。假如固定地采用减风，则可能引发瓦斯爆炸，造成事故扩大。事实上，有的矿山领导对此不够熟悉，运用不灵活，导致救灾失误。

6. 心存侥幸，冒险盲动

有的决策者在指挥救灾时，明明知道应该怎么做，但心存侥幸，凭经验而去违章指挥，冒险蛮干，导致救灾失败。

7. 认识偏差，违章冒险

由于救灾材料、设备不能满足救灾需要，救灾手段单一，危险复杂的工作靠救护队去完成，有的领导又错误地认为救护队是“万能队”“敢死队”，过分夸大救护队的实际功能。有时因为“不这样干，别无他法”时，矿山领导就不顾救护有关法规的规定，违章指挥救护队去危险区冒险蛮干。例如，有的矿发生瓦斯爆炸事故，明知存在瓦斯连续爆炸的可能性，若要采取防止二次爆炸的措施，费时费事，抢救灾区人员又要争分夺秒，又认为救护队“特别能战斗”，于是在没有采取防止再次爆炸措施的情况下就违章指挥救护队去救人，结果再次爆炸，扩大了事故损失。

8. 既缺理论，又无经验

在抢险救灾的过程中，是发挥人的主观能动性运用救灾理论去分析事故的表面现象得出结论，制定出救灾方案去指挥事故处理的一个过程。指挥者若能用理论指导制定救灾方案，就可减少决策失误。若有丰富的救灾经验就能灵活地应付灾情变化。而有的矿山领导既缺救灾理论，又缺救灾经验，对救灾的法规、规定又不甚熟悉，因而，违章指挥。这种现象在中小煤矿领导中较为普遍存在。

（二）避免决策失误的措施

为保证抢险救灾工作能安全、迅速、有效地进行，避免救灾失误和矿山救护人员在救灾中的伤亡，必须做好以下工作：

（1）每个矿山必须按照相关规定，认真编制《矿山灾害预防和处理计划》和应急预案，并适时修改。矿山一旦发生事故，以此为依据，并根据当时的灾区信息，组织救灾，从而避免受灾矿山领导在慌乱中违章指挥，决策失误。

（2）矿山发生重大灾害事故后，必须立即成立以矿长为首的抢救指挥部，集中指挥部成员的智慧，制定出符合灾情的、切实可行的救灾方案，并应保证抢险救灾工作做到统一指挥、统一布置、统一行动，避免抢险救灾过程中组织与指挥混乱或无人领导。

（3）抢救指挥部，特别是受灾矿山的领导必须按照灾变规律，科学地组织和指挥抢险救灾工作，避免违章指挥。抢救指挥部成员应发挥个人的聪明才智，充分发表个人意见，特别是救护队指战员应发挥救灾知识深厚、救灾经验丰富的特点，在救灾方案的讨论中充分发表意见、制止违章指挥的决定。矿山总工程师应充分发挥对灾区井巷巷道、风流等情况熟悉的特长，协助矿长正确制定救灾方案。

（4）为防止抢险救灾过程中决策失误或违章指挥，煤矿各级领导必须通过培训，熟悉矿山救护的基本知识和战术指挥原则。培训中必须学习《煤矿安全规程》中“应急救援”部分和《矿山救护规程》，还要学习灾变的基本理论。特别要结合矿山灾变典型案例进行分析、研究，以掌握处理矿山各类灾变的行动原则和安全技术措施。

（5）积极开发、推广和应用矿山救灾专家系统，利用高科技手段指挥救灾，克服经验型处理灾变的缺点，弥补指挥决策人员考虑不周、精力有限、救灾知识欠缺等不足。

（6）矿山救护队必须按照救护法规的规定，执行正确的救灾方案开展救灾工作，避免违章作业。

（7）推广使用救护新装备，避免因装备缺陷造成救护人员伤亡。

（8）矿山各级领导平时要加强心理素质的培养锻炼，力争做到遇事不慌，在特殊环境下能控制住自己的感情心态，避免因一时一事的冲动，违章指挥冒险蛮干。

第二节　煤矿事故应急救援技术

一、信息化系统

提高矿山应急救援水平，避免事故的进一步扩大，是矿山应急救援的一项重要工作。随着科学技术的发展，应实施矿山应急救援管理信息化，为提高和促进应急救援的管理水平及提高整体救援素质提供技术支持。目前，应急救援管理信息系统已经逐渐开始应用于应急救援的日常管理。它对于提高应急救援管理水平、提高日常的工作质量和工作效率，提高整体的决策水平起到了重要的指导作用。

（一）应急救援管理信息系统

利用应急救援管理信息系统，可以帮助救护队管理人员开展以下工作：对救护人员结构进行分析，为人员调整提供参考；及时掌握学习训练情况，为改进学习训练提供参考；对事故进行统计分析，为事故预防及事故处理提供参考；自动形成救护档案，为事故处理的人员调配提供参考；自动生成工作日志，为工作计划的制定和工作总结提供参考；进行应急救援装备的统计分析，为装备的配备及更新提供参考。建立应急救援管理信息系统，要考虑系统的实际情况、与现有的其他系统及将来可能有的其他系统之间交互的方便性，技术的成熟与否以及建设及维护成本等因素，并实现以下特点：

（1）通俗性。充分分析矿山行业特点和人员素质状况等，做到系统易学易用，人机交互界面良好。用户使用灵活方便。

（2）实用性。现场专业人员与计算机专业人员紧密协作，系统功能贴近企业的业务需求，随时为各类人员提供各种信息，有效地帮助各类人员提高管理质量和工作效率。

（3）安全性。整个系统从网络通信安全（物理安全性）、软件系统安全及用户访问安全等各个层次提供完整的系统安全方案，从而确保整个系统安全可靠地运行。

（4）可扩展性。系统宜采用模块化的设计，以便今后的功能扩展。

（二）抢险救灾决策系统

多年以来，重大灾害事故抢救依靠的是指挥者个人的专业技术素质、处理事故的经验以及对现场情况的熟悉程度。事故发生后，指挥者依据每年一度编制的《矿山灾害预防和处理计划》和矿山有关工程图纸，以及事故现场侦察得来的各种信息，分析判断做出决定。这种处理事故的方法属于经验型的，成功与否在很大程度上取决于指挥者判断的准确性和抢险救灾所需材料设备的充足程度，以及救护队的行动是否正确。有时由于重大灾害事故的突发性，往往使指挥者不能冷静沉着地分析问题，救护队违章作业或救灾材料的供应不足，造成救灾工作被动，以致贻误战机，使事故扩大。特别是有的矿山在事故发生后，指挥者急于救人抢险，不管客观条件允许与否，做出一些脱离实际的错误决策，结果使伤亡人数增多，事故扩大。

20世纪60年代初期兴起了一门新的学科——专家系统。它的应用产生了巨大的经济和社会效益，经过30多年来的发展，国内外不少学科与部门已经建立了各自的专家系统。

在矿山应急救援中，专家系统也得到应用，其指导思想是运用专家知识库辅助救灾决策。由于矿山应急救援的复杂性，专家系统在矿山应急救援中所发挥的实际作用需要进一步研究。20世纪70—80年代，随着电子计算机技术的发展和遥测监控技术与仪表的实际应用，以及人们对矿山重大灾害发生、发展规律认识的加深，使矿山应急救援从单纯的经验型分析向定量分析阶段迈出了可喜的一步。计算机火灾运动模拟技术、矿山监测和实时数据传输接收技术、边坡滑坡技术在事故处理中得到应用。目前，抢险救援决策系统可以兼顾决策支持和应急调度指挥，大大增加了应急救援的时效性和有效性。

（三）模拟实战训练系统

1. 模拟实战训练系统的意义

矿山救护具有空间狭窄、气候环境恶劣（温度高、湿度高、有毒气体浓度高、能见度低）等特点。要求矿山救护队员要具有较强的适应能力，能够在各种恶劣的救护环境下高效工作。因此，《煤矿安全规程》《矿山救护规程》明确要求矿山救护队要定期开展高温浓烟训练。目前，国内矿山救护队由于条件所限，绝大部分无法开展高温浓烟训练，由于没有建立高温浓烟训练系统，只能在低技术层次进行演习训练。高温演习时，一般需要提前一天在巷道中用煤炭生火，用铁风筒散热，产生的训练环境温度不确定，带有很大的随机性，有时大大超过《矿山救护规程》规定要求。烟雾的产生是靠往炭火上加机油或加锯末面实现，产生的烟雾中含有大量的有毒有害气体，训练过程很不安全。虽然每次演习都投入大量的人力、物力和财力，但因为与实际灾害环境相差较远，训练效果不明显，安全性能差，不能适应现代矿山救护科学、高效、安全的要求。目前，随着国家应急救援体系的建立，矿山救护越来越受到重视，救护队员体能的科学训练是救护队战斗力的重要标志，是提高救护队整体素质的重要内容，因此，完全模拟真实环境和动态、连续监控训练过程是现代化救护发展的重要环节和必然趋势。

2. 模拟训练系统应具备的功能

（1）能够模拟多种恶劣救护环境条件组合的多功能智能化训练，能够产生高温烟流和有毒有害气体实战训练环境，并能够对其实施智能化调控。

（2）配备实时训练监控系统，实现训练全过程的可视化及影像资料的自动储存。

（3）提供不同灾害环境下人体运动体能变化规律研究的实现方式。

3. 矿山灾害环境对训练系统的要求

人与环境是一个相互联系，密不可分的系统。当外界环境因素发生变化时，必然影响人的生理和心理状态，从而引起机体反应并通过自组织化，使机体内环境的平衡发生位移，这种位移在一定范围以内是可逆的，但是，如果环境因素影响过度，而且作用时间过长，机体内平衡调节系统受到不同程度损害，人体功能相应降低，操作的准确性下降，失误率增加，从而诱发事故。

救护队员就是在现场受到火灾、瓦斯或煤尘爆炸，现场突水或较大的冒顶事故威胁以及作业地点不能进行正常呼吸等非常危险的情况下进行工作的。现场环境因素直接或间接地影响救护队员的生理和心理状态，影响他们的行为可靠性，恶劣的矿山环境不仅仅妨碍救护队员的救护工作，而且是他们自身安全潜在的危险因素。必须通过科学的、符合人体生理规律的训练来提高身体素质、技术素质，强化心理素质，增强耐受力。

人体（指救护队员）在进行训练的过程中，其生理参数的变化将根据环境条件、训练工作量和自身的心理因素变化而发生变化。影响人体在不同条件下训练耐受力的因素很多，根据矿山救护训练的特点，从客观因素来看，影响救护队员救护的环境因素主要有温度、湿度、烟雾、有害气体和工作量等。只要明确这些因素对人体的相关影响，就能预测复杂环境对救护的影响程度，以便依据现代医学理论、劳动科学理论确定安全高效的训练方案。一般情况下人体训练的安全生理指标如下：

（1）人在高温条件下工作时间 30 min 时，就会出现生理分化反应，即人体反应迟钝、智力下降、水分缺失等现象，因此高温训练时间不应超过 30 min。

（2）依据可耐时间与可耐温度关系，当环境温度为 38 ℃时，在高温区暴露 50 min，人体就有可能出现热虚脱现象，当环境温度达到 45 ℃时，26 min 就会出现热虚脱现象，而达到 53 ℃时，15 min 就会出现热虚脱现象，人体暴露的极限高温为 60 ℃。

（3）当环境温度低于人体体表温度时，作业人员汗液蒸发调节时人体体表温度的增幅在 1 ℃之内，当环境温度高于人的体表温度时，连续工作时间的增长都会引起人体体表温度增加，当增幅超过 2 ℃时，会给训练人员带来不利影响，应通过测试体表温度作为确定运动量的参考依据。

（4）脉搏达到 120 次/min 的运动负荷为训练的临界线，120～140 次/min 运动负荷是训练的有效价值区，140～180 次/min 是心血管功能的有效加强区，而脉搏高压 180 次/min，心脏活动反而降低，因此训练强度的合理脉搏范围应在 130～160 次/min。

（5）强化日常技能训练，提高作业熟练程度，进行经常性的高温训练，可以提高高温作业环境中的作业工效。开展浓烟、有毒有害气体环境的训练，可以提高人体对环境变化的心理承受能力。

（6）在高温作业时，要合理安排休息，及时补充水分，采取降温措施，防止人员出现身体不良反应，进行高温、常温环境的交叉训练，训练效果更佳。

4. 智能化模拟训练系统设计

本系统设计的技术指标是，环境温度在 12～60 ℃之间可调节控制；由于演习巷道在地下，湿度保持在 80% 左右，与矿山现场接近；无毒生烟技术控制能见度；可产生有毒有害气体，并调控浓度；能够实现地面动态监控和井上下互动。系统分为三大部分，第一部分是救护环境模拟与控制；第二部分是训练实况与环境数据动态监控；第三部分是训练实况全过程在线记录与离线观摩教学。智能化模拟训练系统示意图如图 5－1 所示。

二、遇险人员搜救技术

当遇险人员被困在设备或滑坡体下，利用常规手段不能找到他们时，可通过生命探测仪对遇险人员进行精确定位后实施抢救。

1. 工作原理

生命探测仪的工作原理为：当探测器扫过人体电场时，会产生瞬间极化现象，也就是产生正负极，进而产生力矩，推动侦测杆，使操作者感觉到“侦测”的结果。探测器配备特殊电波过滤器，可将其他异于人类之动物，诸如狗、猫、牛、马、猪等不同于人类之频率加以过滤去除，使心跳探测器只会感应到人类所发出频率产生之电场。生命探测仪构造如图 5－2 所示。

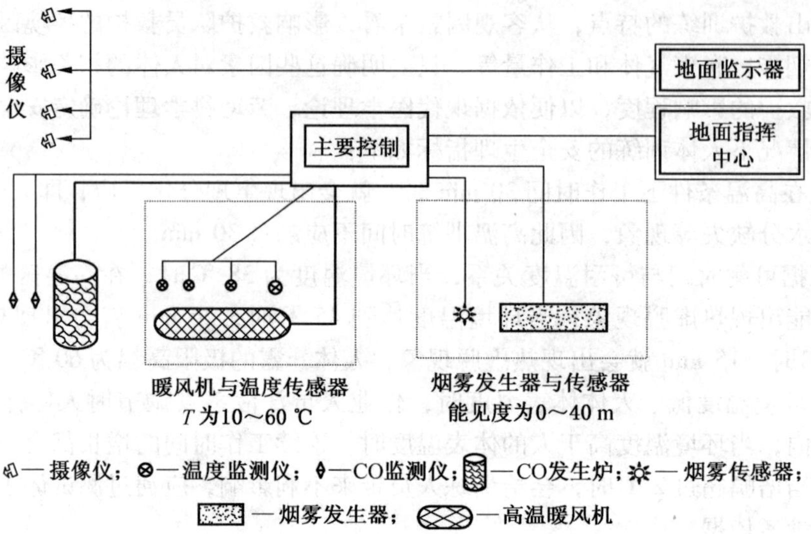

图5-1　智能化模拟训练系统示意图

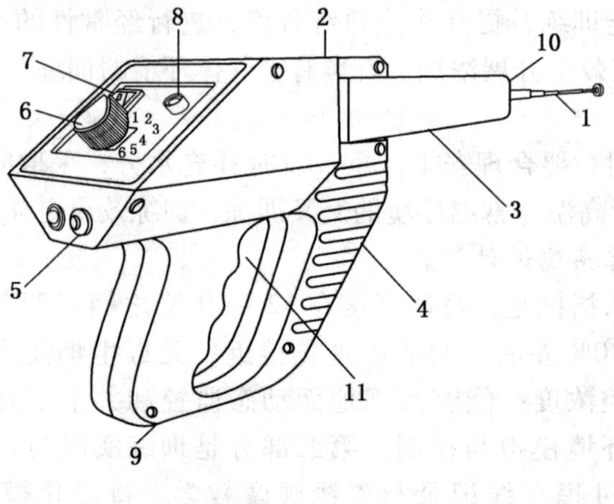

1—伸缩天线；2—镭射开关；3—侦测杆总成；4—本体；5—保留功能按钮；6—选择按钮；7—计算机开关；8—计算机指示灯；9—电瓶充电口；10—镭射；11—扳机按钮

图5-2　生命探测仪构造

2. 注意事项

（1）闪电暴风雨时不要在开放空间使用金属天线。

（2）戴手套会降低生命探测器的灵敏度。

（3）在有爆炸危险的环境中探测，严禁开关镭射灯。

（4）本仪器为精密仪器，不得碰撞，摔击。

（5）移动仪器作侦测时，请注意动作必须成一直线，不可成弧形，否则会导致侦测失败或发生误差。

(6) 移动的速度太慢，极化现象亦可能失败，因无法产生足够的力矩推动侦测杆；若移动太快，会让侦测杆因使用者摆动过剧而摆动，也会导致侦测失败。

(7) 必须在工作范围内操作，即：

① 有效距离。DKL 配备两种不同的侦测杆，长距离侦测杆距离可达 500 m，短距离侦测杆 20 m。DKL 在碰到障碍物诸如钢筋混凝土墙、钢板等时，侦测距离会减少。

② 垂直角度。

没有障碍物时：上下各 60°，总计 120°；

有障碍物时：上下各 40°，总计 80°；

遇到重金属时：上下各 20°，总计 40°。

③ 水平角度：左右各 2°，总计 4°。

(8) 如需再重新侦测，请恢复到“清除”姿势，“清除”会将原先之“极化”消除。

(9) 应保持防尘防灰，使用后要用干净湿布擦拭。

(10) 充电 14 ~ 16 h 可连续正常使用 12 h；超时充电会损坏电池寿命。

(11) 仪器不要放在高磁场所。

(12) 每次使用后，应把选择挡位调到最低挡位。

三、信息通信技术

为保证现场基地与进入灾区工作的救护小队之间的通信联系，救护小队在进入灾区前，必须在基地设置好灾区电话，基地指挥员利用灾区电话与进入灾区工作的救护小队保持不间断地联系。通过灾区电话询问和回答，基地指挥员不仅可以及时地掌握进入灾区救护小队的工作情况，而且在需要时，派出基地待命的小队去支援他们。目前，我国矿山救护队灾区通信使用的灾区电话分为有线和无线通信两种。其中有线通信又分为声能电话和语音直接通话。

(一) 声能电话机

声能电话机就是只使用声能而没有电源的一种特殊通信设备。多年来，声能电话机的投入和使用，已成为矿山救护队佩戴负压氧气呼吸器进入灾区工作时专用的通信设备。

1. 结构

PXS-1 型声能电话机由发话器、受话器、发电机组成。通话时为便于多人收听可配备扩大器、对讲扩大器。在抢险救灾时，可选用发话器、受话器全部安装在面罩中，扩大器固定在腰间的安装形式，如图 5-3 所示；日常工作联络或指挥所用时，可选用手握式电话机的安装形式，如图 5-4 所示。

2. 工作原理

通话时，发话器中与平衡电枢连接的金属膜片发出振动，产生输出电压，这个信号在接话端的受话器中由模拟转能器转换成音频信号发出，同时音频信号进入扩大器中放大，使周围人员也能听到声音。

3. 注意事项

(1) 扩大机电池只能使用 6F22 型 9 V 方块电池，不得随意更换使用其他型号电池。否则将影响本机寿命和本质安全性能。

(2) 在非呼吸性气体或浓烟环境中，必须配用全面罩通信结构进行通话，不得通过

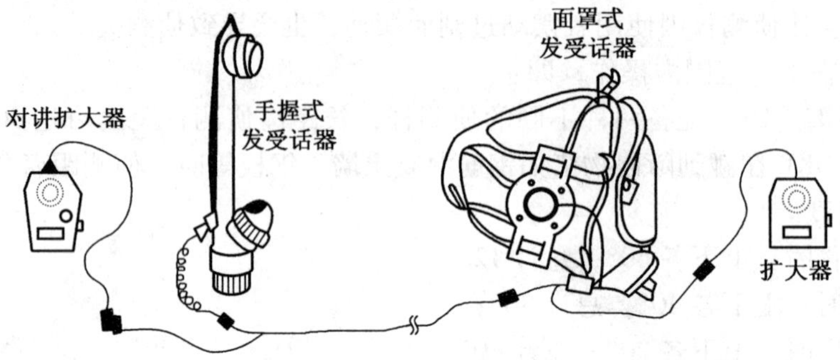

图5-3　发受话器都装在面罩中的安装形式

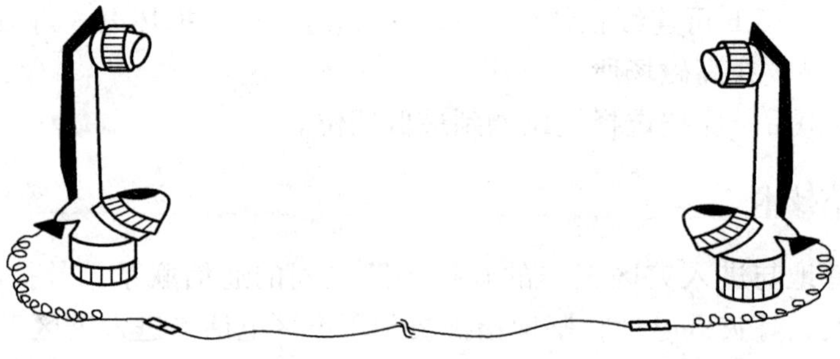

图5-4　手握式电话机的安装形式

口具讲话。

（3）话机引出线必须连接牢固，两线间不得有短路现象。

（4）明确通信目的，确定电话的连接方法。如果通话双方都处于呼吸性气体环境中，可采用手握式对手握式的连接方法；如果通话双方有一方处于呼吸性气体或烟雾环境中，则必须采用手握式对氧气呼吸器面罩式的连接方法。

（5）有多头工作点时，多台电话机可平行连接在同一线路上与基地通信。

（6）在通话不清或在紧急情况下，可用手握式受话器呼叫对方时，用手轻轻转动下部声频发电机，按规定的声响次数进行联络。

（7）当电话机损坏中断一切信号时，可用电话线作为联络绳使用，在返回时，也可将电话线作为引路线使用。

（8）妥善保存，防止腐蚀性气体侵蚀。

（二）无线通信系统

该救援通信系统由一个设置在地面指挥部的远程控制装置，一个设置在现场的基站和若干个便携式无线电手机组成。专门用于灾害事故情况下的救灾通信。它可以由一个基站和若干个便携式无线电手机组成现场无线通信系统，帮助基地和进入灾区工作的救护小队建立有效的通信联系；还可以与地面程控交换机相连，构成全矿山的救灾指挥通信系统。

1. 系统构造

该系统由一个基站，一个远程控制装置（RCU）和3个便携式无线电手机，环形天线等组成，如图5－5所示。当现场发生事故时，基站安装在使用便携式无线电手机地点的就近安全位置。远程控制装置安装在地面的操作室中（如调度室），并通过一对专用电线与基站连接。建立与地面的连接后，便携式无线电接收器便可以开始移动工作。

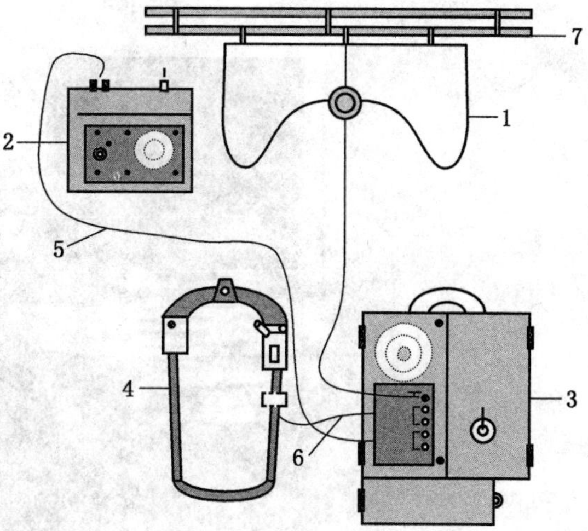

1—环形天线；2—远程控制器；3—基站；4—无线电手机；
5—电缆线；6—生命线；7—电缆或水管

图5－5　系统构造

2. 工作原理

（1）矿用无线电通信系统在需要无线电通信的矿山巷道中使用，它通过电缆和管道的感应在低频（340 kHz）段工作。

（2）通过基站的环形天线、手机的子弹袋天线与管道和电缆结构的感应，无线电信号可完成手机与基站之间的传递，通信范围为500～800 m。

（3）在没有管道或电缆的地方，便携式手机之间的通信距离应在50 m以内（以地面为例）。

3. 使用注意事项

（1）BC2000铅酸电池充电器不是本质安全型的，应在地面使用。

（2）生命线由一条双芯软电缆组成，电缆的终端接在与便携式无线电手机相连的生命线适配器上，可以使通话效果达到最佳。

（3）为了测试便携式无线电手机是否能正常运作，可将该手机远离地下铺设结构（天线、生命线、管道、电缆等），与基站进行通信。手机应可以同样接收到来自其他手机的信号。

（4）该系统或系统的任何一部分不能正常工作时，应首先检查电池，电池的终端电压应该为7 V左右。

（5）如果远程控制装置与基站通信正常，但无法与便携式无线电手机进行通信，应检查音频线路是否断路或短路。另外，检查远程控制装置到基站PTT的电压（从RCU到PTT需要10 V的电压）。

（三）卫星通信指挥车

卫星通信指挥车利用天线自动寻星，在几分钟之内准确对准指定卫星，及时开通卫星信道，实现一个功能较为完备的移动指挥中心。卫星通信指挥车在处理紧急突发事件中机动灵活、快速反应，能把现场情况通过车载卫星系统高质量回传到指挥中心，实现现场与远地指挥中心之间的远程图像传输、语音联络，使指挥中心的指挥人员如临其境，及时获得现场信息，提高决策的准确性和及时性。图5－6为国家矿山应急救援队采购的卫星通信指挥车。

图5-6 卫星通信指挥车

1. 系统组成

卫星通信指挥车可采用面包车、厢式货车、越野车、客车等各种车型，总体布局包括车内布局（驾驶区、工作区、设备区）、车顶平台和车外布局。

卫星通信指挥车指挥功能主要由车辆系统、视音频系统、卫星通信系统、计算机网络系统和供配电系统完成。

1）车辆系统

车辆系统由空调系统、自动防抱死装置（ABS）、防侧滑装置（ASR）、电子制动力分配装置（EBV）及电子稳定程序（ESP）构成。

2）视音频系统

视频子系统主要由车顶摄像机、车内摄像机、视频分配器、模拟AV矩阵、硬盘录像机、无线图传、视频会议终端、靠枕显示器和遮阳板显示器等组成，实现现场视音频和多媒体信息采集、切换、显示、存储、回放，为指挥员提供清晰、全面、直观、形象、生动的情报资讯和多媒体信息。

音频子系统由调音台、音频分配器、有线话筒、无线话筒、车内音响等组成。调音台是整个音频系统的核心，以德国Behringer（百灵达）RX1602FX超低噪声16路麦克风/线路机架调音台为基础，以提供现场音频信号采集输入、播放输出等功能。卫星通信指挥车视音频信息显示设备如图5-7所示。

3）卫星通信系统

指挥车卫星通信系统示意图如图5-8所示。

本车配备的卫星通信系统是由SAC120B-F2型“静中通”天线、Comtech570L调制解调器、Ku波段25 W功放、Ku波段低噪声放大器等设备组成。天线部分安装在车辆顶部，控制部分和卫星调制解调器安装在设备机柜（图5-9）上部。

4）计算机网络系统

计算机网络系统主要由视频会议终端、网络交换机、路由器以及相关的计算机设备等

图5-7　卫星通信指挥车视音频信息显示设备

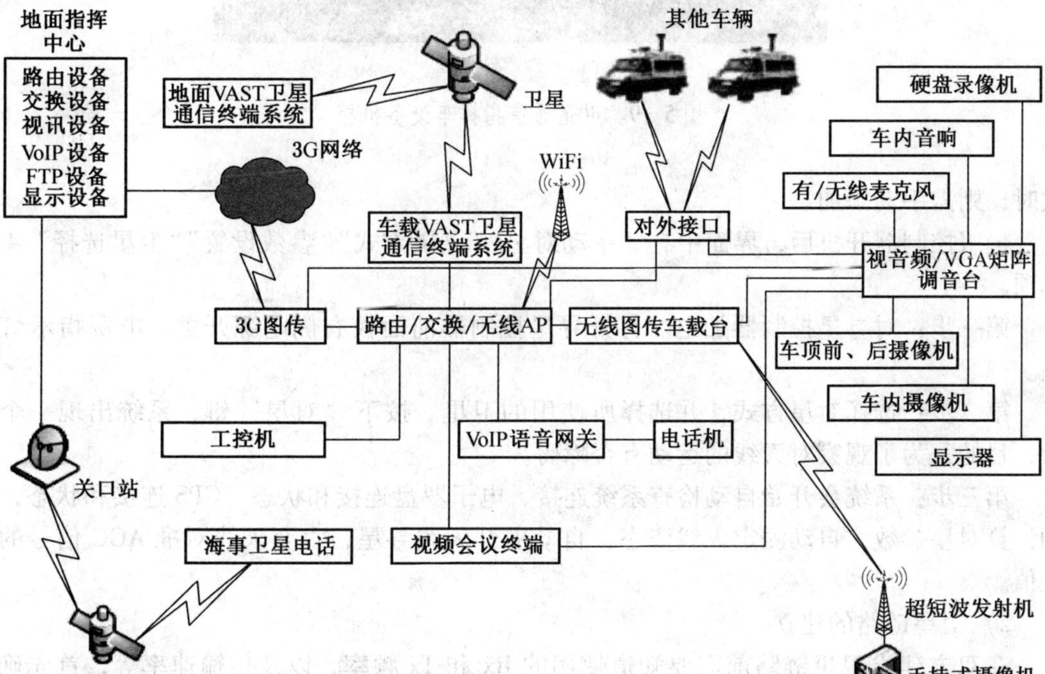

图5-8　指挥车卫星通信系统示意图

组成。

5）供配电系统

本电源系统配备外接电源口、发电机、逆变电源、电源线盘等设备，可采用外电供电、发电机供电和汽车电瓶电源逆变3种供电方式，确保系统电源供应。

2. 工作原理

1）静中通卫星天线的操作

使用“静中通”天线前需要了解卫星的具体参数，例如卫星名称、卫星经度、卫星信标频率、所用频率极化方式等，通信机中已设有部分卫星参数，如果没有使用卫星的参

图5-9 卫星通信指挥车设备机柜

数时，则需手动添加。

伺服控制器开机后，界面中有“手动对星”“寻星方式”“参数设置”“卫星选择”4个选项。

第一步：对寻星控制器加电。打开寻星控制器前面板右侧电源开关，电源指示灯长亮。

第二步：选择对星方式，并选择所使用的卫星。按下“对星”键，系统出现一个提示，目的是为了观察对天线的运动有否障碍。

第三步：系统会开始自动检查系统连接、电子罗盘连接和状态、GPS连接和状态，自动计算对星参数，自动测定天线姿态，自动展开天线寻星，直至天线对准AGC信号的最大值。

2）卫星链路的建立

在双方建立卫星链路前需要知道使用的Rx和Tx频率，以及传输速率等，首先确保“静中通”天线已经锁定将要使用的卫星；再进行卫星调制解调器的操作。当通信两端的卫星端站都设置成功，它们将建立起通信链路。此时卫星通信机前面板最左侧的4盏状态指示灯全为绿色，信息显示屏会自动滚动显示接收的EbNo值。

卫星链路建立好后，就可以进行相关的网络应用，诸如上Internet、拨打VoIP电话、实现网络视频会议、卫星通信站进行互联等。

3. 注意事项

（1）指挥车应停放在专门的停车房内，不可长期暴露于户外或恶劣环境。

（2）指挥车应避免车顶设备受到金属粉尘以及其他化学物品的侵蚀。

（3）指挥车每1个月至少发动1次，每次不少于20 min，并为车辆电瓶以及车内设备加电工作。

（4）指挥车车辆需要定期到4S店保养维护。

（5）行车前务必检查所有设备是否都已回收到位。

（6）车内各设备按各设备手册要求进行维护和保管。

（7）车内设备需要定期加电，检查有无异常情况，保持车内的清洁。

第三节　煤矿救援队伍建设

一、矿山应急救援队伍建设概述

（一）国外矿山应急救援队伍建设

1907年，波兰在比托姆成立了世界上最早的矿山救护组织——矿山救护总站。该救护站主要负责组织矿山救护，研究实施救护方法，改进专业装备和培训救护人员等工作。目前，波兰矿山救护工作主要由采矿企业救护站、矿山救护中心和其他矿山救护组织完成。这些救护组织必须对威胁矿工生命安全和矿山财产损失的灾害提供紧急救护，包括：火灾、瓦斯爆炸、煤尘爆炸、煤与瓦斯突出、冒顶和透水。波兰的矿山救护已覆盖整个采矿业，包括煤炭、金属矿、油气及化学和建筑材料开采，矿山救护系统除对井工和露天矿的灾害提供救护，也辅助矿山采取灾害预防措施。

1907年，苏联在顿巴斯成立了第一个专业矿山救护站，1930年颁布了矿山救护条例，1932年苏联对各矿山救护站统一管理。自1934年，苏联对全体矿山救护站成员进行军事化管理，各矿山救护站改名为军事化矿山救护队，负责采矿企业的矿山救护工作。近年来，俄罗斯矿山救护队采取了一系列预防措施，尤其注重在事故预防和防止事故扩大方面的培训。俄罗斯各采矿企业每年都和矿山救护队一起协商制定年度事故处理计划。自2002年，俄罗斯各矿山救护队均已装备了德国生产的风动液压机、现代化灭火设备、气体测量仪等先进设备。

1972年，美国受爱达荷州阳光银矿火灾事故影响，对有关矿工培训和灾难防护措施进行立法，并在1973年建立了联邦矿山安全监察与安全管理局，负责紧急情况下矿工逃生训练。1977年，《联邦安全与健康法》经重大修订后更名为《联邦矿山安全与健康法》，而联邦矿山安全监察与安全管理局更名为矿山安全和健康监察局（英文简称MSHA），负责矿山救护规定的实施和管理。在过去的几十年中，美国有关政府和科研机构在应急救援体系建设方面做出了诸多努力，取得了丰硕的成果，采矿安全与矿工健康状况得到显著改观。

受19世纪末20世纪初新南威尔士州多起煤矿事故影响，澳大利亚1925年颁布了矿山救护法，并于次年成立了矿山救护服务组织，澳大利亚各州均拥有自己的矿山救护系统。在新南威尔士州，按照2001年颁布的煤炭工业法，将联合煤炭局和矿山救护局的工作合二为一，并于2002年1月1日成立了煤炭服务有限责任公司（CSPL）。在昆士兰州，成立了私营昆士兰矿山救护服务公司，负责昆士兰州的矿山救护工作。澳大利亚每座煤矿都设有消防站，联邦科学与工业研究组织还开发了一套人员安全位置监测系统。矿山救护服务公司通过投资收益、矿山救护收费和向其他矿山提供服务等方式维持该州的矿山救护队工作。

1980年8月13日，德国颁布了联邦德国法，确立了德国矿山救护的法律地位。该法规定“特别危险”的采矿企业需要建立矿山救护机构或与矿山救护中心建立联系。矿山与矿山安全监察机构合作制定矿山救护规则，并经国家“矿山救护委员会”批准。德国现有两个救护系统，分别由德国硬煤公司和BBG经营，其救护系统运行成本、服务等资金管理方面的经验值得借鉴。

1995年，英国制定了《1995矿山撤离和救护规定》，所有煤矿都必须是国家批准的矿山救护总会的会员，并且每个煤矿在地面都要拥有两支装备精良的，能在30 min内到达事故现场的救护队（每队6人）。他们的救援设备通常存放在国内6家救援中心之一，只有一个煤矿因为地理位置较远，但在自己的矿山内拥有救援设备库。《1995矿山撤离和救护规定》虽没有要求矿山强制执行，但若任何人因为没有遵守该规定而造成伤亡事故，矿主将可能受到法庭的起诉。

（二）我国矿山应急救援队伍建设

1. 发展过程

我国矿山救援队伍经历了从无到有、从小到大、不断发展壮大的过程。新中国成立前，我国没有自己的矿山救援队伍，矿山发生事故后，矿工生命安全无法得到保障。如1942年4月26日辽宁本溪湖煤矿发生瓦斯爆炸事故，日本侵略者只抢救日本坑长，对中国矿工置之不理，致使1549名中国矿工丧失了生命。这次事故损失惨重，教训深刻。新中国成立以后，党和政府高度重视安全生产工作。为保护国家财产和保障矿工生命安全，于1949年首先在抚顺、阜新、辽源3个煤矿建立了我国首批专职矿山救护队，共有指战员66人。在煤矿安全生产中发挥了重要作用，同时为我国矿山救护队的发展奠定了基础，提供了经验。其后各个时期，在总结矿山应急救援队伍建设经验的基础上，从提高队伍素质和优化资源、合理布局等方面入手，加强和改进矿山救援队伍体系建设，取得了较好的效果。1983年，建立了平顶山、大同、抚顺3大矿山救护中心，负责全国重大矿山事故的应急救援工作。1996年，在平顶山、大同、抚顺3个中心的基础上，增加了淮南、六枝、靖远3个救护中心，形成了6大救护中心。2003年，国家安全生产监督管理局（煤矿安全监察局）制定了国家矿山应急救援体系建设方案，确定了14个国家级矿山救援基地。2006年，国家安全生产监督管理总局、国家安全生产应急救援指挥中心根据全国矿山灾害严重程度和矿山救援资源分布情况，将原有的14个国家级矿山救援基地扩充至26个。2011年，经过国家发改委的批复和同意，我国在各地建立7个国家矿山应急救援队。

2. 管理体制

有矿山企业的县级以上地方各级人民政府应建立矿山应急组织，矿山企业必须建立专职或兼职人员组成的矿山救援组织。不具备单独建立专业救援组织的小型矿山企业，除应建立兼职的救援组织外，还应与邻近的专业救援组织签订救援协议，或者与邻近的矿山企业联合建立专业救援组织。国家（区域）矿山救援队伍在应急指挥中心的组织协调下，参加全国矿山重特大事故的应急救援工作。各省（区、市）根据辖区内矿山分布及受自然灾害威胁程度，建立1～3个省级矿山救援基地，由省级矿山救援指挥中心组织、指导并参加矿山事故的应急救援工作。矿山救援人员按隶属关系，由所在单位为矿山救援人员每年缴纳人身保险金，保障救援人员的切身利益。

各省（直辖市、自治区）矿山管理机构将本省（区）的采矿地区，一般以100 km为服务半径，合理划分为若干个区域。在每个区域选择一个交通位置适中、战斗力较强的矿山救护队，作为重点建设的矿山救护中心，即矿山救护大队。矿山救护大队是本区域的救灾专家、救护装备和演习训练中心，负责区域内矿山重大灾变事故的处理与调度、指挥，对直属中队实行领导，并对区域内其他矿山救护队、辅助矿山救护队进行业务指导。矿山救护大、中队长应由熟悉矿山救护业务、具有中专以上文化程度、能够佩戴氧气呼吸器、从事矿山救护工作不少于3年，并经培训取得资格证的人员担任。矿山救护中队是独立作战的基层单位，由3个以上的小队组成。矿山救护中队距服务矿山行车时间一般不超过30 min。矿山救护小队是执行作战任务的最小战斗集体，辅助矿山救护队应根据矿山的生产规模、自然条件、灾害情况确定编制，原则上应由9人以上组成。辅助矿山救护队员，应由符合矿山救护队员条件的工人、工程技术人员和干部兼职组成。

3. 组成体系

矿山应急救援队伍主要由矿山救护队伍和矿山医疗救护队伍组成。基本形成了分级管理、统一指挥、职责明晰、协同作战的矿山救援网络，如图5-10所示。

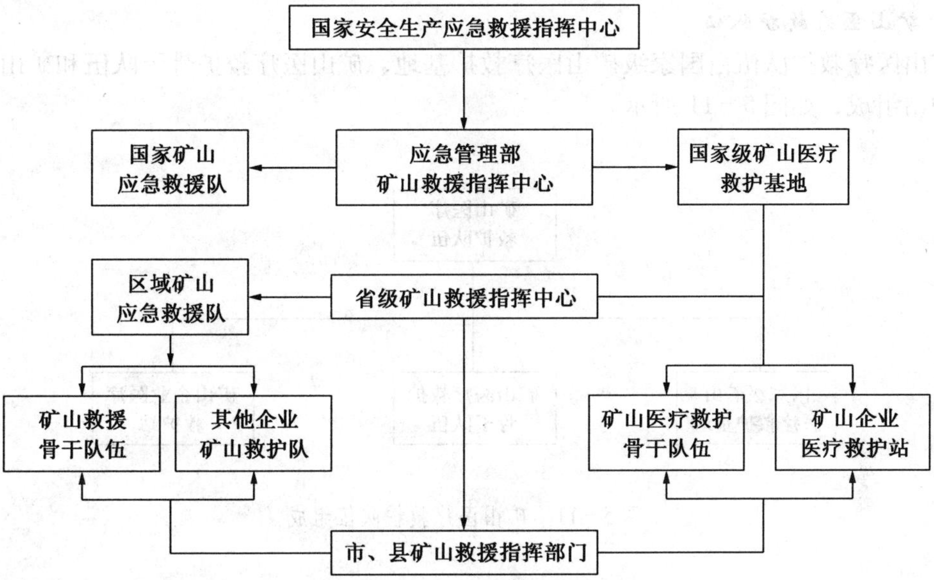

图5-10　矿山应急救援队伍

4. 矿山救护队伍

（1）国家矿山应急救援队。国家矿山应急救援队是应对规划服务区域内矿山事故灾难的中坚力量，承担全国各大区域内重特大、复杂矿山事故及相关灾害的应急救援任务，并具备应急救援高层次的人才、技术、装备储备及规范化的实训演练等功能。为提高应对特大矿山事故的综合能力，规划在东北、华北、中南、华东、西南、西北六大区域依托大型煤业公司建设6个国家矿山应急救援队，并建设1个承担深井排水和实训演练功能的国家矿山应急救援队。2013年6月25日，国家安全生产监管总局在京举行了国家矿山应急救援队授旗仪式，正式确立了开滦队、大同队、平顶山队、鹤岗队、淮南队、芙蓉队和靖远队7支国家矿山应急救援队，他们将承担起全国各大区域内，以及跨区域重特大、特别复杂矿山事故的应急救援任务。

（2）区域矿山应急救援队。区域矿山应急救援队是应对规划服务区域内矿山事故灾难的重要力量，除服务于所在企业和地方外，区域矿山应急救援队承担本省（区）及周边区域重特大、复杂矿山事故及相关灾害的应急救援任务，还具备应急救援人才、技术、装备储备及实训演练等功能。根据煤矿分布、灾害特点等因素，在全国建设14个区域矿山应急救援队。

（3）区域矿山救援骨干队伍。区域矿山救援骨干队伍是我国矿山应急救援的主要力量，业务上接受省级矿山救援指挥中心的领导，负责相邻省（区）重特大事故的应急救援，支持所在省（区）地下商场、地下油库及隧道等大型封闭空间的应急救援。规划建立110个区域矿山救援骨干队伍。

（4）基层矿山救护队。各采矿市、县和矿山企业建立的矿山救护队是矿山应急救援的基本力量。平时为本地、本企业的安全生产服务，在事故发生后的第一时间到达事故现场并实施救援。

5. 矿山医疗救护队伍

矿山医疗救护队伍由国家级矿山医疗救护基地、矿山医疗救护骨干队伍和矿山企业医疗救护站组成，如图5-11所示。

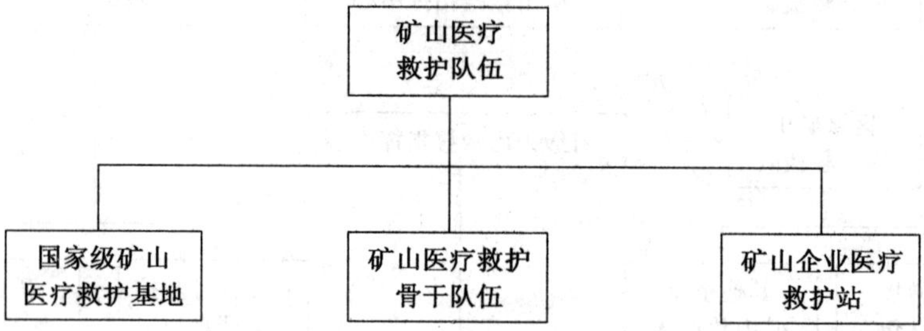

图5-11　矿山医疗救护队伍组成

2002年10月，在煤炭总医院加挂国家安全生产监督管理局（国家煤矿安全监察局）矿山医疗救护中心的牌子。2005年9月，更名为国家安全生产监督管理总局矿山医疗救护中心。矿山医疗救护中心作为中国矿山应急救援载体之一，主要承担以下职责：指导协调全国矿山医疗救护工作，组织起草有关矿山医疗救护方面的规章、规程和技术标准草案，承办矿山医疗救护体系的建设工作，组织研究、开发和推广应用矿山医疗救护方面的新技术。2018年12月，更名为应急总医院。

依据全国安全生产应急救援体系总体规划，根据国家（区域）矿山救护队和应急救援骨干力量的分布，结合企业医院规模、医疗技术力量和与救援队伍联动情况，对现有矿山企业医疗资源进行合理整合，实现与救援队伍的联合行动，协同作战，规划建立了18个国家级矿山医疗救护基地、23支矿山医疗救护骨干队伍和60余个矿山企业医疗救护站。矿山医疗救护中心和省级分中心、企业分中心与矿山救援指挥中心负责协调、指导的国家级救援基地、省级救援基地和企业矿山救护队，共同组成了中国矿山应急救援体系。

（三）我国矿山应急救援队伍存在的不足

我国矿山应急救援队伍建设的步伐还远远滞后于矿业经济的快速发展，特别是应对特别重大、复杂事故的能力亟待加强，主要表现在以下几个方面。

（1）缺少技术精湛、装备精良、管理规范的矿山应急救援队，应对特别重大、复杂事故的能力严重不足，严重影响了重特大事故的救援效果，如2004年京煤集团某煤矿“6·6”冒顶事故。

（2）缺乏快速实施跨区域、远距离救援的装备，严重影响发生在交通不便、偏远山区内的矿山事故救援，耽误宝贵的救援时间，如2009年6月5日三联铁矿重庆武隆山体滑坡掩埋事故。

（3）缺乏先进的灾区侦检与搜寻设备，不能有效地判断事故现场的危险状态，导致救援人员伤亡或救援失败，如2006年贵州某煤矿“8·21”瓦斯爆炸事故和2009年重庆武隆“6·5”山体垮塌事故。

（4）缺乏大型矿山排水装备和配套设备，难以应对重特大矿山水灾事故，如2008年山西长治某煤矿“7·12”透水事故。

（5）应急通信指挥装备不足，信息化程度低，特别是在偏远山区，无法将事故现场情况实时传送到救援指挥部和各级应急指挥中心，不利于救援指挥科学决策。

（6）装备配套性差，不能快速形成救援能力，延误救援时机，如2006年山西左云“5·18”透水事故。

（7）缺少应急救援保障装备，在很多救援现场，待机的和刚从现场返回地面的救护队员无处休息，饮食得不到供应，不利于救护队员及时恢复体力，降低了救援效率。

二、国家与区域矿山应急救援队伍体系建设

（一）建设目标

1. 总体目标

根据国家发展和改革委员会〔2011〕167号文，国家与区域矿山应急救援队伍体系建设总体目标为：依托大型矿山企业和单位，建设一批装备精良、技术精湛、训练有素、能打硬仗，关键时刻“拉得动、动得快、打得赢”的国家和区域矿山应急救援队，力争显著提高矿山事故救援生还率。

2. 具体目标

国家与区域矿山应急救援队建设的具体指标：

（1）应急机动能力指标。在10 h以内，国家和区域矿山应急救援队携带轻型装备，到达事故现场的覆盖率达到80%以上；在18 h以内，国家和区域矿山应急救援队运输排水设备、救生钻机等重型装备到达事故现场的覆盖率达到80%以上。

（2）专业救援能力指标。应对重特大透水、坍塌等矿山事故的救援能力大幅增强，事故遇险人员生还比例和遇难人员搜寻成功率明显提高；救援过程中次生事故发生率下降30%以上；救援过程中救援人员伤亡数量下降40%以上；事故现场的图像和数据信息实时传送到有关应急指挥机构的成功率达到80%以上。

（二）建设原则

1. 国家队达到国际先进，国内一流；区域队达到国际先进，国内领先

积极学习和借鉴世界主要采矿国家建设矿山救援队的有益做法和矿难事故救援的成功经验，有重点地引进世界先进救援技术和装备，提高建设起点和层次。国家与区域矿山应

急救援队要为全国其他级别的矿山应急救援队建设探索路子、树立样板、确立标准。

2. 依托企业，整合资源

在国家对大型、特殊救援装备重点投入的同时，充分发挥依托企业在国家队与区域队建设中的主体作用，整合当地现有救援队人员、基础设施、常规装备等资源，加大建设投入力度。

3. 标准先行，规范建设

根据国家安全监管总局制定的《国家矿山应急救援队建设标准》，着眼国家队与区域队长远发展，系统规划基础设施、装备器材和人员队伍训练、管理、运行、保障等工作，加强配套建设和标准化建设，提高整体能力；严格遵循建设规律，科学确定建设周期，有序组织实施，确保建设质量。

4. 突出特色，发挥优势

充分考虑国家行政区划、矿业分布、矿山灾害和依托企业等情况，立足矿山救援队伍能力建设基础，统筹安排服务范围，准确定位救援功能，最大限度地发挥和利用好各救援队伍的技术特长和专业优势。

5. 科学管理，完善体制

建立健全国家矿山应急救援队（区域矿山应急救援队）日常运行管理制度，加强与有关部门和地方政府沟通，制定扶持政策，保障运行经费，建立高效顺畅的救援工作运行机制。

（三）功能定位

1. 国家矿山应急救援队功能定位

国家矿山应急救援队是全国矿山应急救援的中坚力量，主要承担全国各大区域内以及跨区域重特大、特别复杂矿山事故的应急救援工作，具备应急救援高层次的人才、技术、装备储备等功能，其中开滦队还承担着全国范围内深井排水救援和矿山救援实训演练、培训功能。国家矿山应急救援队承担的主要任务为：

（1）依托企业所属矿山的事故救援和隐患排查。

（2）规划服务区域内重特大、复杂矿山事故的应急救援。

（3）参加消防、地铁、隧道等其他行业事故灾难和地震等重大自然灾害的应急救援。

（4）对区域内其他救护队开展培训和技术指导等。

2. 区域矿山应急救援队功能定位

区域矿山应急救援队主要承担本省区及周边区域重特大、复杂矿山事故的应急救援任务，是应对规划服务区域内矿山事故灾难的重要力量，是对7个国家矿山应急救援队的重要支撑和补充，除服务于所在企业和地方外，与国家矿山应急救援队共同承担服务区域内重特大、特别复杂矿山事故及相关灾害的应急救援任务，同时还具备应急救援人才、技术、装备储备以及实训演练等功能。区域矿山应急救援队承担的主要任务为：

（1）负责所属企业矿山事故应急救援、应急处置和隐患排查。

（2）承担服务区域内重特大矿山事故应急救援任务。

（3）与国家矿山应急救援队共同完成特别复杂矿山灾难事故应急救援任务。

（4）受命参加消防、地铁、隧道、城市洪涝等其他行业事故灾难和地震等重大自然灾害的应急救援。

（5）对区域内其他救援队开展培训和技术指导等。

（四）布局方案

1. 国家矿山应急救援队布局

根据我国重特大、复杂矿山事故救援的实际需要，在东北、华北、中南、华东、西南、西北6大区域各建设1个实力最强、现代化水平最高的矿山应急救援队，并充分发挥其核心骨干和示范带头作用。同时，为了应对日益严重的深井水害事故，重点加强建设一个负责全国范围内深井排水救援的应急救援队，共建设7个国家矿山应急救援队。

此外，为提高我国矿山救援实训演练水平，提升救援能力，在考虑国家能源发展规划，依托企业的经济实力及积极性等方面的基础上，在国家矿山应急救援队中选择1个配备部分实训演练装备，使其具备对所有国家和区域矿山应急救援队指战员和全国矿山救援队中队长以上指挥员实训演练的功能。经综合分析论证，在东北、华北、中南、华东、西南、西北6大区域，分别依托鹤岗矿业、大同煤业、中平能化、淮南矿业、靖远煤业等6大煤业集团公司分别建设国家矿山应急救援队，并依托开滦集团建设承担深井排水和实训演练功能的国家矿山应急救援队，7个国家矿山应急救援队服务范围见表5－1。

表5－1　7个国家矿山应急救援队服务范围

序号	名　称	依托或主管单位名称	服务范围	服务半径/km	地形地貌	矿山数目/个	备　注
1	开滦队	河北开滦（集团）有限责任公司	河北、北京、天津、辽宁、山东；内蒙古东部赤峰、通辽市	约460	地貌复杂多样，高原、山地、丘陵、盆地、平原类型齐全	16194	负责全国深井排水救援
2	大同队	山西大同煤矿有限责任公司	山西、陕西；内蒙古中西部锡林郭勒盟、乌兰察布市、呼和浩特市、包头市、巴彦淖尔市、鄂尔多斯市、乌海市	约460	地形有山地、丘陵、高原、盆地、台地等多种地貌类型，多为山地丘陵，较为复杂	9702	
3	鹤岗队	黑龙江龙煤矿业控股集团有限责任公司	黑龙江、吉林；内蒙古东部呼伦贝尔市、兴安盟	约460	主要由山地、台地、平原组成	6802	
4	淮南队	安徽淮南矿业（集团）有限责任公司	安徽、江苏、上海、江西、浙江、福建	约550	地形地貌呈现多样性，以丘陵、平原为主	17033	
5	平顶山队	中国平煤神马能源化工有限责任公司	河南、湖北、湖南、广东、海南	约490	以山区、平原和盆地为主	14023	
6	芙蓉队	四川煤炭产业集团有限责任公司	四川、重庆、云南、贵州、广西、西藏	约900	以平原、丘陵、山地和高原为主	29828	
7	靖远队	甘肃靖远煤业有限公司	甘肃、青海、宁夏、新疆；内蒙古西部阿拉善盟	约1020	以山地和高原为主	7899	
合　计						101481	

2. 区域矿山应急救援队布局

在7个国家矿山应急救援队的建设基础上，进一步结合我国矿山分布、矿产资源开发强度、现有矿山救援队伍情况，统计和总结近年来矿山灾害发生情况，并综合考虑依托企业的经济实力及积极性等方面，对区域矿山应急救援队进行统一布局。

（1）现有14个国家矿山救援基地中，除开滦、大同、鹤岗、平顶山、淮南、芙蓉、靖远（原金川）是国家矿山应急救援队外，保留平庄、兖州、江铜（乐平）、华锡、六枝、铜川、新疆为区域矿山应急救援队。

（2）考虑部分地区地域辽阔、救援环境特殊，新增部分区域矿山应急救援队。新疆地域辽阔，面积占全国的1/6，矿产储量、产量大，现有的国家矿山应急救援靖远队难以全区覆盖所有矿山，因此，在新疆南部增建1个区域矿山应急救援队。青海地处高寒高原地区，一旦发生事故，来自其他省的救援队伍因高原反应，无法正常开展救援工作，因此，在青海单独建设1个区域矿山应急救援队，承担青海、西藏等高原地区的重特大矿山事故救援任务。

（3）在事故总量大、灾害程度高，1个国家矿山应急救援队无法满足救援需要的地区建设区域矿山应急救援队。我国西南、华中地区小煤矿多，生产规模小，灾害严重，事故总量大，历年来都是矿山重特大事故的高发地区，其中在重庆、云南、湖南三个省（市）表现得特别突出。因此，在这3个地区增建区域矿山应急救援队；我国东北地区是瓦斯、火灾等各类事故高发地区，矿山老化严重，安全欠账多。东北地区只有鹤岗1个国家矿山应急救援队，难以满足东北地区事故救援需要，因此，在东北地区需增建1个区域矿山应急救援队；山西是矿产资源大省，煤炭储量和产量均居全国前列，国家规划的13个亿吨级大型煤炭基地有2个在山西，另外该省金属非金属矿藏丰富，各类事故多发，救援任务繁重，仅有大同1个国家矿山应急救援队不足以应对，需增建1个区域矿山应急救援队。综上分析，在西南、华中、东北、华北的重庆、云南、湖南、辽宁、山西5省（区）各增建1个区域矿山应急救援队。经综合分析论证，分别依托山西焦煤集团汾西矿业集团公司、内蒙古平庄煤业（集团）有限责任公司、沈阳煤业（集团）有限责任公司、江西煤炭集团公司、山东兖矿集团有限公司、湖南省煤业集团有限公司、广西有色金属集团有限公司、重庆能源投资集团、六枝工矿集团公司、云南东源煤业集团有限公司、陕西煤业化工集团有限责任公司、青海煤业集团公司、新疆煤矿安全监察局和新疆煤炭工业管理局、新疆生产建设兵团农二师金川矿业有限责任公司14个单位，建设区域汾西队、平庄队、沈阳队、乐平队、兖州队、郴州队、华锡队、天府队、六枝队、东源队、铜川队、青海队、新疆队、兵团队14个区域矿山应急救援队。14个区域矿山应急救援队服务范围见表5－2。

表5－2　14个区域矿山应急救援队服务范围

序号	名称	依托或主管单位名称	服务范围	服务半径/km	地形地貌	矿山数目/个
1	汾西队	山西焦煤集团汾西矿业集团公司	山西太原、吕梁、晋中、长治、临汾、晋城、运城、阳泉市；陕西榆林市	约230	地形有山地、丘陵、高原、盆地、台地、平原等多种类型	3041

表5-2（续）

序号	名称	依托或主管单位名称	服务范围	服务半径/km	地形地貌	矿山数目/个
2	平庄队	内蒙古平庄煤业（集团）有限责任公司	内蒙古赤峰市、锡林郭勒盟、通辽市、兴安盟	约450	地形以山地、丘陵、高平原为主体	3337
3	沈阳队	沈阳煤业（集团）有限责任公司	辽宁省；吉林省四平、辽源、通化、白山市	约300	地势大致为自北向南，自东西两侧向中部倾斜，山地、丘陵、平原地形都有	7542
4	乐平队	江西煤炭集团公司	江西、福建、广东	约330	山地、丘陵、台地和平原，地势总体北高南低，多山地和高丘陵	10151
5	兖州队	山东兖矿集团有限公司	山东省和江苏省徐州、连云港、宿迁市	约240	鲁中南山地丘陵区，东部半岛大都是起伏和缓的波状丘陵区，鲁西北、苏南、江淮、黄淮和东部滨海为平原	10319
6	郴州队	湖南省煤业集团有限公司	湖南、湖北、广东	约430	主要以山地、丘陵为主；南部则以平原和台地为主	11825
7	华锡队	广西有色金属集团有限公司	广西、海南和广东省云浮、阳江、茂名和湛江市	约300	由山地、丘陵、台地、平原构成	6277
8	天府队	重庆能源投资集团	重庆；四川省广安、达州、南充和巴中市	约210	西北部和中部以丘陵、低山为主，东南部靠大巴山和武陵山两座大山脉，地貌类型以平原、丘陵、山地和高原为主	5078
9	六枝队	六枝工矿集团	贵州；云南省昭通和曲靖市	约270	高原山地，地形多由山地、丘陵和盆地等组成，喀斯特地貌发育典型	14786
10	东源队	云南东源煤业集团有限公司	云南省	约350	盆地、河谷、丘陵、山地、高原相间分布，各类地貌之间条件差异很大，类型多样复杂	8149
11	铜川队	陕西煤业化工集团有限责任公司	陕西省；甘肃省庆阳、平凉、天水和陇南市	约370	地势南北高，中间低，有高原、山地、平原和盆地等多种地形	5586
12	青海队	青海煤业集团公司	青海、西藏	约800	湖泊、峡谷、盆地遍地，东部多山，西部为高原和盆地	924
13	新疆队	新疆煤矿安全监察局和新疆煤炭工业管理局	新疆北部乌鲁木齐、昌吉回族自治州、伊犁哈萨克自治州、哈密和吐鲁番地区	约450	地貌复杂多样，以山地和高原为主	1674

表5-2（续）

序号	名称	依托或主管单位名称	服务范围	服务半径/km	地形地貌	矿山数目/个
14	兵团队	新疆生产建设兵团农二师金川矿业有限责任公司	新疆南部阿克苏、喀什、和田地区和克孜勒苏柯尔克孜自治州、巴音郭勒盟自治州	约460	以山地和高原为主，周围高山环绕，内部高山与盆地相间	1673
合计						90362

（五）运行管理

1. 国家矿山应急救援队

国家矿山应急救援队实行安全监管总局与依托单位双重管理，以安全监管总局为主。国家矿山应急救援队主要负责人由依托单位领导担任，具体人选由依托单位提名，安全监管总局会同依托单位上级主管部门进行考察，由安全监管总局任命。其他副职由依托单位提名，应急指挥中心会同依托单位进行考察，由应急指挥中心任命。应急指挥中心对国家矿山应急救援队进行监督管理。国家矿山应急救援队统一着装和标识，实行准军事化管理。

安全监管总局制定协调指挥程序，并与国家矿山应急救援队签订救援服务协议，非常态下调动国家矿山应急救援队参与事故灾难的应急救援。

国家矿山应急救援队除在本队进行日常实训演练外，按中队建制分批定期在国家矿山救援开滦队接受高层次培训，并承担战备值班任务，遇有特别重大、复杂事故发生，接受指令立即赶赴事故现场参与救援。

2. 区域矿山应急救援队

区域矿山应急救援队实行应急指挥中心与依托单位双重管理，应急指挥中心对区域矿山应急救援队进行监督管理。区域矿山应急救援队统一着装和标识，实行准军事化管理。安全监管总局制定协调指挥程序，并与区域矿山应急救援队签订救援服务协议，非常态下调动区域矿山应急救援队参与事故灾难的应急救援。

区域矿山应急救援队中队以上指挥员由国家矿山救援开滦队负责培训，其他人员由本队负责培训。

三、矿山救护队及其作用

矿山救护队是处理和抢救矿井火灾、矿山水灾、火药爆破炮烟中毒等矿山灾害的职业性、技术性、军事化的专业队伍。

矿山救护队的职业性在于经常处于战备状态，时刻保持高度警惕，严格管理，严格训练，常备不懈，平时下井熟悉巷道路线，检查、消除隐患，并有8～9人的当值小队执行昼夜值班，一经接到事故通知报警后，要在1 min内出动，专业服装及仪器装备均在车上。行进途中，队员在车内着装配械，下车后可立即奔赴灾变现场。

矿山救护队的技术性在于每个矿山救护队指战员必须熟悉矿井采掘、通风、机电各专业知识；熟练掌握急救、抢险、救人的技术业务知识；了解救护技术装备的性能、构造、维修、保养，并能熟练操作，排除故障；掌握各种救灾工艺技术，能在窒息区抢救时得心应手。

所谓军事化是指矿山救护队实行军事化管理，开展军事训练，以灾区为战场，以矿灾为消灭之敌，以呼吸器械为武器，严肃队容风纪，提高组织性、纪律性，每个指战员都要坚决服从命令，听从指挥。矿山救护队分大队、中队、小队三级组织，大队由2个以上中队组成，中队由3个以上小队组成，小队至少由8~9人组成。中队是独立作战单位，小队是基层作战单位。

军事化矿山救护队，为保证行动迅速，经常处于备战状态，分别以小队为单位担任值班队、待机队和休息队。值班队时刻处于备战状态；待机队可以进行学习、训练、下井检查；休息队可以回住宅休息。救护队员的家宅必须靠近部队，可就近来队当值。

矿山救护队除了有专业队伍之外还有辅助救护队。

辅助矿山救护队是不脱产的矿山救护队。它是专业化矿山救护队的助手和后备军。

辅助矿山救护队是由从事煤矿相关生产技术等工作，有实践经验，身体符合专职矿山救护队员标准的工人，以及工程技术人员所组成。

辅助矿山救护队员由矿长或矿总工程师直接领导，设专职队长及专职仪器装备维修工。

辅助矿山救护队的任务是：

（1）积极协助矿长搞好职工自救知识教育及预防灾害发生的工作。

（2）协助专职救护队完成紧急救灾任务，如为执行侦查灾情任务的专职救护队充当向导，担任灾区的安全岗哨，引导遇灾工人安全撤出矿井。

（3）为专职矿山救护队运送救灾设备和材料，配合抢险。

（4）当矿山发生事故时，在专职矿山救护队尚未到矿之前，迅速奔赴事故现场，引导和救助工人撤离或协助其自救。

（5）采取有效措施控制灾情发展，将灾害消除在初始阶段。

预防性检查是矿山救护队的一项重要任务。应有计划地派出小队到所服务的矿山，熟悉矿山生产工作面布置、作业设备、库房的分布情况；要了解和掌握矿山与安全相关的设备设施等系统的现实情况；检查矿山重大事故隐患；检查矿山灾害预防和处理计划的执行情况。针对上诉存在的问题，预先采取防止措施。

内蒙古煤矿安全监察局呼伦贝尔分局根据辖区露天矿山灾害事故情况，制定了呼伦贝尔露天煤矿应急救援队建设方案，弥补了露天煤矿没有专业救援队伍的空白。露天矿山救护队除配备符合满足《矿山救护规程》（AQ 1008—2007）要求的技术装备和训练器材（表5-3）外，根据不同的灾害类别，还应配备专业的应急救援器材（表5-4~表5-8）。

表5-3 救护中队急救器材基本配备清单

类别	装备名称	标准要求	数量	单位	备注
车辆	救援指挥车	四驱	1	辆	
	应急救援车		2	辆	

表 5-3（续）

类别	装备名称	标准要求	数量	单位	备注
通信设备	程控电话	可录音	1	部	
灭火装备	消防水带	65-13-20	20	条	
	1 kg 干粉灭火器	ABC	12	具	
	4 kg 干粉灭火器	ABC	10	具	
	8 kg 干粉灭火器	ABC	20	具	
	水枪	直流、开花	10	支	
药剂	氢氧化钙		0.5	吨	
	泡沫药剂		1.5	吨	
	防雾剂	呼吸器面罩防雾	35	瓶	
检测仪器	热成像仪	有安标	1	台	
	红外线测距仪		1	台	
	光学瓦斯检测仪	0~10%	2	台	
	光学瓦斯检测仪	0~100%	2	台	
检测仪器	金属套玻璃温度计	0~100 ℃	10	支	
	氧气测定器		2	台	
	红外测温仪		2	块	
	干湿温度计		2	支	
	呼吸器校验仪		3	台	
个人防护	矿灯	带线、干式充电	人均 1 台	台	
	4 h 氧气呼吸器		人均 1 套	套	
	2 h 氧气呼吸器		人均 1 套	套	
	自动苏生仪		每小队 1 台	台	
	救援服		人均 1 套	套	
	防护服	带反光标志	人均 1 套	套	
	救援头盔		人均 1 顶	顶	
	安全带		人均 1 条	条	
	消防水靴		人均 1 双	双	
	救援手套		人均 1 副	副	
	帆布手套		人均 1 副	副	
	绝缘手套		人均 1 副	副	
	线手套		人均 1 副	副	
	隔热服		人均 1 套	套	
	安全绳		人均 1 根	根	
	自救器	压缩氧	人均 1 台	台	
	工具包		人均 1 个	个	
	白毛巾		人均 1 条	条	

表5-3（续）

类别	装备名称	标准要求	数量	单位	备注
装备工具器材	保温毯	棉织	4	条	
	氧气充填泵	氧气充填室配备	2	台	
	心肺复苏模拟人		1	套	
	液压起重器	或起重气垫	1	套	
	套装手动工具	39 件套	1	套	
	电工组合工具	45 件套	3	套	
	破拆工具	剪扩两用钳等	1	套	
	工具箱	内装铜质锤、斧、镐、两用锹、钎等	2	套	
	医药箱	内含若干急用药物	3	套	
	皮尺	10 m	1	把	
	应急器材箱		2	套	
	羊角起钉器		3	把	
	负压担架		2	副	
	快速接管工具		2	套	
	不锈钢亚光直尺		1	把	
	划规		1	把	
	绘图板		1	个	
	三角尺		1	把	
	秒表		4	块	
	钢卷尺	2 m	3	把	
	医用颈托		6	个	
	可塑性高分子夹板		3	个	
	1.5 L 氧气瓶		10	具	
	2.7 L 氧气瓶		15	具	
	40 L 氧气瓶		8	具	
	呼吸器专用工具		3	套	
	氧气呼吸器备件袋		3	套	
	计时钟		1	个	
设施	工业冰箱		1	台	
	洗衣机	全自动	1	台	
	室内体能训练器械	体能综合训练器械	1	套	
	室外训练器械	单、双杠，爬绳等			
	跳高垫子		3	块	
	检力器	20 kg	1	个	
	台式电脑		1	台	

表5-3（续）

类别	装备名称	标准要求	数量	单位	备注
设施	笔记本电脑	配无线网卡	1	台	
	数码照相机		1	台	
	数码摄像机		1	台	
	打印机		1	台	
	扫描仪		1	台	
	移动硬盘		2	个	
	U盘		6	个	
	电视		1	台	
	电缆盘	20 m以上	5	盘	
其他	白板	120 cm×80 cm	1	块	
	背包	装防护服	人均一个	个	
	军用被褥		人均一套	床	
	床品套件		人均一套	套	
	档案盒		60	个	
	档案袋		100	个	
	制度牌板		15	块	
	三层货架	金属制	20	个	
	露天煤矿采剥工程平面图		1	张	
	主要技术装备牌板		1	块	
	事故记录图板		1	个	
	指战员居住牌板		1	个	
	中队组织机构牌板		1	个	
	各种门牌		26	个	
	各种记录本		100	个	

表5-4 露天煤矿矿山水灾应急救援器材

序号	装备名称	要求	单位	数量	型号	备注
1	水泵	扬程100 m	台	2		排量400 m^3/h
2	水管		m	300	ϕ270 mm	软管及接头
3	钢管		m	900	ϕ270 mm	钢管及接头
4	编织袋		条	2000		
5	铁锹		把	50		
6	松原木杆		m^3	5	ϕ100 mm以上	长4 m
7	铁锤	35磅（1 lb≈0.45 kg）	个	5		
8	铁丝编织网笼		个	20	1.5m×1.5 m	

表5-4（续）

序号	装备名称	要求	单位	数量	型号	备注
9	刀锯		把	10		
10	警戒带		盒	10		
11	木工斧子		把	10		
12	锯弓子		把	5		
13	松板	30 mm×150 mm×4000 mm	m^3	5		
14	撬棍（六楞钢）	1.5 m	根	1		
15	撬棍	1 m长	根	1		
16	圆钉	4″	kg	5		
17	圆钉	3″	kg	5		
18	镐		把	6		
19	镐把		根	20		
20	方锹		把	20		
21	消防水带	ϕ65	m	100		
22	防洪泵	KL600-50×4	台	1		
23	发电车	2200 kW	台	1		
24	挖掘机	360	台	5		
25	救护用车	宇通牌通勤车	台	1		
26	消防栓接口	ϕ65	对	20		
27	电缆	50	m	200		

表5-5　露天煤矿矿山边坡应急救援器材

序号	装备名称	要求	单位	数量	型号	备注
1	平路机		台	10		
2	挖掘机		台	5		
3	前装机		台	10		
4	推土机		台	5		
5	108 t卡车	SF31904	台	4		
6	TR100卡车		台	10		
7	220 t卡车		台	10		

表5-6　露天煤矿矿山机械车辆应急救援器材

序号	装备名称	要求	单位	数量	型号	备注
1	洒水车	40 t	台	3	TR50-W	
2	洒水车	100 t	台	3	SF31904	
3	洒水车	20 t	台	24		

表5-6（续）

序号	装备名称	要求	单位	数量	型号	备注
4	干粉灭火器	8 kg	台	15	MFZ/ABC8	水泵房存放
5	CO_2 灭火器		台	10	MT5	水泵房存放
6	宇通客车		辆	2	ZK6737D	撤人用
7	干粉灭火器	8 kg	台	100	MFZ/ABC8	每个220车存放
8	干粉灭火器	35 kg	台	20	MFZ/ABC35	每个台阶存放

表5-7　露天煤矿矿山火灾应急救援器材

序号	装备名称	要求	单位	数量	型号	备注
1	洒水车	40 t	台	3	TR50-W	
2	洒水车	100 t	台	3	SF31904	
3	洒水车	20 t	台	24		
4	干粉灭火器	8 kg	台	15	MFZ/ABC8	水泵房存放
5	CO_2 灭火器		台	10	MT5	水泵房存放
6	宇通客车		辆	2	ZK6737D	撤人用
7	干粉灭火器	8 kg	台	100	MFZ/ABC8	每个220车存放
8	干粉灭火器	35 kg	台	20	MFZ/ABC35	每个台阶存放

表5-8　露天煤矿矿山电器伤害应急救援器材

序号	装备名称	要求	单位	数量	型号	备注
1	绝缘靴		双	10		
2	绝缘手套		副	10		
3	绝缘杆		个	2		
4	干粉灭火器	8 kg	台	10	MFZ/ABC8	
5	CO_2 灭火器		台	10	MT5	
6	绝缘钳		把	10		
7	高压验电笔		个	10		
8	绝缘鞋		双	10		
9	橡皮垫		个	10		
10	绝缘台		个	2		
11	放电线		m	100		
12	救援电力抢修车		辆	1		

第四节　煤矿应急救援关键装备

矿山救护技术装备是指矿山救护队在处理灾害事故时使用的仪器和装备的总称。按照处理现场事故分类有：处理现场水、火、瓦斯、煤尘和顶板事故的装备；按照救护队管理层次分类有：个人装备、小队装备、中队装备和大队装备；按照使用功能分类有：个人防护装备、抢救遇险人员装备、救灾通信装备、环境参数检测装备、灭火装备、破拆装备、支护装备等方面的救护装备；按照使用场所分类有：地面、现场、高空和水下装备。新中国成立以后，我国建立了矿山救护队，队伍建制和装备都引进和借鉴了苏联的经验。1994年以来，国家开始引进了世界各国先进的救援装备。

一、矿山救护队员个体防护装备

所谓个体防护装备，就是在危险的环境条件下使用的个人自身安全保护的装备。矿山救护队是处理矿山五大灾害的专业性队伍，所从事的是在急、难、险、重等危险环境下的救护工作。矿山救护队员的个体防护装备主要是指参加抢险救灾工作时佩戴的氧气呼吸器。氧气呼吸器是矿山救护人员必不可少的基本救护装备，它保证矿山救护人员免遭外界有毒有害气体的侵害、维持正常的呼吸循环、在灾区中执行抢险救护工作，从某种意义上说，氧气呼吸器就是救护工作人员的生命。

所谓正压氧气呼吸器，就是依靠其减压供气特性使佩用者在呼吸时，其呼吸系统内的气体压力始终处于大于外界工作空间大气压力的氧气呼吸器。目前，国内外矿山救护队使用的正压氧气呼吸器有呼吸舱式和气囊式两大类。

1. 呼吸舱式正压氧气呼吸器

所谓呼吸舱式正压氧气呼吸器，是指在其呼吸系统中的储气容器为刚性体的正压氧气呼吸器。下面以 BIOPAK240 型为例简要介绍呼吸舱式正压氧气呼吸器。

1）仪器结构

BIOPAK240 型舱式正压氧气呼吸器结构如图 5－12 所示。

2）工作原理

打开氧气瓶，高压氧气通过减压器将 20692.03 kPa 的氧气压力减压至 1843.650 kPa，减压后氧气通过供氧管流入流量限制器（定量孔），并以一定流量进入呼吸舱，通过吸收剂盒，再由呼吸腔的边缘进入下呼吸舱，通过连接管流入冷却罐，被冷却后的气体通过吸气软管进入面罩。呼气时，气体通过呼气软管进入呼吸舱，与定量孔供给的氧气混合后经过清净罐除去 CO_2 后，再由呼吸腔边缘进入下呼吸舱，形成封闭式的循环系统。

3）适用条件

适用于无氧、缺氧及任何有毒气、烟气、蒸汽等污染的环境中。环境温度 －20～＋60 ℃、相对湿度 0～100%、大气压力 70～125 kPa 的大气环境。

4）仪器特点

（1）采用正压原理，使呼吸系统（包括面罩）内的压力始终高于外界环境大气压力，可有效阻止外界有毒有害气体进入呼吸系统。

（2）安全保护系数大于 20000，与负压式（保护系数小于 10000）呼吸器相比，安全

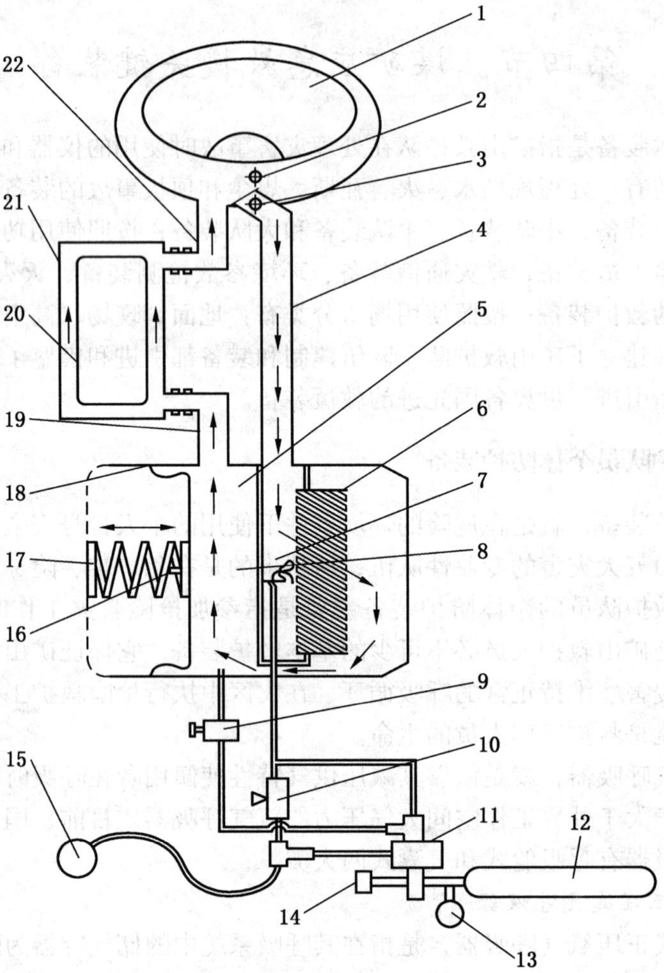

1—面罩；2—吸气阀；3—呼气阀；4—呼气软管；5—呼吸舱；6—清净罐；7—定量供氧装置；8—自动补给阀；9—手动补给阀；10—警报器；11—减压器；12—氧气瓶；13—气瓶压力表；14—气瓶开关；15—肩挂压力表；16—排气阀；17—加载弹簧；18—膜片；19—连接软管；20—冷却芯；21—冷却罐；22—吸气软管

图5-12　BIOPAK240型正压氧气呼吸器机构及工作原理示意

系数提高了一倍多。

（3）使用时不受环境大气成分限制。

（4）宽视野全面罩，镜片上设有防雾保明装置，使用时不上雾气。

（5）面罩内设有发话器。

（6）有供气报警和余压报警装置。

（7）使用时间长。中等劳动强度下，可维持使用5.5 h。

（8）CO_2 吸收剂效率高，呼吸器内的 CO_2 浓度很小，呼吸的气体纯净。

（9）背带柔软，配重合理，零部件设计结构紧凑，整机重量合理分布在臀、腰、肩3部分，佩戴舒适。

（10）设有冷却剂滤毒罐，采用“兰冰”做冷却剂，吸气温度不超 35 ℃。

（11）整机只有一个 O_2 瓶开关。更换 O_2 瓶不用扳手。

（12）各接头采用螺扣式或压扣式，连接方便、安全可靠。

（13）操作、维护、保养简单、方便。

5）安全注意事项

（1）呼吸器严禁沾染油脂，呼吸器距暖气设备及热源不得小于 1.5 m，室内空气中不应含有腐蚀性的酸性气体或烟雾。

（2）压缩氧气危险，氧气瓶始终要轻拿轻放，以防破裂。不允许油、油脂或其他易燃材料同氧气瓶或瓶阀接触。在有明火或火花的地方勿打开瓶阀，以防着火造成人身伤亡。

（3）在明火附近或在辐射热中勿使用本呼吸器。

（4）发音膜的使用要注意，说话声音比平时大些，但不要喊叫，讲话要清楚缓慢。

（5）当氧气瓶内的氧气压力剩下 25%［(5±1) MPa］时，报警器以大于 82 dB 的声强鸣响约 30~60 s 报警。当报警器鸣响时，佩戴人员应立即撤离工作现场。

（6）在自动补给阀和定量供氧装置出现故障或呼吸舱内的呼吸气体供应不足而呼吸阻力增大时，可按手动补给阀按钮，每次按 2 s，所补给的氧气直接进入呼吸舱，可根据需要增加手动补给次数，以便维持有充足的呼吸气体供给。

（7）呼吸器发生故障，如管路堵塞时，使用手动补给阀供氧，撤离灾区，更换呼吸器。

（8）压力表管路断开时，应撤离灾区，更换呼吸器。

（9）若 BIOPAK240 内自动补给阀动作过频，应调整面罩或更换面罩。如果解决不了，应退出灾区，更换呼吸器。

（10）当使用者感到恶心、头晕或有不舒服的感觉、吸气或呼吸感到困难、压力表出现压力急骤下降等症状时，必须立即撤出灾区。

（11）在灾区内如果减压器发生故障，则立即关闭氧气瓶阀门，迅速撤离灾区，然后每呼吸 5 次，要瞬间打开和关闭氧气瓶。

2. 气囊式正压氧气呼吸器

气囊式正压氧气呼吸器是指在其呼吸系统中的储气容器由可塑性材料制造的正压氧气呼吸器。BG4 型正压氧气呼吸器是 20 世纪 90 年代我国从德国引进并推广使用的正压氧气呼吸器，以该型号为例介绍气囊式正压氧气呼吸器。

1）仪器结构

BG4 型正压氧气呼吸器结构如图 5-13 所示。

2）工作原理

打开氧气瓶开关，高压氧气经减压器后，以稳定流量进入面罩，供佩戴者呼吸使用。佩戴时通过面罩与头部的呼吸连接而与外界隔绝。呼气时，呼出的气体经呼吸接头内的呼气阀、呼气软管而进入装有 CO_2 吸收剂的清净罐内，呼出气体中的 CO_2 气体被吸收剂吸收后，其余气体进入气囊，气囊内的气体与减压器定量供出的氧气在降温器的出口处混合。呼气时，由于吸气阀关闭，因此，呼出的气体只能进入装有 CO_2 吸收剂的清净罐内。吸气时，吸气阀开启，呼气阀关闭，气囊中的气体以及定量供给的氧气经降温器、吸气软

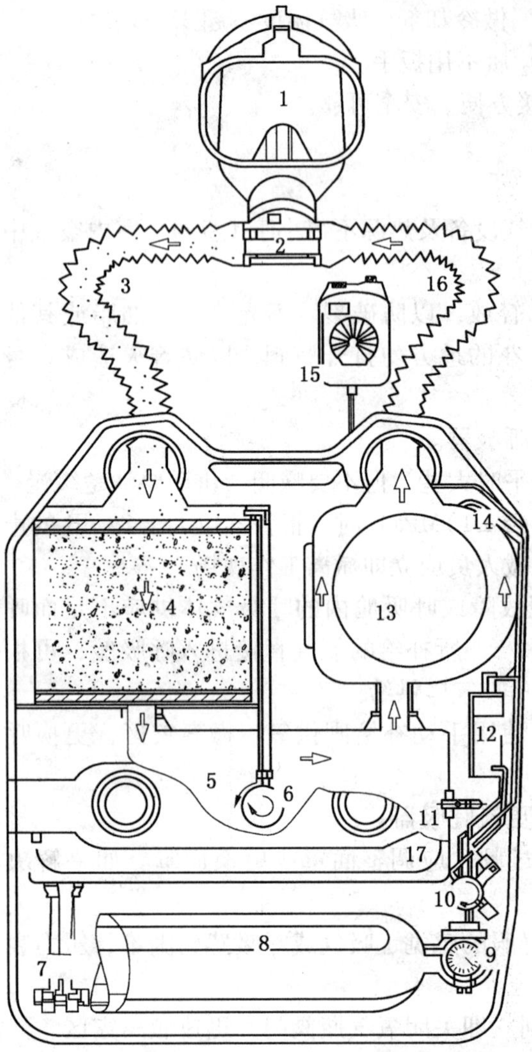

1—面罩；2—呼吸接头；3—呼吸软管；4—清净罐；5—气囊；6—排气阀；7—排水阀；8—氧气瓶；9—瓶阀；10—减压器；11—自动补给阀；12—模拟窗主机；13—降温器；14—定量供氧；15—模拟窗显示器；16—呼吸软管；17—压力传感器

图5－13　BG4型正压氧气呼吸器原理结构

管、吸气阀、面罩进入人体肺部，从而完成整个呼吸循环。工作原理如图5－14所示。

3）适用条件

BG4型正压氧气呼吸器适用于环境温度为－6～40 ℃、大气压力为12.5～90.0 kPa、相对湿度为0～100%的环境中。

4）仪器特点

（1）仪器使用过程中，整个呼吸系统的压力始终高于外界环境气体压力，能有效地防止外界环境中的有毒有害气体进入呼吸系统，保护佩戴人员的安全。

（2）先进技术及新型材料的应用，使整机重量较轻（不大于12.8 kg）。

（3）按人体工程学原理设计的背壳以及新型舒适的快速着装方式，使得整机重量合理分布在背部，佩戴更为舒适、方便。

（4）气体降温器及低阻高效的CO_2清净罐，使得呼吸相当舒适。

（5）BG4型正压氧气呼吸器整机结构简单，不需任何工具就可进行各部件的拆装，便于维护。

（6）采用了世界上先进的“模拟窗”（Monitron）电子报警、测试及压力显示系统，该系统具有如下功能：图示、数字显示及声光报警，高压及膛压气密性检测，定量供氧量检测，气瓶余压报警，缺氧报警。

（7）仪器与环境直接接触的材料均采用高效阻燃材料，仪器能在火灾环境下使用。

（8）仪器在短时处于直立状态下进入到1 m深的水中，可以正常使用。

5）安全注意事项

（1）氧气瓶在充气时，严禁接头及瓶阀沾染油和油脂，以免发生爆炸危险。

（2）严禁在有爆炸危险的区域进行安装/更换电池。

（3）必须使用指定型号的电池。

（4）如果Monitron电子报警器发生故障，红灯常亮，仪器不能使用。

（5）避免暴露在直射阳光下以及臭氧中。

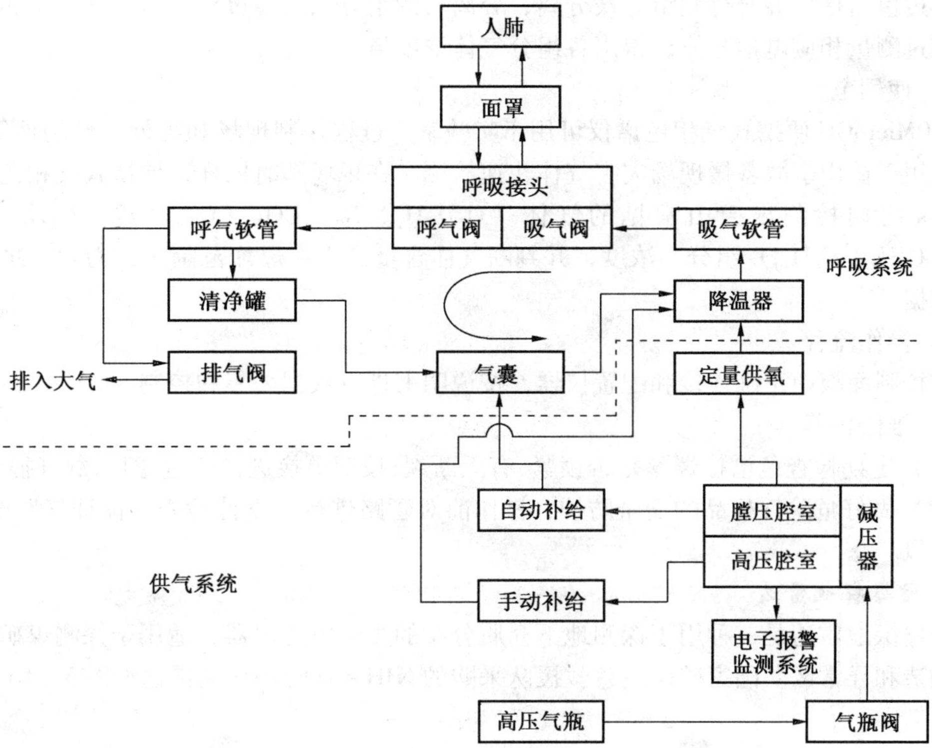

图 5-14 BG4 型正压氧气呼吸器供气系统和呼吸系统工作原理

二、侦检探测设备

1. 便携式气相色谱仪

便携式气相色谱仪为快速气体分析装置,能够快速检测矿井气体中甲烷、氢气、一氧化碳等有毒有害气体的浓度。它可以便携放置在任意需要测定的区域,或设置在特定区域做实时在线分析。国家矿山应急救援队采购的 490MicroGC 便携式气相色谱仪如图 5-15 所示。

1) 设备简介

490MicroGC 便携式气相色谱仪有 2 个或 4 个独立的即插即用的色谱通道，可根据不同的应用随意组合成新的色谱分析系统，每个独立的色谱通道由基于微电子技术的管路、进样口、色谱柱和检测器组成。色谱仪主要配置还包括气体分析主机、电源、笔记本电脑、色谱软件、多功能进样器及专用工具箱包等相关配件。490MicroGC 便携式气相色谱仪具有体积小、携带方便、分析速度快等优点。

图 5-15 490MicroGC 便携式气相色谱仪

2) 工作原理

待测混合气体由进样口抽入便携式气相色谱

仪，经过色谱柱后混合待测组分被分离，分离后的组分依次通过检测器，并产生相应电信号，通过测量相应电信号值，得出各组分气体浓度值。

3）使用范围

490MicroGC便携式气相色谱仪可用于实验室、过程控制现场和野外工作场地等场合，特别适用于矿山事故救援现场灾害气体快速检测。在现场即时取样，便携式气相色谱仪能在120 s之内检测出矿山常见的气体（O_2、H_2、N_2、CO、CO_2、CH_4、C_2H_6、C_2H_4、C_2H_2、C_3H_8、C_4H_{10}）组分、浓度，并判断气体含量是否在爆炸范围内，为救灾决策指挥提供依据。

4）操作流程

在控制面板中正确连接和配置仪器，按说明书进行数据采集和控制。

5）维修保养

（1）定期检查色谱柱螺丝是否锁紧、有无断裂；按期更换进样口过滤片、载气捕集阱。

（2）做好危险性样品的安全防护，操作前对管路进行气密性检查，保证气路的严密，注意通风。

2. 防爆探地雷达

防爆探地雷达是一种用于探测地下介质分布的光谱电磁仪器，适用于探测煤矿瓦斯地质小构造和异常区。国家矿山应急救援队采购的KJH－D防爆探地雷达如图5－16所示。

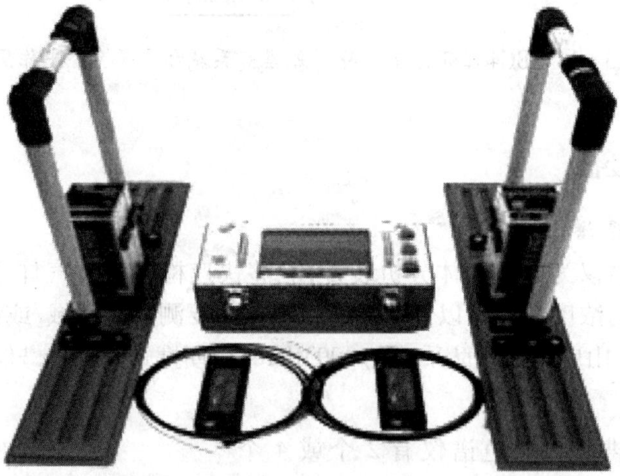

图5－16　KJH－D防爆探地雷达

1）设备结构

KJH－D防爆探地雷达采用无损探测，主要由主机、发射机、接收机、天线对、连接光纤、防爆电池组成，如图5－17所示。

2）工作原理

KJH－D防爆探地雷达利用发射天线发射高频宽带电磁波脉冲，接收天线接收来自地下介质的界面的反射波。电磁波在介质中传播时，其路径、电磁场强度与波形将随所通过的介质的电性性质及几何形态而变化。因此，根据接收到波的旅行时间（双程走时）、幅度与波形资料，可推断介质的结构和形态大小。KJH－D 防爆探地雷达的工作原理如图 5－18 所示。

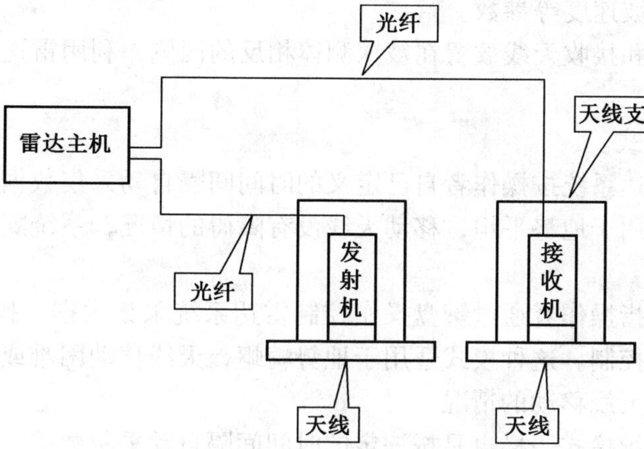

图 5－17　KJH－D 防爆探地雷达结构示意图

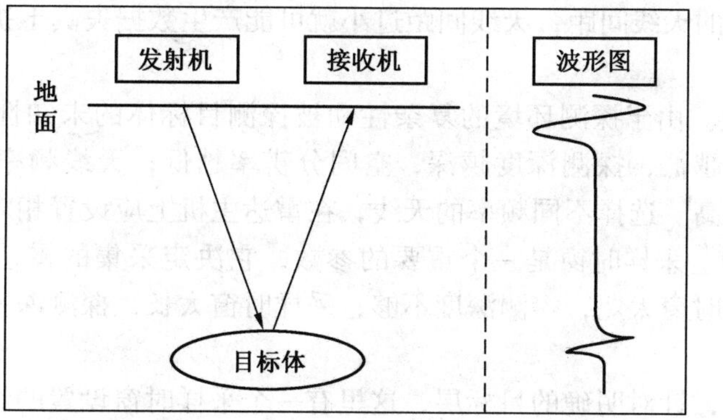

图 5－18　KJH－D 防爆探地雷达工作原理

3）使用范围

KJH－D 防爆探地雷达可超前探测 30～50 m（根据地质条件不同而不同）范围内的断层、陷落柱、含水带等地质构造。

4）操作流程

雷达整机系统装配连接好后，分别打开接收机和发射机电源，再打开主机，进入系统就可以开始采样了。

（1）启动系统。按任意键启动系统，进入采集软件的主菜单。

（2）探测方法类型。探地雷达根据工作方法和天线的放置位置不同，可以用不同的方式进行探测。

反射法：发射和接收天线以一定的间距放置在被探测体的同一表面，利用雷达反射回波来分辨目标的方法。反射法也是最常用的探测方法。

共中点探测或宽角度反射和折射探测：发射和接收天线以一定的间距放置在被探测体的同一表面，保持天线间的中点不变，不断改变天线间距进行反射探测。该探测可以确定不同深度地层的雷达波速度等参数。

透射法：将发射和接收天线放置在被探测体相反的两侧，利用雷达的透射回波来探测目标体内的异常。

（3）采集操作模式。

连续模式：指雷达系统按操作者自己定义的时间间隔自动采集数据，采样过程不需人工操作。这种模式适用于地势平坦，移动天线没有障碍的情况，系统默认每次移动都是沿测线移动1个步距。

人工单步操作：指操作者通过键盘操作控制雷达系统采集数据，操作一次采样一次，采样过程完全靠人工控制。这种模式适用于地势崎岖，天线移动困难或不能保证在均匀固定的时间间隔内完成天线移动的情况。

简便模式：与连续模式一样也是按一定的时间间隔自动采集数据，无须人工操作。不同的是系统默认每次移动的测点步距固定在1 m，这样采集点与测点位置相对应。

（4）天线移动步距。在探测中针对不同的目标体，选择不同的天线移动步距。

（5）天线间距。在反射法探测中，保持天线间距不变是极为重要的，而不同频率的天线都有1个最小的天线间距，天线间距过小就可能产生数据失真干扰，过大有可能造成信号太弱。

（6）频率设置。由于探测环境的复杂性和被探测目标体的未知性，频率设置的基本原则是：天线频率越低，探测深度越深，空间分辨率越低；天线频率越高，探测深度越浅，空间分辨率越高。选择不同频率的天线，在雷达主机上应设置相对应的频率参数。

（7）采样时窗。采样时窗是一个重要的参数，它决定采集的雷达数据是否达到探测的目的深度。采样时窗太短，探测深度不够；采样时窗太长，探测深度过深，影响探测效率和处理速度。

在实际探测中，针对明确的目标层，这里有一个采样时窗设置的经验估算公式：

$$采样时窗 = 1.3 \times (2 \times 探测深度)/雷达波速度$$

雷达波速度为雷达波在目标地层中传播的速度，可根据地层介质的介电常数推算。

（8）采样间隔。雷达波形图上采样点间的时间间隔是一个重要的参数。这个参数取决于使用天线的频率，越高频率的天线需要越高的采样率，采样点间距也就越短。

（9）叠加次数。从理论上讲，叠加次数越高，波形质量越好，但由于采样数量和计算量加大，过高的叠加次数会造成系统反应缓慢和不必要的消耗，因此选择正确的叠加次数非常重要。一般来讲，大多数情况下叠加次数设置为16、32和64次较为合适。

（10）雷达数据采集。上述功能参数设置完成后，雷达数据采集即可开始。

5）维修保养

（1）日常维护保养：

① 防爆探地雷达是高科技精密仪器，使用时轻拿、轻放，切忌摔打、挤压。

② 接光纤应避免拖拽、碾压，使用后要及时清洁。

③ 井下或野外使用过程中，要注意防尘、防水、防震、绝缘等事项，使用后及时做

好保洁工作。

（2）长期停放时的维护保养：

① 长时间放置不用时，应间隔 3 个月充放电 1 次。

② 在长期停放时，要做好通风、防尘、防水、防震等工作。

（3）使用和维护时注意事项：

① 严禁改变探地雷达的配置设备。

② 严禁改变本安电路和与本安电路有关的元器件的型号、规格和参数。

③ 严禁使用本机规定以外的电池。

3. 蛇眼探测仪

蛇眼探测仪是一种搜索仪器，通过摄像头可对压在废墟下的受害者进行 360°观测、搜寻并予以准确定位，为救援工作提供视、听双重保障。国家矿山应急救援队采购的 SnakeEye－Ⅱ蛇眼探测仪如图 5－19 所示。

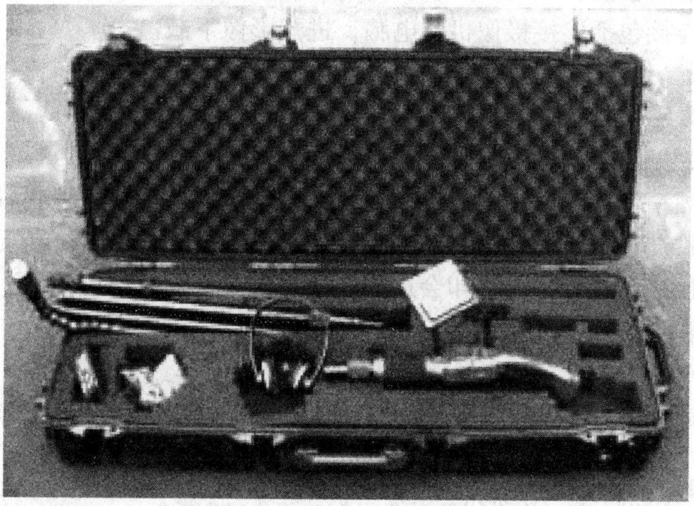

图 5－19　SnakeEye－Ⅱ蛇眼探测仪

1）设备简介

SnakeEye－Ⅱ蛇眼探测仪主要配置包括显示器、摄像头、标准操作手柄、全角旋转式蛇眼探测头、软式传输电缆、直视弹簧式小探测头及硬式传输电缆、备用电池和专用工具箱包。

蛇眼探测仪为超轻型可伸缩探头，采用强弹力碳铝管制成，可 360°旋转，共分为 3 部分，展开长度 3.6 m，闭合长度 1.1 m，可加延长杆，探测仪总长度可达 6 m。采用高清 CCD 摄像头，内置白光灯，配置 4 寸彩屏，可实时监控，配 2 ×2200 mA · h 高容量锂电池，连续工作可达 4 h。

2）工作原理

蛇眼探测仪主要是利用光反射进行生命探测。仪器的主体非常柔韧，像通下水道用的蛇皮管，能在废墟中自由扭动。仪器前面有细小的小探头，可深入极微小的缝隙探测，类似摄像仪器，将信息传送回来，救援队员利用观察器可定性检查废墟深处的情况。

3）使用范围

SnakeEye－Ⅱ蛇眼探测仪主要用在狭窄缝隙事故现场人员搜寻、探查，迅速对受害者展开搜索与定位。

4）操作流程

（1）组装。按说明书进行组装。

（2）拍摄。包括录像和拍照，通过LCD显示屏图标、LCD显示屏菜单功能、画质/帧频、日时记录、电源键、录像/返回键、拍照/上翻键、菜单/确认键和对讲切换来实现。

（3）播放。主要有播放静、动态影像，通过播放/停止键、查看/下翻键、影像保护、影像删除和格式化存储卡来实现。

（4）设置。设置包括日期/时间设置、语言设置、定时关机设置、摄录时间设置、日时记录、VIDEO输出设置、系统版本和固件升级。

（5）连接。连接包括连接摄像机与电脑，进行影像下载。

5）维修保养

（1）不要用湿手操作摄像机。

（2）为安全起见，请将设备及附件放置在远离儿童及动物的地方。

（3）不要用酒精、抛光粉、清洁剂、汽油、稀释剂、蜡、石油制品或热水擦拭摄像机，还应避免接触玻璃清洁剂、杀虫剂或发胶，这些物质能引起形状或颜色改变。

（4）不要直接接触摄像头，指印会造成图像模糊，镜头不能对焦。

（5）注意旋转力度。

4. 瞬变电磁仪

瞬变电磁仪是一种矿山地质结构探测仪器，可对矿山事故现场救援的地质结构进行物探勘查及深部地质构造的探测，为救援指战员提供抢险依据。国家区域矿山应急救援队采购的V8瞬变电磁仪如图5－20所示。

(a) 瞬变电磁发射机

(b) 瞬变电磁接收机

图5－20　V8瞬变电磁仪

1）设备简介

V8瞬变电磁仪由发射系统、接收系统和数据处理系统构成。发射系统包括T－4A发射机、TMR时钟记录器和发射输出电缆；接收系统包括V8－6R接收主机、TEM－DA模块和MTEM－AL线圈；数据处理系统内置V8－6R主机中。

2）工作原理

V8瞬变电磁仪通过接收地下不同的电信号和磁信号，视电阻率的不同，从而判断地下不同的矿产和地质构造。通过采集和处理解释后的数据，反映地下地质体的导电和电极化的性质，对异常的地下物质属性做出较准确的判断。

3）使用范围

V8瞬变电磁仪常用于对井下地质结构的物探勘查、深部地质构造的探测、井下采区内部和外围及掘进头前方储水结构的探测、老窑及其含水性探测、地质断层探测、煤层结构和陷落柱探测等，在矿山事故救援现场也有广泛的应用。

4）操作流程

（1）仪器布设。首先确定回线装置和接地发射装置的正负极性，然后按图5－21进行连接。

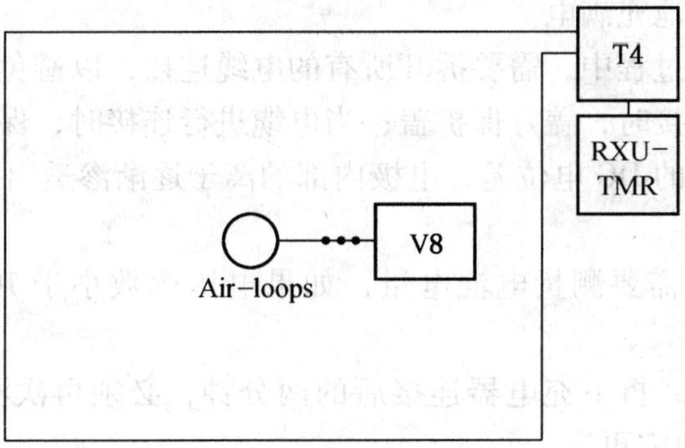

图5－21　仪器布设示意图

（2）发射端操作：

① 连接好RXU－TMR端，并将时钟线连接到T－4A的EXT1时钟上。

② 连接回线装置到T－4A，并将电阻旋钮打到2挡，测量输出OUTPUT两铜接线柱之间的电阻。若为300 Ω，则表明开路；若小于1 Ω，应串联1根1 Ω的电炉丝。根据电池选取合适的电压，假设外阻为10 Ω，发射5 A，则四块12 V电池即可。

③ 将电池串联（注意其正负极顺序，反向或短接会打火），按照电池两个铜接线柱的正负极指示接到T－4A上，查看T－4A的面板，这个时候应该没有任何指示灯亮，如果电池BATTARY REVERSE指示灯亮，则表明电池反向，严禁开机，检查后正确连接。

④ 将时钟旋钮旋转到TEST挡，确定人员离开，然后试发射，发射开关的操作是先向下，然后马上向上。查看电流输出液晶显示器的读数（低于10 A时，请把电流CURRENT

旋钮转到 LOW；高于 10 A 时，调整到 HIGH。注意，调整任何按钮之前都必须先停止发射）。

⑤ 将发射开关向下扳动，停止发射。

⑥ 测试正常后，将时钟旋钮调整到 EXT1 挡，确认定时灯 TIMING 在闪烁，然后发射，并通知接收端接收。

（3）接收端操作：

① 线圈调平，确认连接线都连接好后通知发射端发射，并在 V8 或在班报上记录正确的点号和位置。

② 得到发射端已经发射的确认，开始数据采集。

③ 若时间较短，可以不通知发射停止，搬动线圈，继续测量。

④ 连续滚动观测 1 h 后，可以让发射机停止发射几分钟，让人员和仪器做一些缓冲，继续重复上述步骤。

5）维修保养

（1）为了保证电缆不混乱，使用完毕后将电缆按 8 字形顺序绕好，并捆好接头，经常检查电缆的绝缘层是否破裂。

（2）严禁直接拉扯磁探头连线来拖动磁探头。

（3）使用前保证电池充满电。

（4）在保养和运输过程中，需要拆开所有的电缆连接，以避免对连接头造成损伤。

（5）在电缆没有连接时，盖好保护盖；当电缆进行连接时，保护盖之间连接良好。

（6）测量电极之间的 DC 电位差，电极内部的离子逐渐渗透出去之后，需要多次灌注离子溶液。

（7）在使用之前，需要测量电池电量，如果电压读数小于 10 V，此电池必须被更换。

（8）每次充电完成，拆下充电器连接后的两分钟，必须再次测量电池电压，如果读数小于 12.75 V，此电池需更换。

三、灭火装备

（一）惰气发生装置

惰气发生装置是利用燃油燃烧产生氮气来降低火区的氧气含量，从而抑制瓦斯爆炸，达到扑灭火灾的目的，它是高瓦斯矿山惰性化的理想新型灭火装备。它适用于矿山现场、隧道、机库、地下商场等封闭场所，扑灭有限空间大面积火灾。目前我国矿山救护队使用的惰气发生装置有 DQ－150 型及 DQ－400/500 等。下面以 DQ－400/500 惰气发生装置为例进行介绍。

1. 设备构造

该装置由供风装置、喷油室、风油比自控系统、燃烧室、喷水段、封闭门、烟道、供油系统、控制台及供水系统 10 部分组成，如图 5－22 所示。

2. 工作原理

以普通民用煤油为燃料，在自备电动风机供风的条件下，往特制的喷油室内适量喷油，通过启动点火，引燃从喷油嘴喷出均匀的油雾，在有水保护套的燃烧室内进行燃烧，

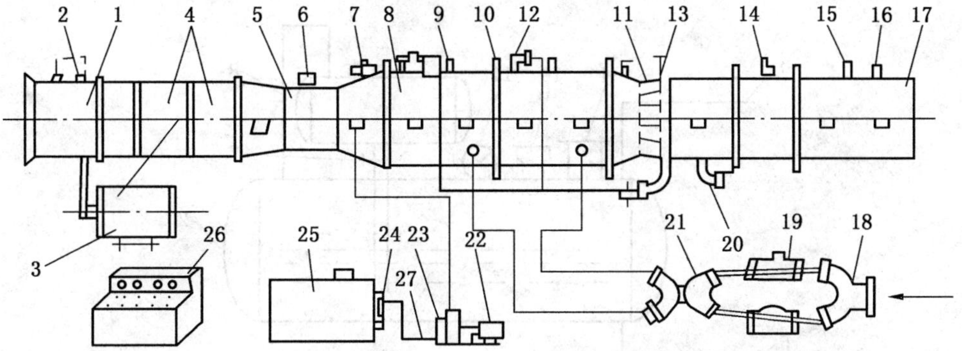

1—进风筒；2—自控传感器；3—电机；4—风机；5—正流段；6—点火线圈；7—点火器；8—燃烧室；9—安全阀；10—快卸环；11—喷嘴；12—压力传感器；13—水环；14—封闭门；15—温度传感器；16—取气管；17—烟道；18—分水器；19—滤水器；20—水漏；21—三通管；22—电机；23—油泵；24—油电机与开关；25—油箱；26—操作台；27—回油铜管

图 5-22　DQ-400/500 型惰气发生装置安装示意

高温燃烧产物，经过在烟道内喷水冷却降温，即得到符合灭火要求的惰性气体。

3. 适用条件

DQ-400/500 型惰气发生装置，属非防爆型的灭火装置。在现场使用时，必须安装在有电源、水源，巷道平直长度不小于 15 m、断面大于 4 m^2 的入风侧，并且巷道风量不小于 250 m^3/min，操作区的瓦斯含量不得大于 0.5%，粉尘浓度应控制在规定的范围内。

4. 注意事项

（1）在连接供油泵系统时，首先开油泵循环 10 s，将油泵和管路充满油后，再将出油管接到喷嘴上。

（2）所有供油系统接头处不得漏油，一旦漏油不得开机，防止影响燃烧和引起着火。

（3）注意观察油位指示器液面界线值，及时往油箱里补充燃油。注意过滤，确保油质，以防堵塞喷油嘴。

（4）机器开动后注意巡视，发现问题及时处理。

（5）不得随意扭动多圈调位器位置。

（6）安装点火器时，必须把引燃管安牢。

（二）二氧化碳发生器

1. 设备构造

二氧化碳发生器采用普通碳素结构钢制成高压容器，通过化学反应产生 CO_2 气体。CO_2 惰气成分中无氧气，CO_2 浓度 >98%，出气温度低于环境温度。构造如图 5-23 所示。

2. 工作原理

CO_2 发生器具有抑爆和灭火作用，既能防止火区瓦斯爆炸，又能扑灭现场内因火灾和外因火灾。它通过浓硫酸（B 物料）和碳酸氢氨（A 物料）发生化学反应产生纯 CO_2 气

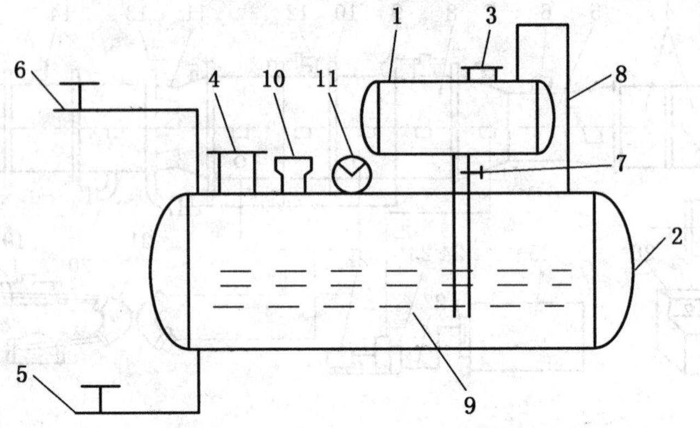

1—B物料（浓硫酸）容器；2—A物料（碳酸氢氨）容器；3—B物料装料口；4—A物料装料口；5—反应物排料口；6—CO_2输出阀；7—控制阀；8—压力平衡管；9—B物料分布管；10—安全阀；11—压力表

图5-23　CO_2发生器的构造

体，并从反应生成物中收集CO_2进行预防和灭火。其化学反应式如下：

$$H_2SO_4 + 2(NH_4)HCO_3 = (NH_4)_2SO_4 + 2H_2O + 2CO_2$$

3. 设备操作方法

（1）设备使用前，先检查发生器上的所有阀门、连接件，所有阀门应处于关闭状态，并要保持连接件密封良好，无漏气现象。

（2）将250 kg碳酸氢氨加入到A容器中，另加入200 kg水，使碳酸氢氨溶解，然后关闭A容器进料口。

（3）将155 kg（98%）或165 kg（93%）浓硫酸加入B容器中，然后关闭B容器进料口，打开排气阀。

（4）将A、B容器之间的控制阀打开，B容器内的浓硫酸流入A容器内的碳酸氢氨中，两物料反应生产CO_2。然后，打开排气阀通过管路把CO_2送至火区。化学反应结果使A容器压力升高，当压力超过0.55 MPa时安全阀应自动开启，保护设备安全。

（5）本装备制气过程在5 min之内完成，并产生常温常压下76 m^3 CO_2气体。制气反应结束后，首先，关闭A容器与B容器之间的控制阀。其次，确定容器内无残存压力即压力表显示为“零”时（与大气的相对压力），方可关闭排气阀。最后，打开排污阀进行排污，同时打开B容器装料口，装入浓硫酸。排污工作结束后及时关闭排污阀，再打开A容器装料口，装入碳酸氢氨。

（6）使用2台设备交替制气，不间断产生CO_2气体，不间断地向火区注气。各台设备制气过程将重复上述操作程序，使产气量达到或超过1000 m^3/h，并输送到火区内进行灭火。

（7）每次反应的残留物要全部放出，然后才可第二次加料。

（8）残留物用专用工具盛装可回收作为农用肥料。

（9）工作结束时用清水将发生器冲洗三遍，清洗干净，关闭全部阀门，所有转动部件注入黄干油，并对设备重新进行防腐处理。该设备在异地再次使用时要按压力容器使用的规定重新打压检验，并符合压力容器的有关规程后方可使用。

4. 注意事项

（1）使用过程中，压力表压力超过极限安全值，安全阀不启动时，应立即关闭控制阀，停止制气，手动开启安全阀。同时打开输出阀或排污阀将容器内的 CO_2 气体卸压。待压力表指示“零”后，更换新安全阀。

（2）运输使用浓硫酸时，一定要按运送、使用浓酸危险品的方法来运送和安全使用，要根据现场制定专门的措施后方可使用。

（3）设备运输过程中要严防强烈冲击、高空坠落造成设备变形或结构受损。设备搬运要用汽车、火车、矿车等运输工具，用吊车装卸，严禁采用坠落式装卸。

（4）设备长期不用时，要储存在仓库中，每年要对设备内外进行一次防腐处理。

5. 设备维修保养

设备要定期检查、保养和维修，设备不使用时每年检查保养两次。对使用过程中经常开启的控制阀门要进行班检及使用前检查，对损坏部件要进行维修和更换，特别是装料控制阀要定期更换石棉铅粉盘根或改用石墨盘根，要保持良好的密闭性，对压力容器使用应按国际规定按时检验。设备要保持清洁，外表的粉尘要清除干净，设备内外要定期进行防腐处理。

（三）二氧化碳液体灭火设备

1. 产品构造

本产品由直注式储罐、自增压器、液体转送装置、液相和气相管路及附属安全装置组成，并把它们安装在平板矿车上，便于现场运输。在每辆平板矿车上，安装有一台储液罐、控制阀及附属安全设备，其中第一辆平板矿车上安装有储液罐的同时还装有增压泵，作为实施增压之用。由承载储液罐的数个平板矿车组成为现场移动式灭火专列车队。在该专列车的一侧，布置有上、下两趟液相管路，其中上部液相管路既是各罐输入或输出液态二氧化碳的公用管路，又是灌注液态二氧化碳的主液相管路；下部液相管路为供给汽化器的液态二氧化碳输送管路，是辅助液相管路。在专列车的另一侧，布置有一趟气相管路，经汽化器汽化后的气态二氧化碳将通过该气相管路分别进入各个罐内，对罐体和灭火管路分别实施增压。各个平板矿车的连接处，液相管路和气相管路均通过高压软管连接，以保障平板矿车组列车的现场运输安全。该装备系统的主液相管路又与灭火管路系统连接成为现场直注式液态二氧化碳灭火装备系统。

2. 工作原理

二氧化碳是由碳原子和氧原子以 1∶2 组成的化合物，化学分子式为 CO_2。碳和氧的质量分数分别为 27.3% 和 72.7%。二氧化碳在正常的大气温度和压力下，呈气体状态。无色，有轻微刺激性气味，密度大约是空气的 1.53 倍。二氧化碳的状态随温度和压力而定，可以以固体、液体或气体状态存在。在温度为 −56.6 ℃，压力为 0.417 MPa 时，二氧化碳处于 3 种状态的相态分界点，该点称为三态点。在温度为 31.1 ℃，压力为 7.09 MPa 时，二氧化碳处于液态和气态的分界点，该点称为临界点。当温度高于 31.1 ℃时，其压力无论如何变化，二氧化碳只能以气态存在，这种温度叫作临界温度。在三态点和临界点之间，即在温度 −56.6 ~ 31.1 ℃、压力 0.417 ~ 7.09 MPa 之间，二氧化碳才能以液体状态存在。为了液态二氧化碳长期在罐内储存，必须使罐内始终保持低温、带压状态，其适宜温度为 -30～-40 ℃，压力为1.6～1.8 MPa。

二氧化碳相态分为气态、液态和固态3个区，但所处的相态不是绝对固定的，而是随着压力大小和温度高低而变化，由此决定其所处的相态。一旦压力和温度发生变化，其相态就会转移，液态可能变为固体干冰，亦可能气化。为了有效地防止使液态二氧化碳在液相管路和灭火管路的流动过程中被固化，必须设置增压系统，该增压系统是解决防止固化的主要技术途径。此外，液相管路和灭火管路受外界环境温度的影响，使管路内温度逐渐升高，当其温度升至31.1 ℃时，液态二氧化碳就在管路沿途被气化，丧失气化过程中所吸收的热能，于是不能起到火区降温的作用。为了有效地防止液态二氧化碳在液相管路和灭火管路的流动过程中被气化，必须对液态二氧化碳输送管路采取控制温升的技术措施，其具体措施有：一是提高液态二氧化碳的出口压力，加快其流速；二是限制管线长度，缩短流程距离；三是对灭火管路采取隔热、保温措施。试验证明，适宜出口压力为1.3～2.2 MPa，管线长度为300～400 m，如管线过长，则应采取隔热、保温措施。总之，采取有效地防止液态二氧化碳在管路沿途被固化和气化及其相关技术，是本装备系统的核心技术，核心技术的攻关与突破，才能保证将液态二氧化碳直接灌注于火区，并获得最佳的灭火效果。

3. 灭火操作程序

1）下井前操作

系统下井前必须先确定已给储罐增压；当储罐压力指示1.8～2.0 MPa时，系统方允许作业。检查罐体与矿车底盘连接必须紧固，防止其脱节产生危险。确认所有仪表、阀门正常，否则及时请专业人员修复方可使用。

2）现场运输

运输过程中密切注意可能由于颠簸造成部件松动，从而产生泄漏给救护人员带来危险。现场吊装禁止磕碰到罐体。

3）灭火操作工步

（1）液体释放前必须将输送液体的管路加固。以免由于管道压力过高救护人员把持不住造成危险。

（2）液体释放前必须再次检查各阀门、仪表、管路连接处于正常状态，无泄漏现象。

（3）确认罐内压力达到排液要求时即可排液。排液前，先打开排气阀使管道内充满气体，当管道内压力与储罐内压力均衡时，此时将出液阀打开1/2，待液体流动均匀后方可全部打开。为防止形成管道结霜，排液管道应由用户用聚氨酯自行包覆。

4. 安全注意事项

（1）空气中的二氧化碳气体会降低维持生命所需的氧气浓度。处于这种氧气不足的环境下，会导致人失去知觉和严重的伤害，甚至死亡。

（2）在拆卸任何零件或拧松接头之前，要倒空盛有液体的容器，并用安全方式释放气体的压力。外部阀门和接头会变得非常冷，如未加以正确防护，会造成人员冻伤。任何时候，如要拆卸零件或拧松接头，必须戴上防护手套和眼罩。如不遵守此要求，会因极冷和储罐内部压力而造成人员伤害。

（3）如不小心使皮肤或眼睛接触到液态二氧化碳或固态二氧化碳会导致类似烧伤的冷灼伤。搬运液体要注意不要使其溅落或溢出。要对眼睛、皮肤等易与液态二氧化碳、冷冻管和冷冻设备或冷冻气体接触的地方进行保护。如会产生液体喷射或飞溅，或者冷冻气体会从设备内强烈喷出，要戴上防护镜或面罩。建议戴上易于脱下的干净绝热手套并穿上保护胳臂的长套袖。要穿上无箍口长裤，裤管要盖住鞋子以挡住溢出的液体。

四、其他常用救护装备

（一）高压起重气垫系统

高压起重气垫是由高质量的橡胶制成，内部还有围绕四周的 3 层纤维加固层，有弹性、不漏气，能抵抗各种阻力。每一个高压起重气垫都能承受 20 Pa 压力。

1. 工作原理

高压起重气垫通过压入最大压力 8 Pa 的压缩气体膨胀升起。压缩气体由空压机提供，经过控制元件和软管进入到气垫中，在压力作用下空气进入气垫并充满。当压力升到一定的程度时，高压起重气垫开始膨胀，提供足够的提升力，使重物移动。

2. 使用方法

（1）首先将空气瓶的管连接在气垫和控制元件之间。

（2）将调压阀安装在气瓶上，将空气软管从调压阀连接到控制元件上，检查调压阀上的阀门和控制阀是否关闭。

（3）打开压缩空气瓶，高压表指示瓶中的压力［调压阀设定压力为 8 bar（1 bar = 10^5 Pa)］。

（4）将高压起重气垫放在要顶起的物体下面，该系统就可以使用了。

3. 注意事项

（1）提升操作时用木头垫片垫在重物下面。

（2）若系统损坏和严重变形，应立即停止使用该系统，并与销售商协商解决。

（3）每次使用完都要检查所有的部件。

（二）剪切、扩展两用钳系统

两用钳系统为用液压泵驱动的双功能操作的液压工具，工作压力在 720 bar。该工具具有切割、扩展等功能。

1. 构造（图 5-24）

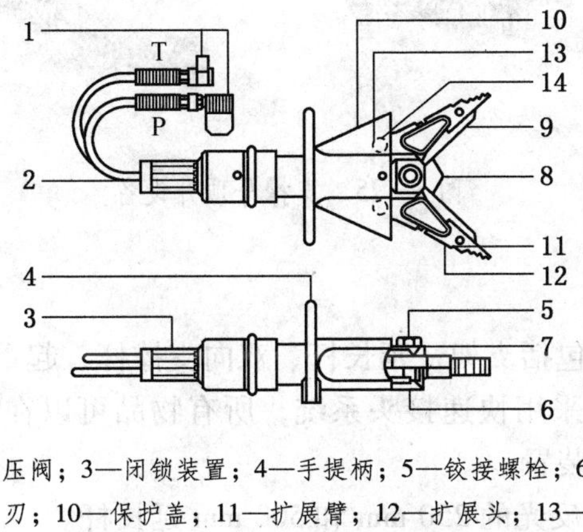

1—自锁接头；2—安全卸压阀；3—闭锁装置；4—手提柄；5—铰接螺栓；6—对中螺母；7—锁定环；8—切割孔；9—切割刀刃；10—保护盖；11—扩展臂；12—扩展头；13—铰接销；14—弹性挡圈

图 5-24　剪切、扩展两用钳构造图

2. 工作原理

从液压泵出来的油经过高压软管进入工具，若闭锁装置处于“O”位置，在大气压力下，油回到泵中，剪刃不能动作；闭锁装置处于◀▶（打开）位置，油注入活塞上腔，杆臂打开（扩张），活塞下面的油流回泵中；闭锁装置处于▶◀（关闭）位置，油注入活塞下腔，杆臂关闭，活塞上面的油返回到泵中。当卸压时，闭锁装置总是处于“O”位置，工具中的液压系统配有安全阀，如果到泵的回油线管路被堵住或没有连接，安全阀会通过将油释放到大气中来防止工具过压（千万不要改变安全阀的设置）。

3. 使用的注意事项

（1）该工具中的液压系统配有安全阀，如果到泵的回油线管路被堵住或没有连接，安全阀会通过将油释放到大气中来防止工具过压，千万不要改变安全阀的设置。

（2）钳子的刀片不垂直于要切的物质，刀片就会偏开，导致刀片损坏。当刀片偏开后要立即停下来，打开钳子，重新开始。

（3）不要将该工具完全合上，一定在扩展头留出最小5 mm的空隙。

（4）泵开关处于操作位置时，禁止连接接头。

（5）在潮湿的条件下使用该工具，先将其干燥，在钢部件上少量涂上一层油。

（三）支撑与顶升设备

支撑与顶升设备可用于对破碎顶板或有垮塌危险的顶板和巷壁进行有效支护，迅速支撑安全区域或搭建安全通道，便于救援人员和设备通过。国家矿山应急救援队采购的支撑与顶升设备（荷马特设备）如图5-25所示。

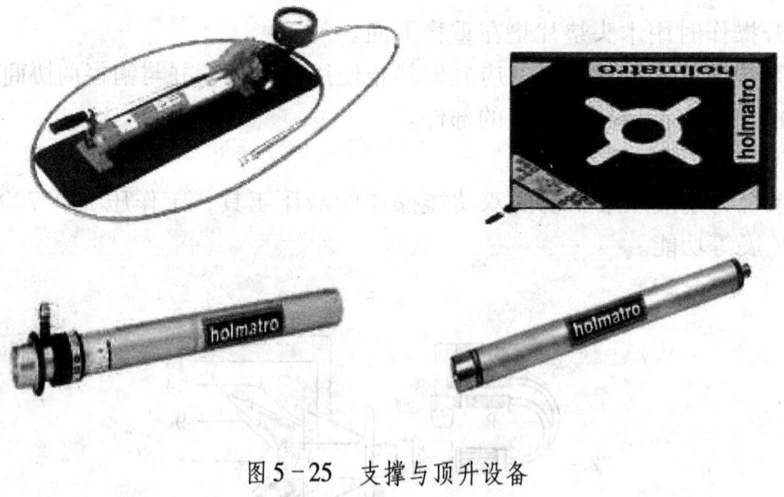

图5-25 支撑与顶升设备

1. 设备结构

支撑与顶升设备主要包括支架、延长杆、双向支撑杆、起重垫和手动泵。

（1）液压轻便支架。采用快速接头系统，所有物品可以在几秒钟内连接完毕，有反光彩色编码，有安全锁紧装置。

（2）延长杆。配有带反光的250 mm和500 mm延长杆。

（3）手动泵。液压轻便支架的动力源。

（4）起重气垫。采用多层 Kevlar 纤维加固，垫内无钢丝，防滑设计，防酸碱，抗尖状硬物挤压，具有良好的韧性和帖服性。

2. 工作原理

1）高压气垫

高压起重气垫通过压入最大压力 8 Bar 的压缩气体膨胀升起，压缩气体由高压气瓶提供，经过控制元件和软管进入到气垫中，在压力作用下空气进入气垫并充满，当压力升到一定的程度时，高压起重气垫开始膨胀，提供足够的提升力，重物可被移动，随着高压起重气垫继续膨胀，有效的压力表面减小，导致提升的能力下降。

2）支撑杆

将支撑杆与手动泵相连接，通过操作手动泵为支撑杆提供最大 720 bar 的工作压力，实现支撑杆的支撑功能。

3. 操作流程

1）高压起重气垫（控制器、调压阀）

（1）首先将空气管连接在气垫和控制元件之间。

（2）将调压阀安装在气瓶上，调压阀的软管连接到控制器。

（3）将调压阀上的阀门和控制阀关闭。

（4）打开压缩空气瓶，高压表指示瓶中的压力，调压阀设定压力为 8 bar。

（5）将高压起重气垫放在要顶起的物体下面。

（6）当按下“+”按钮时，将气垫充满空气，按下“-”按钮时，通过排气过滤器，释放气垫内的压力。

（7）关闭空气瓶，按下“+”按钮，排除减压系统内压力，卸下减压器。

2）液压轻便支架、延长杆、手动泵

（1）测量：实际测量或简单估测支撑杆的长度。

（2）组装：在远离任何危险的安全地带组装支撑杆和延长杆。

（3）组装好的支撑杆和延长杆移到工作区域，安装就位。

（4）拆下撑杆、软管接头的防尘盖，并将其彼此插入，以防止灰尘进入。

（5）拉动接头，检查其是否连接正确，并检查固定环是否处于正确位置。

（6）固定：摇动手动泵使支撑杆升至目标位置，手动锁定螺母锁住支撑杆。

（7）拆卸：操作完毕后将手动泵卸压，拆卸各部接头。

4. 维修保养

1）日常维护

（1）检查设备快速接头是否有污垢，请使用柔软布及时清洁。

（2）检查设备是否有漏油现象。

（3）检查快速接头性能，是否工作正常。

（4）检查控制阀功能。

（5）查看设备接口和盖子有无损坏。

2）设备安全

（1）只要可能，都应将设备放置于稳固平坦的地方工作。

（2）只能使用指定的把手和控制装置来携带和操作工具。

（3）切勿使用软管来运送、拖拉或移动工具。

（4）设备使用完毕后要及时恢复到初始状态。

（5）不可与强酸物质接触，如发生接触应用大量清水冲洗。

（6）不准扩张、剪切、起重带电物体。气垫操作时气瓶要慢慢打开，防止高压气不减压直接流入控制阀。

（7）接头自动锁扣要相互插入并尽量拧紧，防止加压时松开。

（8）手动泵和气垫处于工作状态时千万不要连接或拔下自动锁扣。

（9）加压时要避免冲击，同时操纵杆操作距离也不要过大。

（四）矿山救灾排沙装备

矿井救灾排沙装备可排送含有煤屑、泥沙、岩粉等含固体颗粒的污水，适用斜井追排水、窝头排水、采掘面突水、采空区突水等抢险。国家矿山应急救援队采购的BQS系列矿井救灾排沙装备（扬程为100 m、210 m）如图5-26所示。

图5-26 BQS系列矿井救灾排沙装备

1. 设备结构

BQS系列矿井救灾排沙装备由潜水泵、潜水电机、动力电缆、控制电缆、启动柜、扬水管、矿用小车、泵座、吸水罩及控制和检测设备等组成。

电泵由泵体及TBQ冲水式矿用隔爆型潜水泵用电动机组成，有上泵型及下吸式两种。安装形式可采用立式、斜式、卧式。

配用电机为矿用隔爆型潜水泵用电动机，为充水湿式，绕组线采用尼龙护套耐水电磁线，绝缘材料为辐照交联聚乙烯。电机内腔注满洁净清水，以冷却电机，保证电泵长期可靠运行。

2. 工作原理

矿用潜水电泵工作时，被输送液体由吸罩流过电动机表面进入泵吸水口，通过多级叶轮升压，经过水口、逆止阀和扬水管排出。电泵由电力电缆和控制电缆连接地面控制柜实现控制。

3. 使用范围

BQS系列矿井救灾排沙装备适用条件如下：

（1）电源频率为50 Hz，额定电压为0.38/0.66 kV、0.66/1.14 kV、6 kV（允差为±5%）的三相交流电源。

（2）水中固体颗粒含量（体积比）不超过2%，粒径不超过3 mm。

（3）抽送介质密度不超过1.2×10^3 kg/m^3。

（4）抽送介质温度不超过40 ℃（介质温度超过40 ℃需特殊订货）。

（5）输送介质pH值在4~10范围内。

（6）工作环境温度0~40 ℃。

（7）进水口没入水中（潜入深度不大于70 m）运行，但电动机不得置入泥沙中。

4. 使用前的准备和检查

（1）使用时应保证电机内腔能注满洁净清水，电泵竖立后用专用工具注水。

（2）待水注满后用兆欧表核查电动机定子绕组对机壳的绝缘电阻，电机的冷态绝缘电阻不低于150 MΩ。使用兆欧表时，0.66/1.44 kV/3 kV电机应选用1000 V兆欧表。

（3）检查接头前使用动力电缆的绝缘应不低于150 MΩ，高压电缆线绝缘应不低于500 MΩ。

（4）电机接头后，把接头浸入水中进行测量，其绝缘电阻应不低于150 MΩ。

（5）电泵应设置外置式保护装置，具有过热保护、过流保护、漏电保护、失压保护，高压电泵的控制系统应有超温保护及水位控制等。

（6）瞬间（不超过1 s）接通电源，检查电机转向是否正确，如反转可将三相电源线的任意两相调换。

（7）电泵使用电缆为煤矿专用橡套移动软电缆，在安装过程中严禁用力拉拽电缆，以免造成电缆线密封圈脱落，密封不好而漏水。

5. 电泵的安装

（1）电泵安装前应检查使用地的水质情况，以及其静水位、动水位数据，看是否满足电泵使用要求。

（2）仔细检查机组有无损坏，紧固件有无松动，电缆有无损伤。

（3）安装方式为矿车式安装，矿车式安装一般为卧式安装和斜式安装。

（4）在安装过程中要小心谨慎，防止撞击电泵，拉扯电缆。安装后电泵应牢固可靠，每条螺栓应紧固。

6. 维修保养

（1）电机在使用中，应定期测量其电源、电压、工作电流和绝缘电阻是否正常。

（2）在规定使用条件下运行3500 h后，须进行必要的维护保养，由专业技术人员进行检修或送到厂家进行检修。

（3）轴承必须选用厂家指定的产品，安装时应将轴承及其他部件清洗干净，推力轴承安装方向必须正确，以免损坏轴承。

（4）机械密封应轻拿轻放，严禁磕碰，摩擦副表面以及轴、密封室必须清洗干净。

（5）叶轮拆卸时，应用专用工具，均匀受力，避免将轴撬弯。

（6）电泵止口部位大部分有O型密封圈。安装O型密封圈不应扭曲，以免受挤压影响密封。

（7）紧固螺栓，应对称均匀受力。

（五）负气压式气垫担架

负气压式气垫担架采用真空成型原理，适合人体生理骨骼肢体各部要求。它能避免在

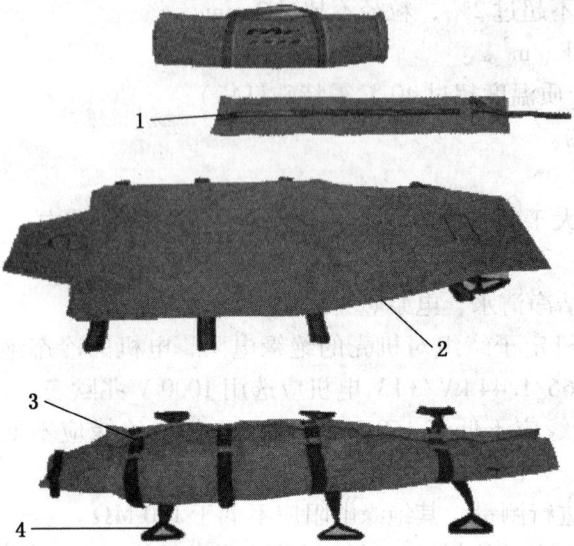

1—颈部护板；2—气垫担架；3—固定带；4—搭带

图5-27 急救担架

转送伤者过程中因骨折部位移动而加重伤势，能有效防止因现场处理不当及运送过程中造成二次损伤，对防止骨折断端刺伤肌肉、神经、血管或脏器而引起疼痛、出血甚至休克的发生起到重要的保护作用。它体积小、重量轻、携带方便、坚固耐用，充气后还可用于水上救生器材。具有操作简便、使用快捷、保护性强、可进行X光成像检查等特点。是应急救援人员理想的急救用具。

1. 负气压式气垫担架的结构

OD-P型急救担架如图5-27所示。

2. 使用方法

1）颈托、颈部护板的使用方法

如伤员颈部受伤可选取普通颈托，将颈托顶端托住下颚，环绕颈部拉紧后贴上魔术贴即可。将护板环绕于颈部贴紧，用专用气筒抽出空气，硬固即可。

2）躯体夹板（气垫）使用方法

如伤员的腰椎、骨盆、肋骨等部位骨伤、骨折，应将伤员平卧于气垫上，将固定带、肩吊带固定好，用专用气筒抽出气垫内的空气，待气垫硬固后拧紧阀门。

3）短（长）臂夹板（气垫）的使用方法

伤员的臂部骨折、骨伤，应选用短、长臂夹板气垫缠绕于受伤部位，将固定带穿过扣环并拉紧，用专用气筒抽出气垫内的空气，气垫硬固后拧紧阀门。

4）弯曲夹板（气垫）使用方法

如伤员的臂骨折、骨伤，应选用弯曲夹板气垫敷于受伤部位，将固定带穿过扣环并拉紧，小臂向胸部上扶并套上吊带，用气筒抽出气垫内的空气，气垫硬固后拧紧阀门。

5）全（大）腿气垫夹板使用方法

如伤员的股骨、腿部骨折、骨伤，应选取全大腿夹板气垫缠绕受伤部位，将固定带穿过扣环并拉紧，接上气筒进行抽气，气垫硬固后拧紧阀门。

6）气垫担架的使用方法

将伤员轻轻抬放于气垫担架上平卧，将固定带穿过扣环并拉紧，接上专用气筒抽出担架内空气，气垫硬固后拧紧阀门，便可转移运送伤员。

7）专用气筒的使用方法

将气筒的一端连接抽气口，另一端连接固定气垫上气阀的气嘴，用脚踩住底座方环，用手抓住手柄上下抽动，抽去空气，使固定气垫处在真空状态。

3. 使用注意事项

（1）防止尖利物品扎伤固定气垫表面。

（2）阀门不要随便拧动。

（3）使用时应防止漏气，如发现气垫变软，应立即抽出空气。

（4）本产品可多次使用，再次使用前必须消毒，以防止交叉感染。

第五节 露天煤矿常见事故应急处置技术

针对露天煤矿事故的应急处置技术就应具有露天煤矿固有的特点。为有效预防、预测、控制事故的发生与发展，并尽可能避免、清除事故，将事故对人、财产和环境造成的损失减小到最低程度，就需要制定一整套露天煤矿事故应急救援预案，研究和采取一套切实可行有效的应急处置技术。

一、露天煤矿综合应急处置

露天煤矿事故应急预案体系由综合应急预案和专项应急预案两部分构成。针对各生产环节可能发生的事故类型，制定边坡滑坡、小煤窑采空区坍塌、矿内交通事故、雨季防洪与水害事故等各项专项应急预案与处置技术。处置工作原则如下。

（1）以人为本，安全第一。事故灾难应急救援工作要始终把保障职工的生命安全和身体健康放在首位，切实加强应急救援人员的安全防护，最大限度地减少矿山事故灾难造成的人员伤亡和危害。

（2）统一领导，分级管理。应急救援指挥部在矿安全委员会的统一领导下，负责组织协调、指挥开展应急救援工作；二级单位、职能部门按照各自的职责和权限，做好事故灾难应急管理和应急处置；现场指挥要积极组织展开自救和互救。

（3）依靠科学，依法规范，遵循科学原理，充分发挥专家、技术人员的作用，实现科学民主决策；依靠科学进步，不断改进和完善应急救援的装备、设施和手段；依法规范应急救援工作，确保预案的科学性、权威性和可操作性。

（4）贯彻落实“安全第一，预防为主，综合治理”的方针。坚持事故应急与预防相结合，做好应对事故灾难的思想准备、预案准备，物资、经费准备，工作准备，加强培训演练，做到常备不懈。坚持日常管理和紧急救援工作相结合，培养兼职应急救援力量并发挥其作用。

二、采场、排土场边坡滑坡、崩塌应急处置技术

采场、排土场边坡发生滑坡、崩塌时一般有两种情况：一种是先兆明显的缓慢发展的滑坡，这种滑坡因预兆明显，处理时间比较充足，一般可及时疏散人员、撤离设备并采取清理或压脚等技术措施，延缓滑坡发生，破坏性小；另一种是发生突发性的滑坡，边坡在没有先兆或先兆不明显，边坡变形上不明确，没有预示可能滑坡的情况下突然发生，在数小时乃至几日内即形成大面积多台阶滑落，破坏性与危险性极大，有可能掩埋滑坡区内的所有构筑物设置、建筑设备与人员，造成重大损失与伤亡。应急处置主要针对这一类型的滑坡。

露天煤矿边坡的崩塌事故一般在单台阶发生，影响范围较滑坡小，可能造成的损失与伤亡也较小，但后果却比较严重。应急处置与滑坡处置基本一样，不过动用的设备相应少

一些。

主要的应急处置技术如下：

（1）首先落实滑坡、坍塌事故中是否有人员和设备被掩埋，如果有，要判明被埋人员、设备的方位，迅速调集吊车、挖掘车、推土机等设备进行抢救。

（2）紧急救援时，应先救被埋或被困在设备内的人员，尽快设法使其脱离危险。

（3）若用电设备被埋，应设法先切断电源，然后进行救助。

（4）及时疏散人员，并在危险区域设置明显的标志。

（5）调离危险区域内与救援工作无关的设备，防止边坡再次滑坡或坍塌。

（6）必要时请求上级有关部门协助抢险救灾。

（7）滑坡事故处理后及时进行滑坡防治立项研究治理，采取边坡工程地质勘查、岩土物理力学性质实验、建立变形监测网络、进行边坡稳定性分析，采取切实有效的防治措施，总结经验教训，指导今后的边坡管理与滑坡处理。

三、采空区小煤窑坍塌事故应急处置技术

露天采区内小煤矿采空区发生坍塌事故一般有两种情况：一种情况是坍塌时采空区上面没有设备和人员：另一种情况是采运设备在采空区作业中引发采空区坍塌。第一种情况对危险区设警戒标志并及时填埋即可，而第二种情况则可能造成设备损坏、人员伤亡，因此应采取应急处置措施。

1. 处置原则

按照救人优先的原则尽最大努力救援被埋或被困在设备内的人员，尽快设法使其脱离危险。

（1）若带电设备被埋，应设法先切断电源，然后进行救助。

（2）及时疏散物管人员，并在危险区域设置明显的标志。

（3）调离危险区域内与救援工作无关的设备，防止事故扩大。

（4）必要时请求上级有关部门协助抢险救灾。

（5）有火情时要撤离人员和设备，加强巡查。发现异常情况立即汇报矿调度室及有关领导。

2. 采空区坍塌有人员被掩埋时的应急处置技术

（1）首先判明被埋人员数量、方位，并立即报120急救中心联系救护车到达现场。

（2）迅速调集吊车、挖掘机、卡车、推土机等设备进行紧急挖掘抢救。

（3）接近被埋人员时禁止使用大型机械，应通过人工挖掘救援。

（4）救援人员接近陷落区或洞穴口附近时要用专业设备监测有毒有害气体，穿戴好防护用品，防止事故进一步扩大。

3. 采空区坍塌造成设备陷落时的应急处置技术

（1）首先确认是否有被埋人员。

（2）迅速调集吊车、挖掘机、卡车、推土机等设备进行紧急挖掘抢救。

（3）救援设备操作人员接近陷落区或洞穴附近时要用专业设备监测有毒有害气体，穿戴好防护用品，防止事故进一步扩大。

4. 采空区产生明火或冒烟现象时的应急处置技术

（1）调用卡车、推土机用黄土掩埋着火点，使其隔绝空气灭火。

（2）调用洒水车浇灭着火点。

（3）调用设备时注意观察地面是否有塌陷的可能，以免造成设备陷落。

5. 钻机穿孔作业打入采空区产生明火或高温孔时的应急处置技术

（1）设备撤离火区。

（2）救援人员要用专业设备监测有毒有害气体，穿戴好防护用品，封堵着火孔口。

（3）对高温孔进行灌水降温处理。

（4）对高温孔区域实时测温，小于60 ℃时紧急装药爆破。

（5）高温孔灌水降温处理后，反填充5 m岩粉后方可装药。

（6）对高温孔进行隔断处理。

（7）对异常孔进行集中装药爆破，装药时间不得超过一天。

（8）装药顺序为：正常孔、打到采空区上的常温孔、高温孔或火孔口。

6. 炮孔装炸药后发现高温或明火孔时的应急处置技术

（1）灌水降温处理。

（2）缩短装药时间，及时爆破。

（3）抢先爆破正常孔区域。

（4）爆破时加大警戒范围。

应急处置技术主要是要及时填埋采空区，可采用爆破技术等方法处理，同时应采用物探等手段，进一步查清周围有无其他采空区。

四、矿内交通运输事故应急处置技术

矿内交通运输事故应急处置技术与一般交通运输事故应急处置技术大体一致。不过矿内道路、场所条件不同，卡车大小不同，因此可参照一般交通运输事故应急处置方法并结合露天矿实际情况进行现场应急处置：

（1）首先抢救受伤人员，视碰撞、碾轧、挤压等不同情况，采取有效救护方法，阻止事故蔓延扩大。

（2）在紧急救护受伤人员时，应注意对受伤人员的搬运，防止因搬运不当而加重伤情。

（3）在保护现场的同时，应及时收集事故真实材料和证人材料。现场摄影或录像要有显示残骸和受害者原始存息地的所有照片，以及可能被清除或被践踏的痕迹、车辆失灵部件等。

（4）车辆碰撞应立即熄火，防止损坏机器或造成燃料温度升高而引起着火爆炸。

（5）若因矿内交通事故而继发其他事故时，应按照相应事故现场处置方案实施。

五、雨季防洪与水灾事故应急处置技术

任何一个露天煤矿，都有雨季防洪与矿坑疏干排水，防止水害影响安全生产的问题。因此，国家规范规程均有严格规定，采用相应的应急处置技术。

（1）在雨季到来之前，防洪指挥部即开始投入运行，组织对防洪工程、设备、设施进行全面检查，并做好详细记录。以下为检查重点：

① 已有的防洪工程，防洪设备、设施是否完善。

② 道路、回采工作面、停车场、边坡、护堤的稳定情况，有无裂缝、沉陷、坍塌及滑坡，判断其能否经受起强烈冲刷。

③ 固定设备、设施周围的地形。

④ 输水道及出口是否畅通。

⑤ 供配电设备、设施的防雷情况等。

（2）召开防洪工作会议。做好防洪宣传教育，提高各级管理人员的水患意识，落实洪灾隐患整改负责人，落实有关防洪工程、设备设施、抢险物资及材料的到位情况。

（3）修缮防洪工程。确定对洪水的拦截、引排方式和引排方向；根据现场实际，选择蓄滞洪区（坑）位置，及时修筑并设立标志。

（4）物资供应指挥组要落实好抽排水设备、设施。根据蓄滞洪区（坑）大小，配置水泵及水车，保障足够的综合泄洪能力。

（5）各单位对自己责任区内的防洪工程、设备、设施要经常巡查，安全警戒指挥组对各单位的防洪工作情况要认真检查；发现隐患立即按“四定”原则整改。

（6）指挥部办公室要密切关注天气预报，随时掌握气候变化情况，并及时在生产调度会上通报。

（7）当洪水灾害发生后，防洪指挥部立即组织实施相应应急抢险预案。

① 首先落实洪灾危害的范围。查询有无被困人员和设备，勘察防洪工程的御洪能力及重点部位的冲刷情况。

② 根据初步掌握的灾情和近期天气预报，分析判断灾害可能发展的趋势。

③ 洪灾可能继续时，利用现有的通信手段和交通工具，积极做好停产后人员及设备的保安和防护工作，该撤离危险区域的要及时撤离。

④ 撤离电铲、钻机等大型设备时，一定要有专人指挥；若有必要移动电气设施时，需采取防漏电措施。

⑤ 待洪水有所减退后，抢险救援指挥组立即调动抢险队员修复各项水毁工程，抽放蓄滞洪区（坑）积水，填堵或排放作业场地及周围积水，清除水道阻水障碍物。若有被洪水淹没或浸泡的电气设施，应先断电，后抢救。

⑥ 抢险工作结束后，要做好现场清理和其他善后工作，待彻底消除灾害所带来的各种隐患后，方可恢复生产。

六、危险品、化学品事故应急处置技术

中硬以上岩石的露天煤矿采装时，岩石一般均需要预裂爆破破碎后才能进行，冬季土岩冻结后也需要先采用爆破松散后采装，因此，炸药、火工品等危险化学品的保管、运输、使用不当时就可能发生爆炸、火灾事故。

危险化学品在发生火灾或爆破时一般采取以下措施：

（1）迅速判断和查明再次发生爆炸的可能性和危险性，紧紧抓住爆炸后和再次发生爆炸之前的有利时机，采取一切可能的措施，全力制止再次爆炸的发生。

（2）切忌用沙土盖压以免增强爆炸物爆炸时的威力。

（3）如果有疏散可能，在人身安全确有保障的前提下，应立即组织力量及时疏散着火区域周围的爆炸物品，使其火区周围形成一个隔离带。

（4）扑救爆炸物堆垛时，水流应采用吊射，避免强力水流直接冲击堆垛，以免堆垛倒塌引起再次爆炸。

（5）灭火人员应尽量利用现场形成的掩蔽体或尽量采用卧姿等低姿射水，尽可能采取自我保护措施；消防车辆的停靠不要离爆炸物品太近。

（6）灭火人员发现有发生再次爆炸的危险时，应立即向现场指挥报告，现场指挥迅速做出准时判断，确有发生再次爆炸的危险时，应立即下达撤退命令；灭火人员看到或听到撤退信号后，应迅速撤至安全地带，来不及撤退时，应就地卧倒。

需要强调的是：危险化学品发生火灾或爆炸事故后，矿应急救援指挥部重点应放在组织群众撤离和疏散、救出伤员建立警戒区域及扑灭初期火灾方面；若火势蔓延，对现场难以做出准确判断时，扑救工作应由专业消防队来进行。当消防人员和保卫人员到达后，由消防队负责人负责现场救援指挥，由保卫人员负责现场警戒，指挥部及有关人员负责介绍物料介质及堆放情况，配合扑救。

注意事项：

（1）现场指挥要保持清醒和冷静，并做好战前思想动员工作，救援人员因恐惧而慌张甚至逃逸者，应立即交有关部门带出现场，以免扰乱军心。

（2）控制隔离带，防止闲散人员和车辆进入。

（3）若有人员伤亡的，马上组织抢救受伤人员。

（4）若有用电设备、设施的，应及时关闭。

（5）本着“先控制，后消灭”的原则，救援工作要确保在人身安全的前提下进行。

（6）爆炸产生有毒气体时，救援人员要戴防毒面具，穿好防护服（如有可能），并将撤离的人员安置在上风向有毒气体扩散范围以外的安全地点，救援人员和设备尽可能占领上风或侧向阵地施救。

（7）保护好爆炸现场，防止爆炸物品在爆炸过程中丢失和散落。

七、压力容器事故应急处置技术

露天煤矿使用的压力容器属非易燃、无毒介质的中低压容器，由于使用环境差，所以较易发生事故。常见事故有受压部件或容器变形、渗漏和容器爆破等，现场应根据事故性质，采取相应的应急处置措施。

（1）当受压部件或容器变形或渗漏时，在可能的情况下，迅速通过安全阀泄压，此时要避免容器被敲击、碰撞或受热（夏季应防止暴晒），泄压后应及时更换受损部件或容器，严禁继续使用。

（2）当容器爆破后，现场人员在报告事故的同时，检查周围设备是否遭到破坏，是否对人造成伤害，包括耳膜、身体各部是否被冲击波或碎片击伤。

（3）如有人员伤亡时，立即与医院联系，抢救伤员。

（4）如周围设备遭到破坏，根据具体情况，制定补救措施，此时不准盲目操作或启动受损设备。

（5）若压力容器在运行中发生事故，首先应关掉发动机，切断电气设备、设施的电源，然后再检查事故造成的损坏情况，防止事故扩大。

（6）紧急救援时，矿应急救援指挥部要统一指挥，根据事故现场的具体情况及时组织实施相应的应急救援预案。

八、火灾事故应急处置技术

火灾事故是露天煤矿中经常可能发生的一类事故，在露天煤矿各生产工艺环节中均可能发生，针对不同环节发生的火灾事故应采用不同的应急处置技术。

1. 火灾事故处置技术

（1）着火初期，岗位人员及其他现场人员立即利用灭火器扑救，不管火势大小，只要见起火都要在扑救的同时报警。

（2）切断火势蔓延的途径，控制燃烧范围，如有液体流淌时，应筑堤（或用围油栏）拦截飘散流淌的易燃液体或挖沟疏导。

（3）调集灭火器材、矿用洒水车等。

（4）疏散火场周围与扑救无关的闲杂人员；若有烧伤人员，应及时进行救护。救护点应设置在上风向安全可靠的地方。

（5）火场物资疏散，将火场周围的大车等设备尽快开走，在保障人身安全的前提下，设法移走易燃物、可燃物。如果是油槽车着火，周围设备及易燃物、可燃物又较多，在可能的情况下，将油槽车开出一段距离，驶至有利于灭火的地方，然后集中力量扑救。

（6）若火灾引燃油罐，要注意冷却罐体，以降低其温度，防止因温度升高而引起爆炸。

（7）消灭飞火。要组织人力监视火场周围未烬的飞火，并予及时扑灭，防止造成新的火点。

（8）消防人员到达后，由消防队负责人负责现场指挥，矿应急救援指挥部应积极配合，协同作战。

（9）火灾扑灭后，待现场勘察完毕后方可清理现场。

2. 电气火灾事故

（1）发生电气火灾时，首先应设法切断着火部分的电源，然后根据火灾特点进行扑救。切断电源时要注意以下几点：

① 电气设备、设施着火后，由于受潮或被烟熏，其绝缘强度大大降低，因此，拉闸时应使用绝缘工具，以防触电。

② 要注意拉闸顺序：对于高压设备，应先操作油断路器，后切断电源，而不应先操作隔离开关；对于低压设备，应先操作磁力起动器，而不应先操作刀开关，以免引起弧光电路。

③ 切断电源的地点要适当，断电范围不得过大，以免因切断电源，灯光熄灭而影响灭火工作。

④ 剪断导线时，不同相的导线应在不同部位剪断，以免造成短路；剪断架空导线时，剪断位置应在电源方向的支持物附近，以防止导线剪断后掉在地面而造成短路或触电事故。

（2）若因生产需要或其他原因必须带电灭火时，应注意以下事项：

① 首先应选择不导电的灭火剂，如二氧化碳或干粉灭火剂等。

② 用水枪灭火时，应采用喷雾水枪；如果用普通水枪灭火时，应将水枪喷嘴接地，或者灭火人员戴绝缘手套、穿绝缘靴。

③ 灭火人员与带电体之间应保持必要的安全距离。

④ 对架空线路和悬空电气设备进行灭火时，人体位置与带电梯之间的仰角不得超过45°，以防导电断路威胁灭火人员的安全。

⑤ 若带电导线断落地面，应划出一定的警戒线，以防止发生跨步电压触电事故。

⑥ 扑灭火灾时，一旦发生有人触电，电工人员应首先进行抢救，并按触电事故现场处置方案，实施紧急救护工作。

（3）灭火人员应尽可能站在上风侧进行灭火；若发现有毒烟气（如电缆燃烧时），应戴上防毒面具。

（4）当灭火人员身上着火时，应就地打滚或撕脱衣服，可用灭火器直接向灭火人员身上喷射，也可以用湿麻袋、湿棉被等覆盖在灭火人身上。

（5）在灭火过程中应防止全矿停电，以免给灭火工作带来困难；若火灾发生在夜间，应保证足够的照明用电。

（6）室内着火时，切勿急于打开门窗，以免空气对流而加重火势；若火焰已窜上屋顶，应特别注意屋顶上的可燃物（如沥青、油毡等）着火后落下危害人身和设备安全。

（7）当消防员到来后，由消防队负责人负责现场指挥，矿抢险救援指挥部应积极配合，确保救援工作的顺利进行。

需要强调的是：电气火灾与一般火灾相比，有两个显著特点，一是着火的电气设备可能带电，扑火时若不注意就会发生触电事故；二是有些设备充有大量的油（如电力变压器、多油断路器等），一旦着火，可能发生喷油甚至爆炸事故，造成火势蔓延，扩大火灾范围。因此在没有特殊情况下，尽可能断电灭火。

3. 大型卡车火灾事故

1）施救原则

（1）有人员被困时，要首先救人。

（2）把燃油箱、液压箱和轮胎作为重点扑救对象。

（3）若燃油箱、液压箱和轮胎着火，不允许使用灭火器靠近扑救，救援人员只能远距离用水泡和消防水枪喷射灭火。

（4）及时移走设备上或设备周围的易燃易爆物品和相对贵重物品。

（5）如果发现卡车在加油站或其他易燃易爆物品附近着火，要迅速驶离到安全地点再进行施救。

（6）当火灾无法控制，施救工作已无价值时，经现场总指挥同意，停止救援，立即做好人员和其他设备的撤离工作。

2）处置程序

（1）火灾初起：卡车在运行时，司机要立即停车（若在坡道上，司机应先将卡车后轮尽量靠上挡墙，然后停车），熄灭发动机并给上停车制动；卡车在举升时，要立即将举升手柄打到追降位再到浮动位，熄灭发动机并给上停车制动，同时向当班工长和调度部汇报，然后用卡车自身配备的以及周围的灭火器材灭火。如当事人没有及时发现，其他人员有义务通过各种方式告知当事人，并积极协助扑灭或阻止火势蔓延。

（2）调度部值班主任听到汇报后，根据汇报人对火灾情况的描述，进行初步判断，决定是否向消防部门报警和向上级领导汇报，同时通知维修中心调度并迅速赶赴火灾现场组织指挥救援。在应急救援总指挥或副总指挥、消防队指挥员未到现场前，行使指挥员的权利。

（3）救援水车到达后，水炮由水车司机操作，水车操作由现场指挥员指定，若水炮操作困难，可派有经验的人员协助水车司机完成。

（4）值班安监员、运输队当班工长、工务队当班工长及水车司机听到火灾消息后，要立即赶赴现场配合施救。值班安监人员负责现场人员和车辆疏散、现场保护等警戒工作，防止火灾伤及周围的其他人员和设备。调度值班主任指定人员负责从矿大门口引领消防队车队和120急救车（如有人员伤亡），确保消防车辆和急救车及时到达火灾现场。工务队当班工长负责协调水车到位情况、补水、安排水炮操作人员、调用其他工程机械投入抢险救援工作。涉及供电电缆、高压线等区域的，由供电值班人员负责断电。一切救援行动必须听从现场指挥员的命令。

（5）消防人员到达后，由消防负责人负责指挥灭火，矿应急救援指挥部应积极配合，防止指挥混乱，造成事故的进一步扩大。

（6）救援工作结束后，现场指挥员要安排好看守人员，以防死灰复燃和设备、器材丢失，保护好现场等待事故调查组的勘察。

4. 其他设备火灾事故

（1）火灾初期，立即用设备上及设备周围的灭火器材灭火，扑灭或阻止火灾蔓延。

（2）若着火设备内有被困人员时，应首先设法救人。

（3）关断电源。

（4）紧急调集备用的灭火器和水车，根据着火的具体设备，采取相应的灭火方法及灭火措施。

（5）开走与救援无关的设备。

（6）移走设备上或设备周围的易燃易爆品和相对贵重的物品。

（7）把握风向，占领有利灭火阵地。

（8）扑救易燃易爆设备时（如机动车着火，电铲钻机压力容器着火等），救援人员与着火设备要保持足够的安全距离。

（9）当消防人员到达后，由消防队负责人负责现场指挥，矿应急救援指挥部应积极配合，协同作战。

（10）火灾扑灭后，待现场勘察完毕方可清理现场。

九、供电事故应急预案与应急处置技术

露天煤矿的供电系统是比较复杂的，环境比较恶劣，流动性较大。因此可能发生各类供电事故。针对不同事故，应采用相应的应急处置技术。

1. 触电事故

(1) 发生触电事故时，在保证救护者本身安全的同时，首先应设法使触电者迅速脱离电源，然后进行以下抢救工作：

① 解开妨碍触电者呼吸的紧身衣服。

② 检查触电者的口腔，清除触电者口腔中的黏液，取下假牙（如果有的话）。

③ 立即就地惊醒急救。

(2) 如果现场除救护者之外，还有第二人在场，则应立即进行以下工作：

① 提供急救的工具和设备。

② 劝退现场闲杂人等。

③ 保持现场有足够的照明和空气流通。

④ 按照程序向上级领导报告，联系职工总医院急救中心。

(3) 根据触电者的情况，在医生到来之前应迅速实施以下相应的急救：

① 如果触电者尚有知觉，但在此之前曾处于昏迷状态或者长时间触电，应使其舒适地躺在木板上，并盖上衣服，在医生到来之前，应保持冷静，不断地观察其呼吸状况和测试脉搏。

② 如果触电者已失去知觉，但仍有平稳的呼吸和脉搏，也使其舒适地躺在木板上，并解开腰带和衣服，保持空气流通和安静，有可能时应让他闻氨水和往其脸上洒些水。

③ 如果触电者呼吸困难（呼吸微弱，发生痉挛，发出唏嘘声），则应进行人工呼吸和心脏按压。

④ 如果触电者已无生命特征（呼吸和心脏跳动均停止，没有脉搏），也不得认为他已死亡。在这种情况下，应立即进行人工呼吸和心脏按压。

(4) 注意事项：

① 急救一般应在现场就地进行。只有当现场继续威胁着触电者，或者在现场实施急救存在很大困难（黑暗、拥挤、下雨、下雪等）时，才考虑把触电者抬到其他安全地点。

② 各种救护措施应因地制宜、灵活应用、以快为原则。

③ 若触电者受到电弧灼伤时，根据灼伤程度，采取相应的救护措施。如灼伤严重，现场无消毒的无菌纱布或消毒的洁净亚麻布，不得随便擦去粘在灼伤部位的各种异物，禁止撕下粘在灼伤部位的烧焦衣服碎片。如需除去，则应用锋利的剪刀剪下。对灼伤者进行急救后，应立即将其送往医院治疗。

④ 如果触电者同时发生外伤，应本着先救命、后治伤的原则，酌情处理。凡不危及生命的轻度外伤，可在触电急救之后进行处理；严重的外伤应在现场与触电急救同时进行处理。

2. 生产系统大面积停电事故

(1) 首先要落实停电范围，然后由供电队查找可能引起停电的具体部位。查找时，要求电工配备齐全安全用品。

(2) 检查用电生产设备、设施是否处于不安全状态，如有危险，应立即做好设备、设施的抢险和救援工作。

(3) 对停电范围内的用电设备、设施采取防止突然来电的措施。

（4）查找意外停电的原因。

（5）根据停电事故发生的原因，采取相应的安全应急措施。

① 若因人员过失、错误决定、错误设计、错误安装、错误调试、错误调度、错误操作而造成意外停电，首先要查找原始资料和记录，询问事故责任者及有关人员；然后采取具体措施，尽快抢修、恢复供电。

② 若因设备缺陷而发展为故障引发突然停电，应增加安全装置、更换部件或设备等，从根本上消除事故隐患后再恢复供电。

③ 若因自然灾害造成线路、设备损坏而突然停电，应充分考虑气候、环境带来的不利因素，抢修和恢复供电。

（6）在停电的设备、设施上抢修，必须采取以下安全措施：

① 将工作范围内各路进线电源都断开（切断电源时，还应切断少油断路器的操作电源），并采取防止误合闸的措施，而且每处至少应有一个明显的断开点，使工作人员在断电范围内工作，并与带电部分保持足够的安全距离。为了防止反送电，应将与停电设备有关的变压器和电压互感器的开关从高低两侧断开；对于柱上变压器，应将其熔断器的熔体取下。

② 验电。对于作业对象以及进出线的各项都要进行验电，已确认无电。

③ 装设接地线。对可能送到该检验设备的各部位（包括线路各支点）以及可能产生感应电压的部位，都要装设接地线，并将三线短路。

④ 悬挂标示盘。在一经合闸即可送电到该检修设备的开关上以及临近带电部位的遮拦上均应悬挂提醒人们注意的相应标示牌。

（7）事故抢修可不用工作票，但事后应详细记录在操作记录本内。

（8）电气设备、设施抢修完毕后，不可立即接通电源，应对现场进行仔细检查，确认无差错，待工作人员离开设备后，方可送电。

（9）在紧急救援过程中，组织抢修、尽快恢复供电，应以不发生设备和人身事故为前提，因此，必须采取必要和完善的安全技术措施。若出现异常情况，应及时调整方案，制订合理的补救措施。

十、自然灾害事故应急处置技术

露天煤矿主要为露天现场作业，所以受气候、环境影响极大，恶劣的气候（如风沙、沙尘暴、酷暑、严寒、暴雨、冰雹等）与地质环境灾害均会直接影响露天煤矿的安全生产，从而发生相应的事故。

事故发生后，矿应急救援指挥部应立即投入运行，总指挥及各指挥组负责人应迅速到位履行职责，及时组织实施相应事故应急预案，并随时将事故处理情况报上级有关部门。

（1）首先落实灾害波及范围，是否有人员伤亡，是否有设备损坏，是否采场被毁。

（2）根据灾害的性质和初步掌握的灾情，分析判断灾害可能继续发生和发展的趋势。

（3）总指挥在自然灾害面前，一定要保持清醒和冷静，并号召大家树立战胜自然灾害的信心，消除灾害给人们带来的恐惧心理。

（4）从本地区的地理位置和气候特征来看，除雨季洪水外，可能给露天煤矿带来严重损失的自然灾害还有沙尘暴、大风、地震。救援时，要根据灾害的性质、特征，实施相应措施。

（5）在灾害初期，利用现有的通信手段和交通工具，积极做好停产后人员及设备的保安和防护工作。该避风的避风，该撤离危险区域的撤离危险区域。

（6）若灾害已造成供电线路、设备损坏，人员伤亡或回采工作面毁坏等，矿救援指挥部应及时启动有关预案，采取相应救援措施。

（7）当沙尘暴、大风、地震灾害后，救援人员要注意断落的高压线和变形的危险建筑物。

（8）要密切关注天气预报，随时掌握气候的变化情况，以防灾害继续肆虐，造成更大的损失。

（9）救灾工作结束后，要做现场清理和其他善后工作，待消除灾害所带来的各种隐患后，方可恢复生产。

十一、职工出现新冠肺炎等传染病应急处置

（1）当企业所在地出现新冠肺炎等传染病疫情，根据当地政府要求和预警级别，应编制疫情防控的应急预案并采取相应的管控措施，明确应急领导小组成员及分工，设立专门的隔离区和床位，储备一定数量的防护眼镜、隔离衣、防护手套、口罩等应急物资。

（2）一旦有职工出现传染病相关症状，应立即联系当地指定的传染病救治医院，将该职工送至医院进行诊断治疗，并根据有关政策向当地政府或管理机构汇报相关情况。

（3）救护车等交通工具抵达前，应将出现传染病相关症状的职工安排至专门的隔离区进行隔离，在隔离区处设置明显警戒标志并安排人员值守，值守人员应佩戴相关的个人防护用品。

（4）职工在矿坑工作期间出现相关症状时，应安排其立即停止工作，通知调度室准备单独的运输工具，避免与其他人同乘。在隔离前运输过程中，要确保与他人保持安全距离并避免面对面，全程不触碰不必要的设备设施，条件许可条件下，患病职工与接送司机应全程佩戴口罩等个人防护用品。

（5）记录出现传染病相关症状职工的生活工作活动轨迹，对其活动区域（包括坑下和地面）进行消毒。

（6）排查出现传染病相关症状职工的密切接触人员名单，包括同办公室、同宿舍、同班组、同就餐、同乘运输工具的人员等。一旦该职工被确诊，立刻要求密切接触者进行自我隔离，主动联系当地政府或管理机构，按要求采取进一步措施。

第六节　露天煤矿事故现场急救技术

一、现场急救组织

矿山发生灾害性事故时，常常会导致现场作业人员发生伤害。为尽可能地减轻伤员的痛苦，防止伤情恶化或并发症的发生，挽救濒临死亡危重伤员的生命，煤矿企业必须建立

创伤急救系统，并组织指导现场人员做好创伤急救工作。

（一）急救组织机构

由于煤炭企业现场作业地点分散、生产战线长、危险隐患多，为确保矿山作业人员的生命安全，《煤矿安全规程》规定："煤矿企业应当有创伤急救系统为其服务。创伤急救系统应当配备救护车辆、急救器材、急救装备和药品等"。现场创伤急救系统组织一般按三级进行编制。

1. 第一级急救机构

煤矿现场急救的关键在于"及时"。第一级现场创伤急救组织主要由现场作业单位的干部、工人、卫生员及急救员、矿山救护指战员等组成，必要时医院的医生也必须奔赴现场参加急救工作。实践统计证明，现场创伤急救组织得力及时，可大幅度减少伤员的死亡。危重伤员在受伤2 min内进行急救时，成功率可达70%以上；4～5 min内进行急救的成功率仅有43%；15 min以后进行急救的成功率极小。因而煤炭企业做好现场创伤急救组织工作，是直接关系到伤员生命安全的一件大事。

第一级现场创伤急救组织的主要任务是：迅速抢救伤员脱险，并进行现场急救；做好必要的医疗救护准备工作，以便于危重伤员的安全转送。可以根据创伤人员的伤情和条件，组织进行矿工现场急救、急救员现场急救和现场急救站抢救等工作。

2. 第二级急救机构

第二级医疗急救组织主要由矿医院医务人员组成，主要任务是接收第一级急救转送来的伤员，并根据伤情进行救治或转送到矿务局（集团公司）医院。

3. 第三级医疗急救组织

第三级医疗急救组织由矿务局（集团公司）医院各科室医务人员组成，并由业务院长和外科主任负责组建创伤抢救小组，主要负责重伤员的抢救医疗工作。

（二）急救原则及伤情判断

1. 现场急救原则

矿山事故急救处置过程中，必须遵守"三先三后"的救护原则，即对窒息（呼吸道完全堵塞）或心跳、呼吸刚停止不久的伤员，必须先复苏，后搬运；对出血伤员，必须先止血，后搬运；对骨折伤员，必须先固定，后搬运。并根据现场创伤人员的伤情判断，按危重伤员、重伤员、轻伤员的抢救顺序，分类实施救护工作。

（1）危重伤员。是指中毒性、外伤性窒息，以及由各种创伤原因引起的心跳骤停、呼吸困难、昏迷、严重休克、大出血等伤员。对现场危重伤员进行救护的原则是：立即进行现场抢救处置，并在严密观察和继续实施抢救下，迅速护送到医院。

（2）重伤员。是指创伤造成骨折及脱位、严重积压损伤、大面积软组织挫伤、内脏损伤等伤员。对现场重伤员进行救护的原则是：先进行现场应急控制伤情处置，并在严密监护下，迅速护送到医院，但应随时注意防止伤员发生休克现象。

（3）轻伤员。是指创伤人员软组织挫伤、裂伤和一般性损伤等伤员。这类伤员基本能够自我行动，只需在现场进行一般性的创伤处理即可。

伤势分类及处理原则见表5－9。

2. 现场伤情判断

矿山发生灾害事故后，一旦出现大批伤员时，先抢救重伤员，后救助轻伤员。现场抢救工作的先后，主要是根据伤员受伤情况和伤情的变化进行的，而伤情轻重的判断，是依据检查伤员心跳、呼吸和瞳孔等变化特征，以及观察伤员的神志情况来确定，具体判断方法见表5－10。

表5-9　伤势分类及处理原则

伤势类别	表　现	处理原则
危重伤员	外伤性窒息、心跳聚停、呼吸困难、深度昏迷、严重休克、大出血	均需立即抢救，并在严密观察和抢救下，尽快护送医院
重伤员	骨折及脱位、严重挤压伤、大面积软组织挫伤、内脏损伤	在现场应急处理后，迅速护送医院，必要时立刻进行手术
轻伤员	软组伤、擦伤、裂伤及挫伤等	现场检查后，送医院检查治疗

表5-10　创伤判断方法

检查项目	伤情特征	
	正　常	严重创伤
心跳	60～80次/min	严重受伤或大出血伤员，心跳多增快
呼吸	16～18次/min	危重伤员呼吸多变快、变浅或不规则
瞳孔	两眼瞳孔等大、等圆、遇光能迅速收缩变小	严重颅脑损伤的伤员，两眼瞳孔不一样大，用光线刺激时，不收缩或反应迟钝
神智	神志清醒，对外来刺激能引起反应	神志模糊或出现昏迷，对外来刺激没有反应

对于遭受多处外伤或复合伤的伤员，在现场抢救的顺序应该是：

（1）将伤员尽快抬离现场。

（2）清除伤员口鼻腔中的异物，保持其呼吸畅通。

（3）止住大出血。

（4）防止休克。

（5）处理伤口。

3. 机械性外伤的急救

1）机械性外伤分类

（1）闭合性损伤，如扭伤、挤伤、压伤、震荡伤等。

（2）开放性损伤，如擦伤、刺伤、切伤、裂伤和肢体（指）断离伤等。

对于遭受机械性外伤的伤员，如有多处外伤或复合伤时，首先要采取措施，使伤员的呼吸道畅通，止住大出血和防止休克，然后处理骨折；其次才能进行一般伤口的处置和组织转送护理。

2）常见机械性外伤的急救原则

（1）创伤性休克。人受到强烈袭击后，身体各部脏器和组织的细胞常因供血不足而缺氧，出现低血糖、脉搏快、四肢发凉、呼吸浅快、尿量减少和意识障碍等症状。这种情况常是伤员早期死亡的原因之一。对这样的伤员，紧急处置要点是：

① 保持安静。

② 体位平卧，或使头、脚和腿抬高30°，以增加回流到心脏的血量。

③ 保持呼吸道畅通，防止呼吸及循环衰竭。

④ 止血、包扎伤口。

（2）颅脑伤：

① 及时包扎伤口，如脑组织膨出时，应在其附近用纱布围好或用搪瓷碗将该处盖住，再包扎固定。

② 使伤员在担架上置侧卧位，头部要用衣物挡住，以防转运途中受到震荡。

③ 对于舌根后坠的伤员，应尽快在其口腔中放入咽导管，将舌拉出并用安全别针将之固定。

（3）颈部伤。人的颈部分布着重要血管、神经、气管、颈椎和甲状腺。颈部外伤直接危害着人的生命安全。颈部血管受到损伤时，常呈喷射状向外涌出大量鲜血，静脉损伤时，除大量出血外，还可能因血管内进入空气而引起空气栓塞，呼吸困难，导致伤员很快死亡。如颈部神经受到损伤，伤员则可因声门肌麻痹而死亡。对于因颈部损伤而出血的伤员，必须立即采取止血措施。可压迫颈总动脉或用对侧上肢做支架做加压包扎。同时请医生进行急救。

（4）腹部伤。对于腹部创伤的伤员，在包扎伤口后，及时转送医院治疗。如有内脏器官膨出体外，不要将之送回，而应将之围好，或用搪瓷碗盖上后再包扎。转送伤员途中，使伤员置仰卧位，膝下垫高，腹壁松弛。对于内出血严重的伤员，还应尽早进行抗休克治疗。

（5）肢体断离伤：

① 首先利用止血带在肢体近心端进行止血，然后再根据其他症状，进行必要的抢救。

② 对于断离的肢体，要用消毒或清洁的敷料包好，使其在不受热的情况下，尽快提前（不必与伤员同行）送往医院，以便实行再植手术。

4. 边坡坍塌事故挤压伤的急救

边坡塌陷是露天矿山常见事故之一。现场作业人员，极易因岩石的挤压而致伤，遇有这种情况时，应按下列原则组织抢救。

1）尽快救出被埋压的伤员

首先应根据边坡塌陷前作业人员在现场的位置，然后从旁侧开始挖掘。当估计挖掘地点已接近伤员时，动作要轻稳，如已确知伤员头部所处位置，则应首先搬除该处的石头，使头部尽快露出接触新鲜空气。头部露出后，要在继续挖掘的同时，立即清除伤员口鼻腔中的异物，并对伤员输氧。将伤员挖出后，在将其抬离现场时，切记用力拖拉伤员的四肢或采用其他用力的行动。

2）采取必要的医疗急救措施

（1）对呼吸困难或已停止呼吸者，要进行人工呼吸。但是，由于被挤压的伤员，其脑部和背部多有损伤，所以，不宜采用仰卧压胸和俯卧压背人工呼吸法，而应采取口对口吹气的人工呼吸法（人工呼吸方法顺口溜：人仰卧，头后仰，清口腔，松领口，解衣裳，抠鼻孔，贴嘴吹，吹2 s，放3 s）。最好利用苏生器进行人工呼吸。

（2）有大出血现象时，应采取相应的止血方法。

（3）对骨折者应使用夹板固定。如疑为脊椎骨骨折，转运时，应使用硬板担架。

（4）如伤员已长期处于饥饿状态，将其救出后，要先供给适量的糖水饮料，必要时可进行静脉点滴葡萄糖液或葡萄糖生理盐水。

（5）转运时，应有医务人员护送，以便及时处理随时可能发生的危急情况。

3）正确处理挤压综合征

伤员肢体受重压后，除机械性外伤外，还可能出现急性肾功能衰竭、血压升高、心脏损伤和肺水肿等挤压综合征。受挤压严重的伤员常因这些原因而死亡。为此，对脱离危险区并解除了挤压状态的伤员，还应采取下列措施：

（1）立即将伤肢牢牢固定，避免不必要的活动，以防组织分解出的物质被血液吸收或增加血液的散失。

（2）发现伤员尿量减少或无尿时，在转送途中应严格控制饮水和输液，以防肺水肿的发生。

（3）伤员口渴时，必须在其不感到恶心且尿正常的情况下，方可大量饮水，水中宜加入适量的盐和糖（有咸甜味即可），并可服用小苏打片。

（4）对受压肢体，不能进行按摩、热敷或加止血带，以免加重伤势。

5. 中毒与窒息伤员的急救

发生火灾或爆破后，可能生成和积蓄有毒有害气体，造成人员的中毒和窒息。在抢救这类伤员时，必须佩戴可靠的呼吸器。只有经过气体分析，证明空气成分正常后，方可取下呼吸器的口具。

1）中毒者急救要点

（1）尽快将中毒者从险区救出，为避免中毒者继续吸入有毒气体，应为中毒者佩戴呼吸器或自救器。

（2）清除中毒者口鼻中的异物，解开其上衣和腰带，脱掉胶鞋。

2）窒息者急救要点

对于窒息性的伤员，除采取上述措施外，还应注意如下事项：

（1）对于昏迷的伤员，取侧俯卧位，使其口中分泌物流出，将舌拉出口，以防舌后缀影响呼吸。

（2）当窒息伤员出现脉搏微弱，血压下降等循环衰竭症状时，需请医务人员为其及时注射强心与升压药物，情况好转后，迅速送往医院。

6. 触电伤员的急救

人触电不仅能导致局部烧伤，更为严重的是形成全身性症状。如不及时脱离电源，特别是高压电源，触电者可能因呼吸麻痹而停止呼吸，心室纤维性颤动或心跳骤停而死亡。

对触电伤员的急救要点如下：

（1）立即切断电源或将伤员自电源移开，使伤员尽快脱离电源。但需特别注意，在进行上述工作时，必须使用绝缘工具。

（2）将伤员救下后，应将之移至新鲜风流处，如伤员呼吸困难或已停止呼吸，应使之平卧，为其打开衣领及腰袋，尽快进行人工呼吸（人工呼吸方法顺口溜：人仰卧，头后仰，清口腔，松领口，解衣裳，抠鼻孔，贴嘴吹，吹2 s，放3 s）。

（3）如伤员心音微弱或心脏已停止跳动，应立即进行胸外心脏按压（人工胸外按压术：人仰卧，头后仰，清口腔，松领口，解衣裳，中指对凹膛，双手叠，臂伸直，掌根往下压，轻重要适宜，寸到寸半最为适宜，一秒钟一次），这一工作应坚持到心脏恢复跳动或心脏停止跳动4 h后。

（4）对呼吸与心跳均停止的伤员，应同时做人工呼吸和心脏按压，并注射抢救药物。

（5）对局部电击伤口，应早做清创处理，但不宜包扎，以免腐烂或感染。

（6）电击伤常造成深部组织坏死，较一般热烧伤更易引起破伤风，必须及时注射破伤风抗生素。

（7）对电击伤员，还应检查有无其他损伤，以便及时进行相应处理。

7. 溺水伤员的急救

抢救溺水者时应注意下列事项：

（1）将受难人员抬离险区后，可在安全地点进行急救。

（2）对于溺水者，要以最快的速度清除其口鼻中的异物，尽快挤出其体腔内的积水，挤水时，可用衣物垫在溺水者的肚子下面，或将溺水者放在救护者的大腿上，腹部与大腿接触。面部向下，挤压其背部。

（3）挤水后，或挤水效果不理想时，应对溺水者改作俯卧撑压背或人工呼吸或口对口吹气，有条件时，可向气管内插管输氧。

（4）如溺水者心脏不正常或已停止跳动时，应在人工呼吸的同时，进行胸外对心脏按压，并注射抢救药物。

（5）当溺水者苏醒后，应饮用少量热浓茶或姜汤，以防感冒，为避免患肺炎还要注射抗生素。

8. 矿山火灾烧伤急救

火灾烧伤程度与烧伤面积、深度及部位有关。如烧伤面积$<10\%$，浅层及非头颈部、呼吸道等部位烧伤属轻度，否则为重度。对重度伤员应注意早期休克的观察，应予简单包扎（必须用清洁纱布）后及时接受抗休克、补液等医疗急救措施，这将对挽救生命及今后创面愈合有重要意义。在运送途中伤员如无严重恶心或呕吐，可口服能缓解烧伤的饮料（每100 mL含盐0.3 g、苏打0.15 g的糖水），一次服量不超过200 mL，宜少量分多次饮用。

烧伤病人因灼烤出现严重口渴，不要给予大量白开水，应给予烧伤饮料，即每500 mL水中加50 g葡萄糖（白糖也可），1.5 g氯化钠（食盐也可），0.75 g小苏打粉，0.03 g鲁米那（苯巴比妥片），少量多次口服，成人每次200 mL，小儿每次100 mL。现场救护注意保护烧伤创面，用干净纱布、被单裹住或覆盖，然后送医院处理。

二、现场急救技术

矿山伤害事故往往是突发性的，常会造成现场作业人员不同程度的创伤。一旦伤害事故发生后，现场人员必须立即对创伤人员进行应急救护。现场创伤急救技术包括人工呼吸、心肺复苏、创伤止血、创伤包扎、骨折临时固定和伤员搬运等。

（一）人工呼吸

人工呼吸适用于触电休克、溺水、有害气体中毒、窒息等引起呼吸停止出现假死（即人呼吸衰竭、心跳骤停后，体内的生命活动仍能维持一段时间的现象，医学称为假死，又叫猝死）的一种急救技术措施。现场急救进行人工呼吸前，首先将伤员运送到安全、通风良好的地点，把伤员的领口解开，放松腰带，脱掉胶鞋或鞋子，注意保持伤员的体温。在伤员的腰背部垫上软物，如衣服等，并将伤员口中的脏物清除净，把舌头拉出或压住，以防止堵塞住喉咙，妨碍呼吸。因此，各种有效的人工呼吸必须在呼吸道畅通的前提下进行。

1. 急救原理

人的心脏和大脑需要不断地供给氧气，如果中断供氧 3 ~ 4 min 就会造成不可逆性损害。所以在某些意外事故中，如触电、溺水、脑血管和心血管意外，一旦发现心跳呼吸停止，首要的抢救措施就是迅速进行人工呼吸和胸外心脏按压，以保持有效通气和血液循环，保证重要脏器的氧气供应。在医院内抢救呼吸骤停患者可使用结构更复杂、功能更完善的呼吸机。现场急救常用人工呼吸的方法主要有口对口吹气法、俯卧压背法和仰卧压胸法。

2. 口对口吹气法

口对口吹气法操作简便、容易掌握，而且气体的交换量大，接近或等于正常人呼吸的气体量，如图 5 - 28 所示。具体操作方法如下。

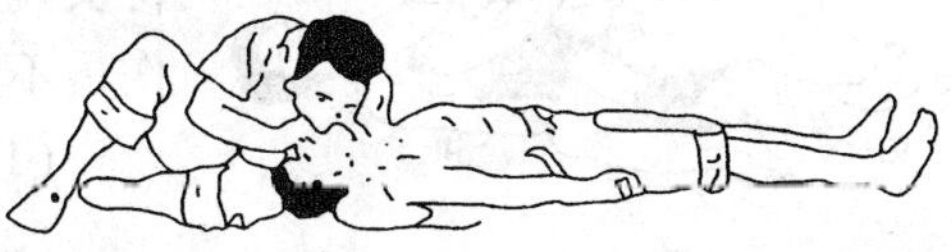

图 5 - 28　口对口吹气人工呼吸法

（1）患者取仰卧位，即胸腹朝天。

（2）首先清理患者呼吸道，保持呼吸道清洁。

（3）使患者头部尽量后仰，以保持呼吸道畅通。

（4）救护人站在其头部的一侧，自己深吸一口气，对着患者的口（两嘴要对紧不要漏气）将气吹入，造成吸气。为使空气不从鼻孔漏出，此时可用一手将其鼻孔捏住。

（5）救护人员的嘴离开，同时将捏住的鼻孔放开，并用一手压其胸部，以帮助呼气。这样反复进行，每分钟进行 14 ~ 16 次。

（6）如果患者口腔有严重外伤或牙关紧闭时，可对其鼻孔吹气（必须堵住口），即为口对鼻吹气。

（7）救护人员吹气力量的大小，依病人的具体情况而定。一般以吹进气后，病人的胸廓稍微隆起为最合适。

（8）口对口之间，如果有纱布，则放一块叠两层厚的纱布，或一块一层的薄手帕，但注意，不要因此影响空气出入。

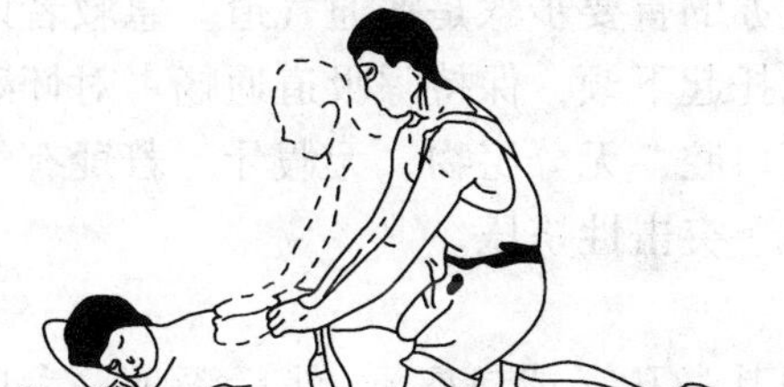

图 5 - 29　俯卧压背人工呼吸法

3. 俯卧压背法

此法应用较普遍，是一种较古老的方法。由于病人取俯卧位，舌头能略向外坠出，不会堵塞呼吸道，救护人员不必专门来处理舌头，节省了时间（在极短时间内将舌头拉出并固定好并非易事），能及早进行人工呼吸。气体交换量小于口对口吹气法，但抢救成功率较高。目前，在抢救触电、溺水时，现场还多用此法，但对于孕妇、胸背部有骨折者不宜采用此法，如图 5 - 29 所示。

具体操作方法如下。

（1）伤病人取俯卧位，即胸腹贴地，腹部可微微垫高，头偏向一侧，两臂伸过头，一臂枕于头下，另一臂向外伸开，以使胸廓扩张。

（2）救护人面向其头，两腿屈膝跪地于伤病人大腿两旁，把两手平放在其背部肩胛骨下角（大约相当于第七对肋骨处）、脊柱骨左右，大拇指靠近脊柱骨，其余四指稍开微弯。

（3）救护人俯身向前，慢慢用力向下压缩，用力的方向是向下、稍向前推压。当救护人的肩膀与病人肩膀将成一直线时，不再用力。在这个向下、向前推压的过程中，即将肺内的空气压出，形成呼气。然后慢慢放松回身，使外界空气进入肺内，形成吸气。

（4）按上述动作，反复有节律地进行，每分钟14~16次。

4. 仰卧压胸法

此法便于观察病人的表情，而且气体交换量也接近于正常的呼吸量。但最大的缺点是，伤员的舌头由于仰卧而后坠，阻碍空气的出入，所以按照本法操作时要将舌头拉出。这种姿势，对于淹溺及胸部创伤、肋骨骨折伤员不宜使用，如图5-30所示。具体操作方法如下。

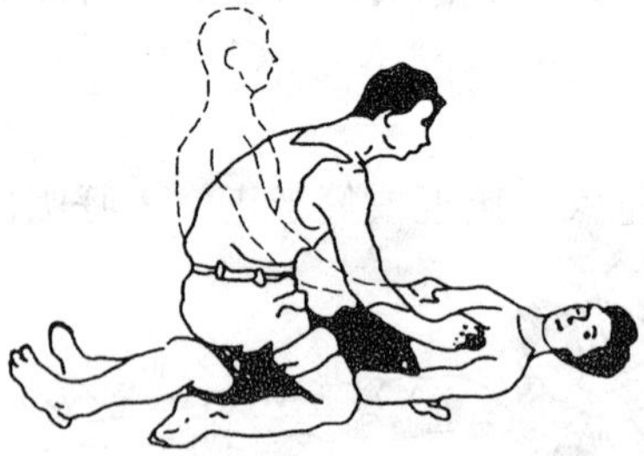
图5-30 仰卧压胸人工呼吸法

（1）病人取仰卧位，背部可稍加垫，使胸部凸起。

（2）救护人屈膝跪地于病人大腿两旁，把双手分别放于乳房下面（相当于第六七对肋骨处），大拇指向内，靠近胸骨下端，其余四指向外。放于胸廓肋骨之上。

（3）向下稍向前压，其方向、力量、操作要领与俯卧压背法相同。

（二）心肺复苏

心肺复苏是用于抢救伤员停止呼吸、心脏跳动不规则或停止的一种有效的急救方法，但对胸骨有损伤者不能使用。

1. 心肺复苏术CPR

先判断患者有无意识：轻拍（摇）患者，并大声询问，看是否有反应；手指甲掐压人中穴约5 s，如无反应表示意识丧失。这时应使患者水平仰卧，解开颈部纽扣，注意清除口腔异物，使患者仰头抬颏，用耳贴近口鼻，如未感到有气流或胸部无起伏，则表示已无呼吸。

1）A（airway）：保持呼吸顺畅

昏迷的病人常因舌后坠而堵塞气道，所以心肺复苏的首要步骤是畅通气道。急救者以一手置于患者额部使头部后仰，另一手抬起后颈部或托起下颏，保持呼吸道通畅。对怀疑有颈部损伤者只能托举下颏而不能使头部后仰。检查口腔，无分泌物、无假牙。若疑有气道异物，应从患者背部双手环抱于患者上腹部，用力、突击性挤压。

2）B（breathing）：口对口人工呼吸

在保持患者仰头抬颏前提下，施救者用一手捏闭其鼻孔（或口唇），然后深吸一大口气，迅速用力向患者口（或鼻）内吹气，然后放松鼻孔（或口唇）。依此每5 s反复一次，直到恢复自主呼吸。

每次吹气间隔1.5 s，在这个时间抢救者应自己深呼吸一次，以便继续口对口呼吸。

3）C（circulation）：建立有效的人工循环

检查心脏是否跳动，最简易、最可靠的是颈动脉。抢救者用2~3个手指放在患者气管与颈部肌肉间轻轻按压，时间不少于10 s。

如果患者停止心跳，抢救者应握紧拳头，拳眼向上，快速有力猛击患者胸骨正中下段一次。此举有可能使患者心脏复跳，如一次不成功可按上述要求再次扣击一次。

如心脏不能复跳，就要通过胸外按压，使心脏和大血管血液产生流动，以维持心、脑等主要器官的最低血液需要量。

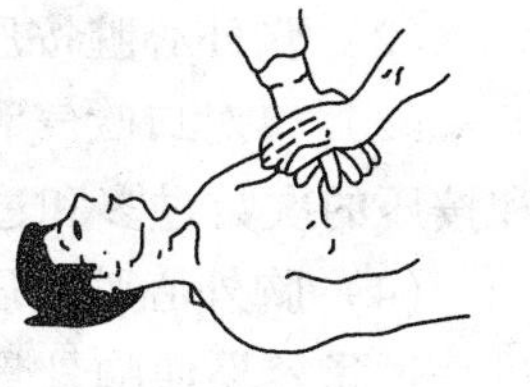

图5－31　心脏按压图

胸外按压法的急救原理是通过胸外按压胸骨下端下陷，间接压迫心脏，使心内血液流入主动脉和肺动脉；放松时胸骨复位，心脏重新舒张，静脉血液返回心脏，形成人工血液循环。选择胸外心脏按压部位，如图5－31所示：先以左手的中指、食指定出肋骨下缘，而后将右手掌侧放在胸骨下1/3，再将左手放在胸骨上方，左手拇指邻近右手指，使左手掌底部在剑突上。右手置于左手上，手指间互相交错或伸展。按压力量经手跟向下，手指应抬离胸部。胸外心脏按压方法：急救者两臂位于病人胸骨的正上方，双肘关节伸直，利用上身重量垂直下压，对中等体重的成人下压深度应大于5 cm，而后迅速放松，解除压力，让胸廓自行复位。如此有节奏地反复进行，按压与放松时间大致相等，频率为每分钟不低于100次。

当只有一个急救者给病人进行心肺复苏术时，应是每做30次胸心脏按压，交替进行2次人工呼吸。当有两个急救者给病人进行心肺复苏术时，首先两个人应呈对称位置，以便于互相交换。此时，一个人做胸外心脏按压；另一个人做人工呼吸。两人可以数着1、2、3进行配合，每按压心脏30次，口对口或口对鼻人工呼吸2次。

2. 2010国际心肺复苏指南

（1）发现病人倒地，首先确认现场环境是否安全，以免影响救治。

（2）判断病人的意识，用双手轻拍病人的双肩，大声询问："喂！你怎么了？"若无反应，立即呼救并请求他人拨打电话，与急救医疗救护联系。如现场只有一名抢救者，则先进行1 min的现场心肺复苏后，再联系求救；若为溺水或窒息性心跳骤停，应先进行2 min的现场心肺复苏后，再联系求救。

（3）立即将病人置于复苏体位（平卧位），触摸颈动脉，未触及立即施行胸外按压。颈动脉判断：用右手的中指和食指从气管正中环状软骨划向近侧颈动脉搏动处，数1001，1002，1003，1004，1005…时间5 s以上10 s以下。检查呼吸：观察病人胸部起伏5~10 s（数1001、1002、1003、1004、1005…），检查有无呼吸。

（4）胸外按压30次后立即开放气道，进行口对口人工呼吸。人工呼吸与胸外按压比例为2∶30。单纯进行胸外按压时，频率至少100次/min，按压深度：成人大于5 cm，非成人4~5 cm。

（5）操作5个循环后进行评估。

CPR操作顺序的变化：A－B－C→C－A－B。

2010年（新）：C－A－B，即C胸外按压→A开放气道→B人工呼吸。

2005年（旧）：A－B－C，即A开放气道→B人工呼吸→C胸外按压。

有条件要及早实施电除颤：心脏骤停80% ~90%由室颤引起，只做心肺复苏不能终止室颤，电除颤是最好的办法，每推迟1 min存活率下降7%~10%。右侧放在右锁骨下侧，左侧放在左乳头侧腋中线。首次360 J非同步，一次电击后再做5组CPR。

3. 心肺复苏注意事项

（1）口对口吹气量不宜过大，一般不超过1200 mL，胸廓稍起伏即可。吹气时间不宜过长，过长会引起急性胃扩张、胃胀气和呕吐。吹气过程要注意观察患（伤）者气道是否通畅，胸廓是否被吹起。

（2）胸外心脏按压术只能在患（伤）者心脏停止跳动下才能施行。

（3）口对口吹气和胸外心脏按压应同时进行，严格按吹气和按压的比例操作，吹气和按压的次数过多和过少均会影响复苏的成败。

（4）胸外心脏按压的位置必须准确。不准确容易损伤其他脏器。按压的力度要适宜，过大过猛容易使胸骨骨折，引起气胸血胸；按压的力度过轻，胸腔压力小，不足以推动血液循环。

（5）施行心肺复苏术时应将患（伤）者的衣扣及裤带解松，以免引起内脏损伤。

4. 心肺复苏有效的体征和终止抢救的指征

（1）观察颈动脉搏动，有效时每次按压后就可触到一次搏动。若停止按压后搏动停止，表明应继续进行按压。如停止按压后搏动继续存在，说明病人自主心搏已恢复，可以停止胸外心脏按压。

（2）若无自主呼吸，人工呼吸应继续进行，或自主呼吸很微弱时仍应坚持人工呼吸。

（3）复苏有效时，可见病人有眼球活动，口唇、甲床转红，甚至脚可动；观察瞳孔时，可由大变小，并有对光反射。

（4）当有下列情况可考虑终止复苏：①心肺复苏持续30 min以上，仍无心搏及自主呼吸，现场又无进一步救治和送治条件，可考虑终止复苏；②脑死亡，如深度昏迷，瞳孔固定、角膜反射消失，将病人头向两侧转动，眼球原来位置不变等，如无进一步救治和送治条件，现场可考虑停止复苏；③当现场危险威胁到抢救人员安全（如雪崩、山洪暴发）以及医学专业人员认为病人死亡，无救治指征时。

（三）创伤止血

任何外伤都有出血的可能。人体的血液总量约为5000~6000 mL，如果受创伤人员的急性出血量超过800~1000 mL时，就会有生命危险。在实际生产现场，往往对创伤并不严重的伤员，没有及时有效地进行止血救护而向井上转送，结果造成伤员失血过多无法抢救。因此，争取时间对现场受创伤人员进行及时有效地止血救护，对挽救伤员生命具有非常重要的实际意义。

人体的血管有动脉血管、静脉血管和毛细血管3种。出血是由血管的损伤破裂而造成的，但人体的损伤血管不同，其出血特征也不同，见表5－11。

实践表明，只有了解各种出血的特征，才能有针对性地采取不同的方法进行现场创伤止血救护。创伤止血方法有压迫止血法、加压包扎止血法、止血带止血法和加垫屈肢止血法四种。现场创伤止血急救时，一般先用压迫止血法止住血后，再根据情况改用其他的止血方法。

表5-11　血管种类及其出血特征

血管种类	出血特征
动脉血管	血液颜色鲜红、随心脏跳动的频数从伤口向外喷射，血液向外流出快，时间稍长就会有生命冒险
静脉血管	血液颜色暗红或紫红，血液呈持续性从创伤口溢出，短时间内对伤员无生命危险，但不及时止血，流血过多会危及伤员的生命
毛细血管	血液由创伤口渗出，一般会自行凝固，不会有生命危险

1. 压迫止血法

压迫止血法又称为指压止血法，它是一种最基本、最常用、最有效的处置创伤的急救方法。一般适用于头、颈、四肢动脉大出血时的临时止血。现场发现创伤人员大出血时，只要果断地用手指或手掌用力压紧伤口附近靠近心脏一端的动脉跳动处，并把血管紧压在骨头上，就能很快地起到临时止血的效果。但在创伤急救应用时，不宜过久，应在采用指压止血的同时，准备换用加压包扎止血方法。

1）人体动脉指压点分布

人体血管最易能被压住而止血的地点为指压点，人体全身的指压点有颞动脉指压点、枕动脉指压点、下颌动脉（又称面动脉）指压点、锁骨下动脉指压点、肱动脉指压点、桡动脉指压点、尺动脉指压点、股动脉指压点8处，如图5-32所示。

2）急救止血指压点

创伤人员受伤部位的不同，选择急救止血的指压点也不同。现场急救时可根据创伤人员受伤的部位，选择止血的指压点。常用的急救止血指压点有：

（1）颌面部及口腔侧出血时，可压迫颌动脉止血，如图5-33a所示。

（2）头部前半部出血时，可在下颌角耳关节点压迫颞动脉止血，如图5-33b所示。

（3）头后部出血时，可压迫枕动脉止血，如图5-33c所示。

（4）颈部出血时，可压迫锁股下动脉止血，如图5-33d所示。

（5）下肢出血时，可压迫股动脉止血，如图5-33e所示。

（6）上肢出血时，可根据出血的部位分别压迫锁骨下动脉指压点、肱动脉指压点、桡动脉指压点、尺动脉指压点止血，如图5-33f所示。

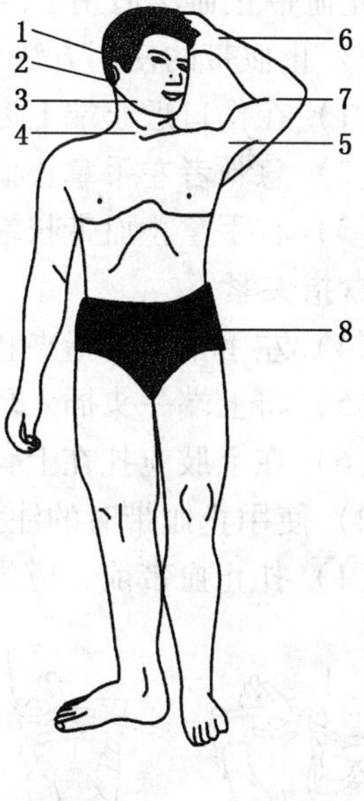

1—颞动脉指压点；2—枕动脉指压点；3—下颌动脉（又称面动脉）指压点；4—锁骨下动脉指压点；5—肱动脉指压点；6—桡动脉指压点；7—尺动脉指压点；8—股动脉指压点

图5-32　全身常用的动脉指压点

2. 加压包扎止血法

加压包扎止血法主要适用于静脉出血的止血。其方法是：将干净的纱布、毛巾或布料等盖在伤口处，然后

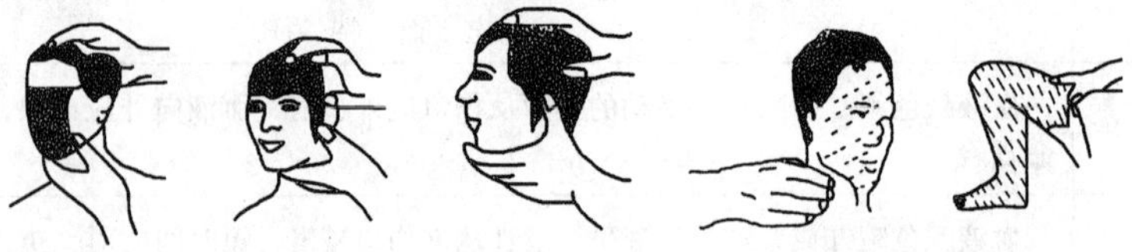

(a) 颌面部止血 (b) 头部前半部止血 (c) 头后部止血　(d) 颈部止血　(e) 下肢止血

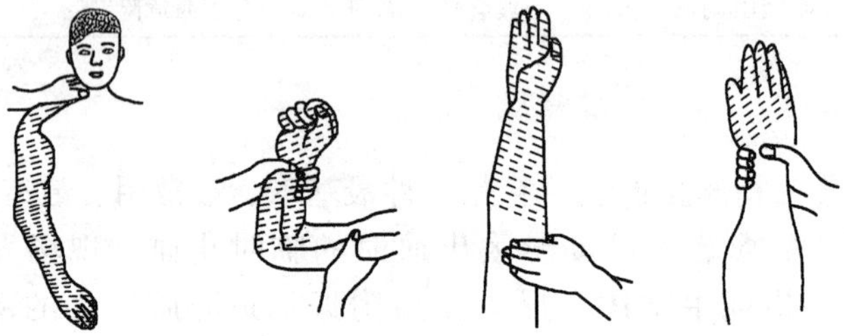

(f) 上肢止血

图5-33　压指点止血控制范围

用绷带或布条适当加压包扎，即可止血。压力的松紧度以能达到止血而不影响伤肢血液循环为宜。

3. 止血带止血法

止血带止血法适用于四肢大血管出血。

1）止血带的使用方法。

（1）在伤口近心端上方先加垫。

（2）急救者左手拿止血带，上端留5 in（1 in＝2.54 cm），紧贴加垫处。

（3）右手拿止血带长端，拉紧环绕伤肢伤口近心端上方两周，然后将止血带交左手中、食指夹紧。

（4）左手中、食指夹止血带，顺着肢体下拉成环。

（5）将上端一头插入环中拉紧固定，如图5-34所示。

（6）在上肢应扎在上臂的上1/3处，在下肢应扎在大腿的中下1/3处。

2）使用止血带时的注意事项。

（1）扎止血带前，应先将伤肢抬高，防止肢体远端因瘀血而增加失血量。

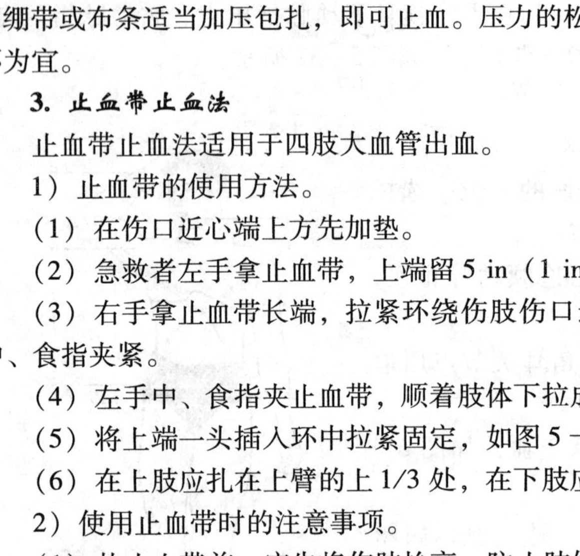

图5-34　止血带止血法

（2）扎止血带时要有衬垫，不能直接扎在皮肤上，以免损伤皮下神经。

（3）前臂和小腿不适于扎止血带，因其均有两根平行的骨干。骨间可通血流，所以止血效果差。但在肢体离断后的残端可使用止血带，要尽量扎在靠近残端处。

（4）禁止扎在上臂的中段，以免压伤桡神经，引起腕下垂。

（5）止血带的压力要适中，即达到阻断血流又不损伤周围组织为度。

（6）止血带止血持续时间一般不超过1 h，太长可导致肢体坏死，太短会使出血、休克进一步恶化。因此使用止血带的伤员必须配有明显标志，并准确记录开始扎止血带的时间，每0.5～1 h缓慢放松一次止血带，放松时间为1～3 min，此时可抬高伤肢压迫局部止血，再扎止血带时应在稍高的平面上绑扎，不可在同一部位反复绑扎。使用止血带以不超过2 h为宜，应尽快将伤员送到医院救治。

4. 加垫屈肢止血法

当前臂和小腿动脉出血不能制止时，如果没有骨折和关节脱位，这时可采用加垫屈肢止血法止血。在肘窝处或膝窝处放入叠好的毛巾或布卷，然后屈肘关节或屈膝关节，再用绷带或宽布条等将前臂与上臂或小腿与大腿固定，如图5－35所示。

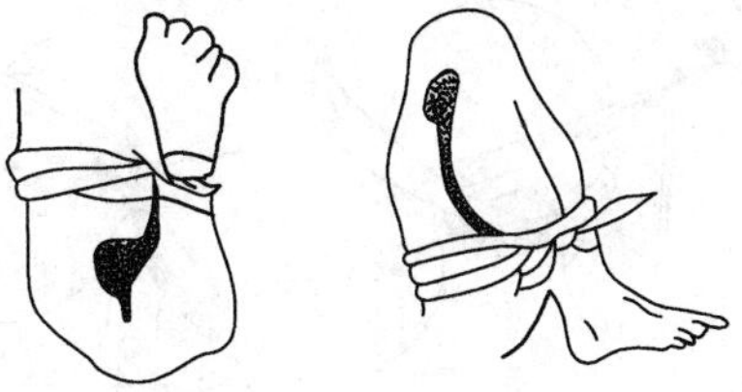

图5－35　加垫屈肢止血法

（四）创伤包扎

创伤包扎的目的是保护伤口和创面，减少感染，减轻痛苦。加压包扎有止血作用，用夹板固定骨折的肢体时需要包扎，以减少继发损伤，也便于运送医院。现场进行创伤包扎可就地取材，用毛巾、手帕、衣服撕成的布条等进行。包扎的方法如下所示。

1. 布条包扎法

1）环形包扎法

该法适用于头部、颈部、腕部及胸部、腹部等处。将布条作环行重叠缠绕肢体数圈后即成。

2）螺旋包扎法

该法用于前臂、下肢和手指等部位的包扎。先用环形法固定起始端，把布条渐渐地斜旋上缠或下缠，每圈压前圈的1/2或1/3，呈螺旋形，尾部在原位上缠2圈后予以固定。

3）螺旋反折包扎法

该法多用于粗细不等的四肢包扎。开始先做螺旋形包扎，待到渐粗的地方，以一手拇指按住布条上面，另一手将布条自该点反折向下，并遮盖前圈的1/2或1/3。各圈反折须排列整齐，反折头不宜在伤口和骨头突出部分。

4）“8”字包扎法

该法多用于关节处的包扎。先在关节中部环形包扎两圈，然后以关节为中心，从中心向两边缠，一圈向上，一圈向下，两圈在关节屈侧交叉，并压住前圈的1/2。

2. 毛巾包扎法

1）头顶部包扎法

毛巾横盖于头顶部，包住前额，两角拉向头后打结，两后角拉向下颌打结，如图5－36所示。或者是毛巾横盖于头顶部，包住前额，两前角拉向头后打结，然后两后角向前折叠，左右交叉绕到前额打结。如毛巾太短可接带子，如图5－37所示。

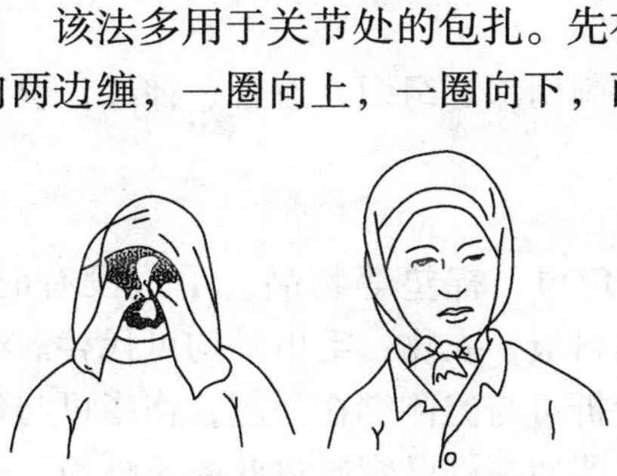

图5－36　头顶部毛巾包扎法

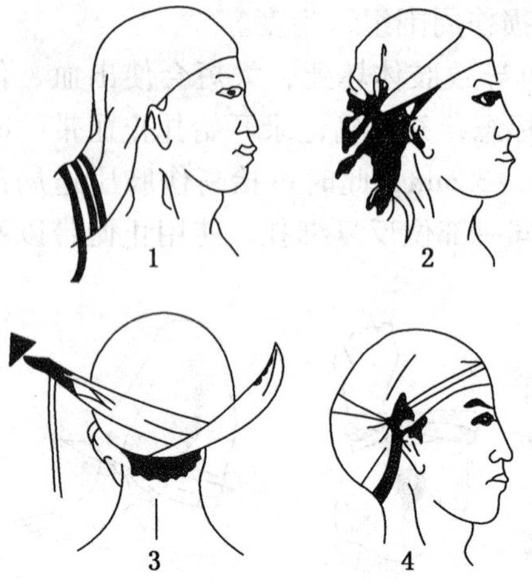

图5-37　头顶部毛巾包扎法

2）面部包扎法

将毛巾横置，盖住面部，向后拉紧毛巾的两端，在耳后将两端的上、下角交叉后分别打结，眼、鼻、嘴处剪洞。

3）下颌包扎法

将毛巾纵向折叠成四指宽的条状，在一端扎一小带，毛巾中间部分包住下颌，两端上提，小带经头顶部在另一侧耳前与毛巾交叉，然后小带绕前颌及枕部与毛巾另一端打结。

4）肩部包扎法

单肩包扎时，毛巾斜折放在伤侧肩部，腰边穿带子在上臂固定，叠角向上折，一角盖住肩的前部，从胸前拉向对侧腋下，另一角向上包住肩部，从后背拉向对侧腋下打结。

5）胸部包扎法

全胸包扎时，毛巾对折，腰边中间穿带子，由胸部围绕到背后打结固定。胸前的两片毛巾折成三角形，分别将角上提至肩部，包住双侧胸，两角各加带过肩到背后与横带相遇打结。

背部包扎与胸部包扎法相同。

6）腹部包扎法

将毛巾斜对折，中间穿小带，小带的两端拉向后方，在腰部打结，使毛巾盖住腹部。将上、下两片毛巾的前角各扎一小带，分别绕过大腿根部与毛巾的后角在大腿外侧打结。臂部包扎与腹部包扎法相同。包扎时应注意以下事项：

（1）包扎时，应做到动作迅速敏捷，不可触碰伤口，以免引起出血、疼痛和感染。

（2）不能用现场的污水冲洗伤口，伤口表面的异物（如煤块、矸石等）应去除，但深部异物需运至医院取出，防止重复感染。

（3）包扎动作要轻柔、松紧度要适宜，不可过松或过紧，结头不要打在伤口上，应使伤员体位舒适，绷扎部位应维持在功能位置。

（4）脱出的内脏不可纳回伤口，以免造成体腔内感染。

（5）包扎范围应超出伤口边缘5～10 cm。

（五）骨折临时固定

骨折固定可减轻伤员的疼痛，防止因骨折端移位而刺伤邻近组织、血管、神经，也是防止创伤休克的有效急救措施。

1. 操作要点

（1）在进行骨折固定时，应使用夹板、绷带、三角巾、棉垫等物品。手边没有时，可就地取材，如板皮、树枝、木板、木棍、硬纸板、塑料板、衣物、毛巾等均可代替。必要时也可将受伤肢体固定于伤员健侧肢体上，如下肢骨折可与健侧绑在一起，伤指可与邻指固定在一起。若骨折断端错位，救护时暂不要复位，即使断端已穿破皮肤露出外面，也不可进行复位，而应按受伤原状包扎固定。

（2）骨折固定应包括上、下两个关节，在肩、肘、腕、股、膝、踝等关节处应垫棉花或衣物，以免压破关节处皮肤，固定应以伤肢不能活动为度，不可过松或过紧。

（3）搬运时要做到轻、快、稳。

2. 固定方法

1）上臂骨折

于患侧腋窝内垫以棉垫或毛巾，在上臂外侧安放垫衬好的夹板或其他代用物，绑扎后，使肘关节屈曲 90°，将患肢捆于胸前，再用毛巾或布条将其悬吊于胸前。

2）前臂及手部骨折

用衬好的两块夹板或代用物，分别置放在患侧前臂及手的掌侧及背侧，以布带绑好，再以毛巾或布条将前臂吊于胸前（图 5－38）。

图 5－38　前臂骨折固定

3）大腿骨折

用长木板放在患肢及躯干外侧，半髋关节、大腿中段、膝关节、小腿中段、踝关节同时固定（图 5－39）。

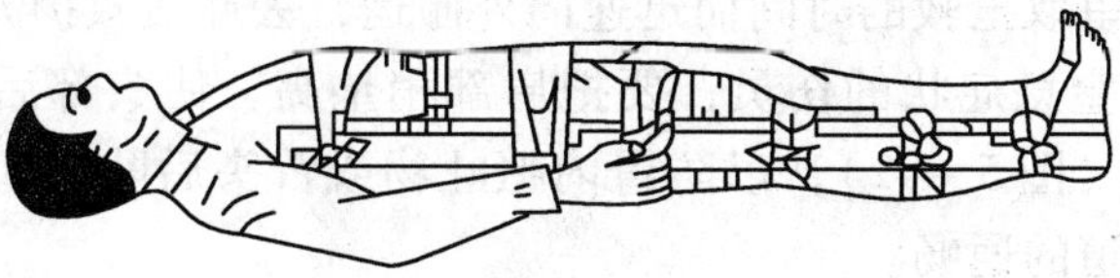

图 5－39　大腿骨折固定

4）小腿骨折

用长、宽合适的木夹板 2 块，自大腿上段至踝关节分别在内外两侧捆绑固定（图 5－40）。

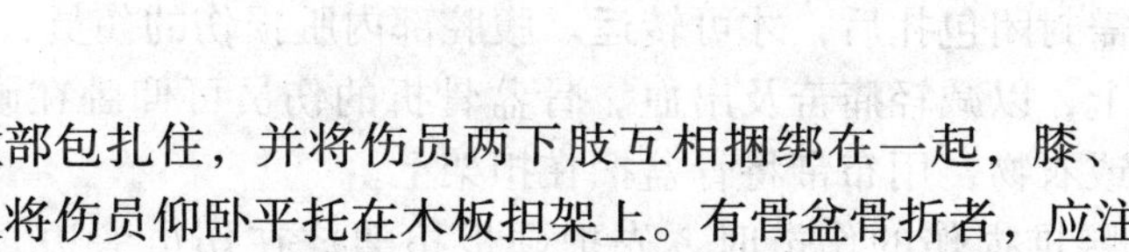

图 5－40　小腿骨折固定

5）骨盆骨折

用衣物将骨盆部包扎住，并将伤员两下肢互相捆绑在一起，膝、踝间加以软垫，曲髋、屈膝。要多人将伤员仰卧平托在木板担架上。有骨盆骨折者，应注意检查有无内脏损伤及内出血。

6）锁骨骨折

以绷带作“∞”形固定，固定时双臂应向后伸（图 5－41）。

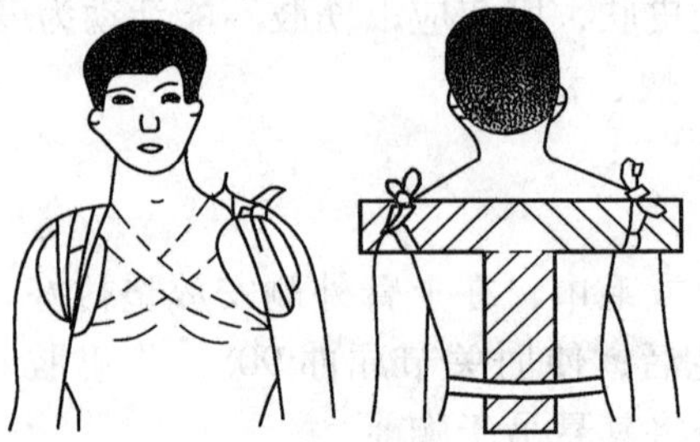

图 5 - 41　锁骨骨折固定

（六）伤员搬运

现场条件复杂，道路不畅，转运伤员要尽量做到轻、稳、快。没有经过初步固定、止血、包扎和抢救的伤员，一般不应转运。搬运时应做到不增加伤员的痛苦，避免造成新的损伤及并发症。搬运时应注意以下事项：

（1）呼吸、心搏骤停及休克昏迷的伤员应先及时复苏后再搬运。若没有懂得复苏技术的人员时，则可为争取抢救的时间而迅速向外搬运，去迎接救护人员进行及时抢救。

（2）对昏迷或有窒息症状的伤员，要把肩部稍垫高，使头部后仰，面部偏向一侧或采用侧卧位和偏卧位（图 5 - 42），以防胃内呕吐物或舌头后坠堵塞气管而造成窒息，注意随时都要确保呼吸道的通畅。

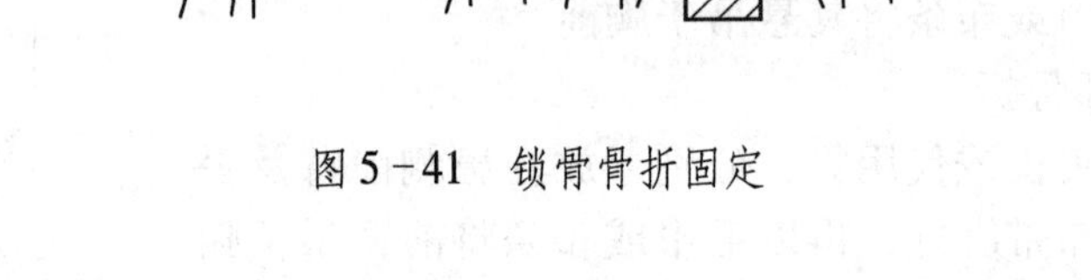

图 5 - 42　昏迷或有窒息危险的伤员搬运时取侧附卧位

（3）一般伤员可用担架、木板、风筒、刮板输送机槽、绳网等运送，但脊柱损伤和骨盆骨折的伤员应用硬板担架运送。

（4）对一般伤员均应先行止血、固定、包扎等初步救护后，再进行转运。

（5）一般外伤的伤员，可平卧在担架上，伤肢抬高；胸部外伤的伤员可取半坐位；有开放性气胸者，需封闭包扎后，才可转运。腹腔部内脏损伤的伤员，可平卧、用宽布带将腹腔部捆在担架上，以减轻痛苦及出血。骨盆骨折的伤员可仰卧在硬板担架上，曲髋、屈膝、膝下垫软枕或衣物，用布带将骨盆捆在担架上。

（6）搬运胸、腰椎损伤的伤员时，先把硬板担架放在伤员旁边，由专人照顾患处，另有 2 ~ 3 人保持脊柱伸直位，同时用力轻轻将伤员推滚到担架上，推动时用力大小、快慢要保持一致，要保证伤员脊柱不弯曲。伤员在硬板担架上取仰卧位，受伤部位垫上薄垫或衣物，使脊柱呈过伸位，严禁坐位或肩背式搬运。

（7）对脊柱损伤的伤员，要严禁让其坐起、站立和行走。也不能用一人抬头、一人抱腿或人背的方法搬运。因为当脊柱损伤后，再弯曲活动时，有可能损伤脊髓而造成伤员截瘫甚至突然死亡，所以在搬运时要十分小心。

在搬运颈椎损伤的伤员时，要专有一人抱持伤员的头部，轻轻地向水平方向牵引，并且固定在中立位，不使颈椎弯曲，严禁左右转动（图5－43）。搬运者多人双手分别托住颈肩部、胸腰部、臀部及两下肢。同时用力移上担架，取仰卧位。担架应用硬木板，肩下应垫软枕或衣物，使颈椎呈伸展样（颈下不可垫衣物），头部两侧用衣物固定，防止颈部扭转，且忌抬头。若伤员的头和颈已处于曲歪位置，则需按其自然固有姿势固定，不可勉强纠正，以避免损伤脊髓而造成高位截瘫，甚至突然死亡。

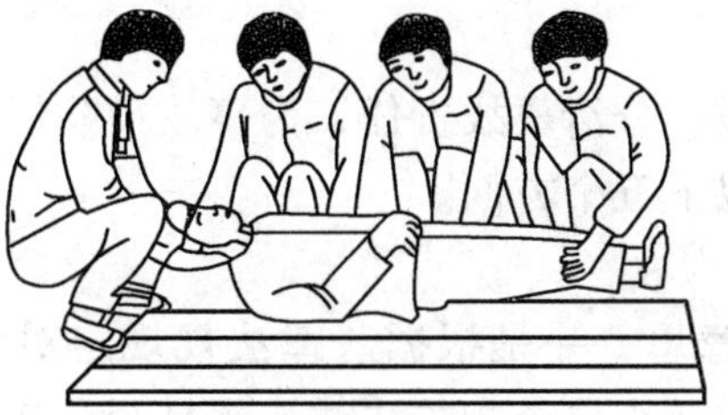

(a) 颈椎损伤上下担架

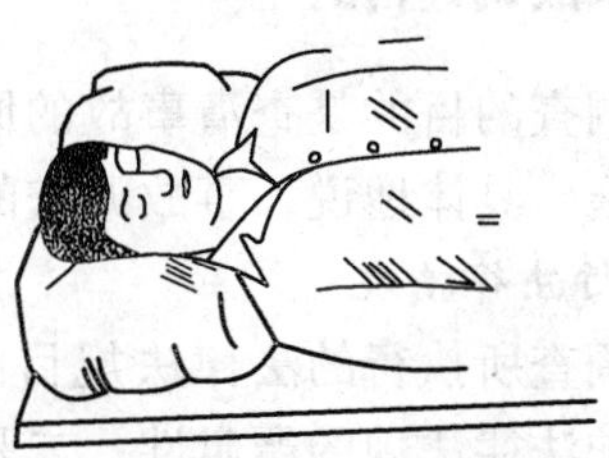

(b) 即使在担架上也用沙袋固定

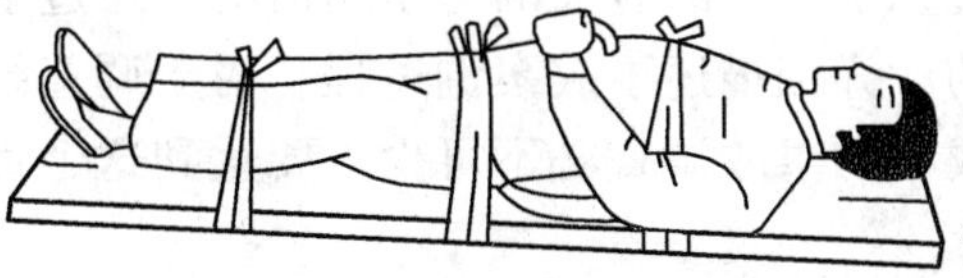

(c) 胸腰椎伤员上下担架

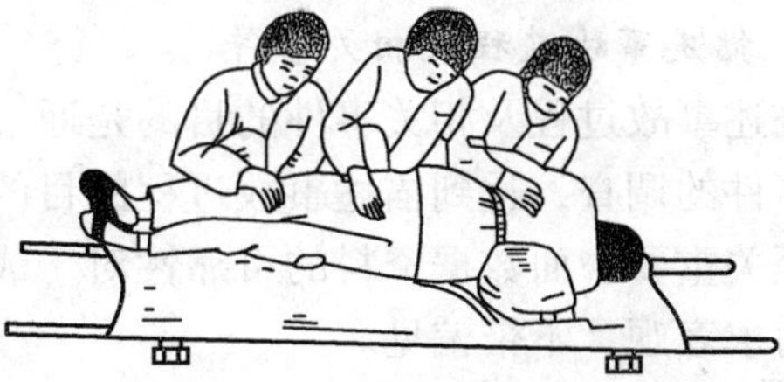

(d) 将胸腰椎伤员固定在担架上

图5－43　脊柱损伤的搬运方法

（8）转运时应让伤员的头部在后面，随行的救护人员要时刻注意伤员的面色、呼吸、脉搏，必要时要及时抢救。随时注意观察伤口是否继续出血、固定是否牢靠，出现问题要及时处理。走上下山时，应尽量保持担架平衡，防止伤员从担架上翻滚下来。

（9）运送到井上，应向接管医生详细介绍伤员受伤情况及检查、抢救经过。

第六章 煤矿事故调查

第一节 事故调查概述

一、事故调查目的

事故调查的目的是查清事故的原因和性质，分清事故责任，为事故预防提供技术和管理上的措施。具体地说，事故调查的目的有以下五个方面。

1. 执行法律法规

事故调查所执行的法律法规目的有两层意思，一是根据法律法规规定对事故进行调查，以维护法律法规的严肃性；二是通过事故调查检查相关法律法规是否存在缺陷，如通过煤矿事故调查可以发现《煤矿安全规程》某些条款的不足之处。

2. 描述事故过程及相关事件

描述事故过程及相关事件的目的是通过识别与事故有关的一系列情况，通过事故中一连串事件的调查，达到描述事故过程的目的。详细描述事故案例过程，对于调查结论的可靠性至关重要，而数据资料的可靠性对于成功的事故调查必不可少。要达到这个目的，一定要力求客观，不带偏见。

3. 查清事故原因

事故原因鉴别是一个推断问题的过程，可能产生种种偏差。具体方式有两种：一种方式是短浅的，把最直接的事件设为事故的起因；另一种方式是寻找促成条件，使用“倘没有”判断准则。基于因果推断，利用统计学的推论是调查事故起因的最佳方法。当然，有时候还需要通过技术鉴定来帮助推断事故原因。

4. 预防事故

事故调查的目的是识别一些条件，假如这些条件处于相反状况，事故就不会发生。通过改变这一条件，类似的事故就能预防。事故预防措施常常包括增加防护、改变工艺、建立新的安全规程等。

5. 研究事故

事故调查是一项重要而且包含多项知识的复杂技术过程，为了保证事故调查的质量和水平，开展相关研究是必要的，研究的内容包括：确定事故调查需要的一套连贯的数据采集、分析方法，并且确保所获得的数据资料完整可靠；事故调查报告的起草；确定事故共性起因及相关因素，并找出事故的共同预防措施；事故的分类方法。一个典型的事故调查实际上就是一次典型的事故分析研究过程。

二、事故调查原理

事故发生后，事故调查人员，根据法律授权，对发生事故场所及其周围环境，依照法定程序进行调查，获得以下证据和资料：

（1）事故所在单位的基本生产活动情况，尤其是与事故相关的图纸、生产作业活动记录等原始资料。

（2）事故现场有关人员对事故及其相关情况的描述、证言、证词。

（3）事故现场收集的物品、拍摄的表征事故痕迹的图片。

（4）事故现场收集的有关材料的分析、化验结果。

（5）事故现场环境参数测试分析的结果。

（6）事故中死伤人员，死亡、受伤原理的病理解剖、分析结果。

事故调查人员根据以上材料，首先确定事故类型，根据某一事故类型，进而确定事故发生机理。在此基础上，确定事故形成的四要素的具体形式和变化特征。由于这些过程是在推理的基础上进行的，加之可能的证据缺乏，不可避免地使调查人员的主观判断影响调查结果的科学性和准确性，因此，上述过程是需要反复进行讨论的。

事故调查较之于一般的社会调查，其困难在于：

（1）调查在事故发生后进行，很多情况下，事故发生时出现的物理特征在调查时已经变化或消失，如瓦斯爆炸事故和火灾事故。

（2）事故发生后，首先要进行抢险救灾，因此，事故现场的痕迹特征被破坏，难以保持原貌；事故现场的有关人员在事故中很多已经遇难。这些情况给事故取证带来很多困难。

（3）由于科学技术水平的限制，事故中很多现象难以得到解释，为事故原因的判定、事故性质的确定等工作带来很大困难。

三、事故调查和处理的法律规定

1. 事故调查和处理的法律属性

事故调查和处理的法律属性是随着国家煤矿安全监察的安全监督管理体制的建立和完善逐步明确的。《安全生产法》明确规定了企业生产工伤事故调查和处理的法律制度，并规定安全监管部门作为事故调查的主体；《煤矿安全监察条例》对煤矿事故的调查和处理进行了响应的规定，并规定煤矿安全监察机构作为煤矿事故调查和处理的主体，事故调查处理制度是《煤矿安全监察条例》确立的7项法律制度之一。因此，可以明确事故调查和处理属于安全监管部门和煤矿安全监察机构为执行主体的行政执法工作。其法律属性具体体现为如下两点。

1）有明确的法律依据

《安全生产法》《生产安全事故报告和调查处理条例》《煤矿安全监察条例》《煤矿生产安全事故报告和调查处理规定》等法律规定了安全监管部门、煤矿安全监察机构是代表国家对企业进行安全监管、安全监察的行政执法机构，并对其权利、职责进行了明确规定。

2）事故调查程序的法律规定

安全生产法律法规对事故调查进行了具体规定：

(1) 事故调查主体是安全监管部门，煤矿伤亡事故调查处理是煤矿安全监察机构，《生产安全事故报告和调查处理条例》（国务院令第493号）《国家安全监管总局关于修改〈生产安全事故报告和调查处理条例〉罚款处罚暂行规定部分条款的决定》（国家安全生产监督管理总局令第42号）《国家安全监管总局印发关于生产安全事故调查处理中有关问题规定的通知》（安监总政法〔2013〕115号）《煤矿生产安全事故报告和调查处理规定》则规定了事故调查的程序和标准。

《煤矿生产安全事故报告和调查处理规定》相关规定如下：

第十九条　特别重大事故由国务院组织事故调查组进行调查，或者根据国务院授权，由国家安全生产监督管理总局组织国务院事故调查组进行调查。

重大事故由省级煤矿安全监察机构组织事故调查组进行调查。

较大事故由煤矿安全监察分局组织事故调查组进行调查。

一般事故中造成人员死亡的，由煤矿安全监察分局组织事故调查组进行调查；没有造成人员死亡的，煤矿安全监察分局可以委托地方人民政府负责煤矿安全生产监督管理的部门或者事故发生单位组织事故调查组进行调查。

第二十条　上级煤矿安全监察机构认为必要时，可以调查由下级煤矿安全监察机构负责调查的煤矿事故。

第二十一条　因伤亡人数变化导致事故等级发生变化的事故，依照本规定应当由上级煤矿安全监察机构调查的，上级煤矿安全监察机构可以另行组织事故调查组进行调查。

第二十二条　事故调查组的组成应当遵循精简、效能的原则。

特别重大事故由国务院或者经国务院授权由国家安全生产监督管理总局、国家煤矿安全监察局、监察部等有关部门、全国总工会和事故发生地省级人民政府派员组成国务院事故调查组，并邀请最高人民检察院派员参加。

特别重大事故以下等级的事故，根据事故的具体情况，由煤矿安全监察机构、有关地方人民政府及其安全生产监督管理部门、负责煤矿安全生产监督管理的部门、行业主管部门、监察机关、公安机关以及工会派人组成事故调查组，并应当邀请人民检察院派员参加。

事故调查组可以聘请有关专家参与调查。

(2)《安全生产法》《煤矿安全监察条例》《国务院关于特大安全事故行政责任追究的规定》（国务院令第302号）和《安全生产违法行为行政处罚办法》（国家安全生产监督管理总局令第15号）等法律法规规定了安全生产事故有关责任人员对事故应承担的法律责任。

《安全生产法》第九十一条规定，生产经营单位的主要负责人未履行本法规定的安全生产管理职责的，责令限期改正；逾期未改正的，处二万元以上五万元以下的罚款，责令生产经营单位停产停业整顿。

生产经营单位的主要负责人有前款违法行为，导致发生生产安全事故的，给予撤职处分；构成犯罪的，依照刑法有关规定追究刑事责任。

生产经营单位的主要负责人依照前款规定受刑事处罚或者撤职处分的，自刑罚执行完毕或者受处分之日起，五年内不得担任任何生产经营单位的主要负责人；对重大、特别重大生产安全事故负有责任的，终身不得担任本行业生产经营单位的主要负责人。

《煤矿安全监察条例》第四十六条规定，煤矿发生事故，有下列情形之一的，由煤矿安全监察机构给予警告，可以并处3万元以上15万元以下的罚款；情节严重的，由煤矿安全监察机构责令停产整顿；对直接负责的主管人员和其他直接责任人员，依法给予降级直至开除的纪律处分；构成犯罪的，依法追究刑事责任：

（1）不按照规定及时、如实报告煤矿事故的。

（2）伪造、故意破坏煤矿事故现场的。

（3）阻碍、干涉煤矿事故调查工作，拒绝接受调查取证、提供有关情况和资料的。

2. 煤矿事故调查相关的法律法规

事故调查中使用的主要法律包括：《安全生产法》《矿山安全法》及其实施细则、《煤炭法》及其相关法规、《刑法》《刑事诉讼法》《行政诉讼法》《民事诉讼法》《国家赔偿法》和《劳动法》等。

事故调查使用的国家行政法规和部门规章包括：《安全生产许可证条例》《生产安全事故报告和调查处理条例》（国务院令第493号）《煤矿安全监察条例》及其配套的规章等。

3. 事故调查的国家标准

《企业职工伤亡事故分类》（GB 6441—1986）、《企业职工伤亡事故经济损失统计标准》（GB 6721—1986）、《事故伤害损失工作日标准》（GB/T 15499—1995）。

4. 事故调查的其他规定

《公务员法》（2005年），《国务院关于特大安全事故行政责任追究的规定》（2001年国务院令第302号）、《行政机关公务员处分条例》（2007年国务院令第495号）、《安全生产领域违法违纪行为政纪处分暂行规定》（2006年监察部、安监总局令第11号）、《安全生产领域违纪行为适用〈中国共产党纪律处分条例〉若干问题的解释》（2007年）、《安全生产监管监察职责和行政执法责任追究的暂行规定》（2009年安监总局令第24号）等。

第二节 煤矿事故统计与分析方法

一、事故统计的概念、任务和目的

1. 事故统计的概念

统计是一种从数量上认识事物的方法，是一大类数学方法的统称，主要是用来收集、分析并说明有关数据。事故统计是统计学在事故问题中的应用，就是应用科学的统计分析方法，对大量事故的数据和资料进行收集、加工、整理、分析，并进行推断，从中揭示事故发生的规律，为防止事故再次发生指明方向。

2. 事故统计的任务

（1）对每件具体事故进行统计调查，说明事故发生的情况和原因。

（2）对一定时间内、一定范围内事故发生的情况进行测定。

（3）编制工伤事故统计报告、报表和绘图制表。

（4）根据大量统计资料，借助数理统计等手段，对一定时间内、一定范围内事故发生的情况、趋势以及事故参数的分布，进行分析、归纳和推断。

3. 事故统计的目的

（1）为各级领导和有关部门制定安全工作计划、指导安全生产、进行决策提供依据。

（2）便于企业、安全监管部门对企业进行安全考核。

（3）便于与国外安全状况进行比较，从而为安全工作现代化提供依据。

（4）为安全教育、科研、培训、教学指明方向。

（5）事故统计把文字资料制成数据表格，有利于说明和解决问题。

（6）确定置信度，从而决定收集的资料范围和指标。

（7）较全面和有意义地分析和说明数据。

（8）计算某些事故的发生概率。

（9）找出生产过程中和生产系统事故及其相关因素之间的关系。

鉴于事故统计对安全工作的重要性，在事故统计工作中，应当遵循的基本原则是：统计结果能反映一定时期、一定地区内事故的变化趋势、特征；基础数据必须准确；统计项目之间有内在的必然联系。

二、事故统计的方法

1. 事故案例的记录

一个完整的事故记录应包括以下每一个项目中的具体内容：

（1）伤害性质（a）。

（2）伤害部位（b）。

（3）伤害源（c）。

（4）事故类型（d）。

（5）危险条件（e）。

（6）事故起因物（f）。

（7）不安全行为（g）。

《企业职工伤亡事故分类》（GB 6441—1986）列出了以下13种人的不安全行为：

①操作错误，忽视安全，忽视警告；②造成安全装置失效；③使用不安全设备；④手代替工具操作；⑤物体（指成品、半成品、材料、工具、切屑和生产用品等）存放不当；⑥冒险进入危险场所；⑦攀、坐不安全位置（如平台护栏、汽车挡板、吊车吊钩）；⑧在起吊物下作业、停留；⑨机器运转时加油、修理、检查、调整、焊接、清扫等工作；⑩有分散注意力行为；⑪在必须使用个人防护用品用具的作业或场合中，忽视其使用；⑫不安全装束；⑬对易燃、易爆等危险物品处理错误。

2. 事故统计项目的关系

按以下步骤分析和确定各项目的内容：

（1）是什么伤害？即伤害性质（a）。

（2）被（a）影响的身体部位？即伤害部位（b）。

（3）是什么物体或物质造成了（a）？即伤害源（c）。

（4）受伤害者是怎样与（c）接触的？即事故类型（d）。

（5）是什么危险的物质条件、缓解条件或情况引起（d）中指明的事件发生或使之能发生？即危险条件（e）中指明的危险的物质或环境条件是属于什么物体或物质的。

（6）事故起因物（f）中指明的危险条件是在（e）中指明的物体或物质的什么特定部分？即事故起因物的作用部分（f）。

（7）人的什么不安全行动引起了（e）中事件的发生或使之能发生？即不安全行动（g）。

3. 事故各要素之间的统计关系

日本劳动省调查了约50万件工伤事故，特别是1969年对制造行业的事故进行了分析。他们发现：因物的不安全状态和人的不安全行为相结合引起的事故占87%，而只因前者造成的事故与只因后者造成的事故分别占4%和9%。因此，事故是物和人之间发生了不希望的接触所致，是大多数事故的共性。国际上有人提出了“人—物轨迹交叉论”事故致因模型。

三、事故后的深入分析

对于较为严重或复杂的事故，特别是重特大伤亡或损失事故，仅仅依赖于现场分析是远远不够的。大多数事故都应在现场分析及所收集材料的基础上进行去粗取精、去伪存真、由此及彼、由表及里的深入分析，只有这样才有可能找出事故的根本原因和预防与控制事故的最佳手段。由于这类分析相对现场分析来说时间性不是很强，因而，可以更多、更全面地分析相关资料，聘请一些较高水平但受各种因素限制不能参与现场分析的专家，进行更为深入、全面地分析。这类事故分析方法可分为综合分析法、个别案例技术分析法和系统安全分析法3个大类。

1. 综合分析法

这是针对各大类事故案例进行事故分析的一种方法。它总结事故发生、发展的规律，有针对性地提出普遍适用的预防措施。该类方法大体上分为统计分析法和专业分析法。

统计分析法是以某一地区或某个单位历来发生的事故为对象，进行统计综合分析。专业分析法是将大量同类事故的资料进行加工、整理，提出预防事故的措施方法。按专业分析法对不同事故类型，如爆破、煤气、厂内运输、机械、电气等事故进行分析，得出结论。

2. 个别案例技术分析法

这是针对某个事故案例，特别是重大事故，从技术方面进行的事故分析方法。即应用工程技术知识、生产工艺原理及社会学等多学科的知识，对个别案例进行旨在研究事故的影响因素及其组合关系，或根据某些现象推断事故过程的事故分析方法。

这种分析法一般分为以下4种类型：

（1）根据基本技术原理进行分析。如根据生产工艺原理、工程力学原理、矿山岩体力学原理、燃烧爆炸机理、静电理论等分析事故。

（2）根据基本计算进行分析。

（3）根据中毒机理进行分析。

（4）根据责任分析法进行分析。该方法着重从作业者、肇事者、生产指挥者、企业级领导及事故涉及的有关人员的个人表现进行分析，重点分析人的不安全行为，在管理上和操作上的违章、违纪行为等。

3. 系统安全分析法

系统安全分析法是应用逻辑学和数学方法，结合自然科学和社会科学的有关理论，分析系统的安全性能，解释其潜在的危险性和发生的概率以及可能产生的伤害和损失的严重程度。

系统安全分析法是系统安全的重要内容之一，是进行安全评价和危险控制以及安全防护的前提和依据。只有准确地分析，才能正确地评价，也才可能采取相应的安全措施，消除或控制事故的发生。

系统安全分析法也适用于在事故调查中进行事故原因的分析。常用的系统安全分析法，如故障树分析、时间数分析、变化分析等等，都可用于事故分析，只是需要在应用时根据具体情况，适当地选用有关方法。

此外，各种事故致因理论也可用于事故分析，也是系统安全分析方法中的一个重要组成部分。

第三节 煤矿事故调查程序

一、组成事故调查组

按照《安全生产法》《煤矿安全监察条例》和《煤矿生产安全事故报告和调查处理规定》等有关法律法规规定，根据事故等级，遵循精简、效能的原则组成事故调查组。特别重大事故由国务院或者经国务院授权由国家安全生产监督管理总局、国家煤矿安全监察局、监察部等有关部门，全国总工会和事故发生地省级人民政府派员组成国务院事故调查组，并邀请最高人民检察院派员参加。特别重大事故以下等级的事故，根据事故的具体情况，由煤矿安全监察机构、有关地方人民政府及其安全生产监督管理部门、负责煤矿安全生产监督管理的部门、行业主管部门、监察机关、公安机关以及工会派人组成事故调查组，并应当邀请人民检察院派人参加。事故调查组可以聘请有关专家参与调查，成员应具有事故调查所需要的知识和专长，并与事故发生单位和所调查的事故没有直接利害关系。事故调查组应坚持实事求是、依法依规、注重实效的三项基本要求和“四不放过”的原则开展事故调查工作。

二、调查组内部分组、明确职责

事故调查组设组长一名，重大、较大和一般事故的事故调查组组长由负责煤矿事故调查的煤矿安全监察机构负责人担任；委托调查的一般事故，事故调查组组长由煤矿安全监察机构商事故发生地人民政府确定。事故调查组下设技术组、管理组、综合组等若干小组，各小组职责按照事故具体情况制定。如果事故调查需要，可根据情况成立领导组，领导组下设事故调查组。一般的顺序是：领导组、事故调查组、各小组。

事故调查组的职责包括以下6个方面：①查明事故单位的基本情况；②查明事故发生的经过、原因、类别、人员伤亡情况及直接经济损失；隐瞒事故的，应当查明隐瞒过程和事故真相；③认定事故的性质和事故责任；④提出对事故责任人员和责任单位的处理建议；⑤总结事故教训，提出防范和整改措施；⑥在规定时限内提交事故调查报告。

三、调查事故原因

各小组按照各自职责分头开展相应调查工作，并建立定期碰头和联系制度。各小组应每天汇总和交流一次当天的调查结果，并制定和安排次日的调查计划。调查组定期召开协调会议听取各工作小组的工作汇报，交流各组取得的调查成果，及时调整和指导事故调查工作。

四、确认技术和管理组的调查报告

事故调查组听取技术和管理组的报告和工作汇报，技术和管理组按照提出的意见修改完善或做补充调查，最后调查组通过技术鉴定报告和管理原因分析报告。一般技术组先确定造成事故的直接原因，管理组根据技术组确定的事故直接原因调查事故的主要或间接原因；按照事故的原因和岗位责任分清有关人员的责任并与责任人进行谈话确认事故责任。在通过的事故管理原因调查报告上暂不提出对责任人的处分意见（由领导组或事故调查组领导成员最后确定）。

五、综合组起草事故调查报告

综合组负责起草事故调查报告，经事故调查组全体讨论确定事故原因和分清有关人员的责任。事故调查报告可不包括对责任人的处分意见。

六、事故原因

事故调查组向事故单位通报事故调查结果和事故发生的原因。

七、责任人处分建议

事故调查组领导成员研究讨论事故责任人的处分建议。煤矿监察、纪检监察、工会分别向各自单位的主要领导汇报事故调查情况和责任人的处分建议，并将意见反馈给事故调查组。调查组内部确定事故责任人的处分意见。事故调查组向负责事故调查的机构通报事故调查有关责任人的处分情况，并征求他们的意见。

八、确定事故调查报告

煤矿监察、纪检监察部门提交办公会议研究决定，最终确定事故调查报告。

九、下达事故调查决定

行文对象为政府，同时抄煤矿监察部门，由煤矿监察部门监督监察对事故责任人处分意见和防范措施的落实情况。

十、事故调查报告公布

煤矿监察部门定期组织对事故处理决定和批复意见会同纪检监察和人事部门进行监察，并公布执行情况。

第四节　煤矿事故现场勘察技术

一、事故现场勘察的概念及目的

1. 事故现场勘察的概念

事故现场勘察是调查人员为了查明事故的性质、经过及原因，利用现代科学技术手段，对与事故有关的地点、场所、物品、人身、尸体等进行的实地勘察、现场访问和分析研究活动的总称。事故现场勘察是一项综合性的工作，包括现场访问、实地勘察、模拟实验以及事故分析等工作，它是一种信息处理技术。由于其主要关注人（People）、部件（Part）、位置（Position）和文件（Paper）4个方面的信息，且表述这4个方面的英文单词均以字母P开头，故也称之为“4P”技术。

（1）人，是以事故的当事人和目击者为主，但也考虑维修、医疗人员，基层管理、技术人员，朋友、亲属和任何能够为事故调查工作提供帮助的人员。

（2）部件，是指失效的机器设备、通信系统、不适用的保障设备、燃料、润滑剂和现场各类碎片等。

（3）位置，是指事故发生时的位置，包括天气、道路、操作位置、运行方向和残骸位置等。

（4）文件，是指有关记录、公告、指令、监控、图纸、计划和报告等。

2. 事故现场勘察的目的

（1）查清事故发生的原因。现场勘察是收集证据的重要途径。事故一旦发生，现场必然会留下某些痕迹物证，痕迹物证具有变动性、易逝性。这些宝贵的证据一旦从现场消失，将无法再获取，其损失是无法弥补的。通过现场勘察收集的证据多、价值大，有些证据唯独现场才有。这就要求调查人员及时勘察，对现场痕迹物证予以固定、提取，经过技术检验和鉴定，为确定事故原因提供证据。现场勘察是确定事故性质的手段。事故发生后，首先要解决的是事故原因，事故原因只有通过现场勘察才能加以确认。

（2）查清事故发生经过。事故过程分析是事故现场勘察工作的中心环节，事故现场勘察过程就是对造成事故的各种因素进行综合分析，客观地揭示与事故密切关联的各种因素及其相互作用、相互关联的内在关系，查清事故发生经过，确定事故性质。

（3）确定事故性质，认定事故责任。通过现场勘察，认定有关责任人应承担的刑事责任、行政责任和民事责任，并给予相应的刑事处罚、行政处罚和民事处罚。

（4）研究事故发生规律，从宏观上预防事故的发生。通过事故现场勘察，可以建立事故档案资料，利用档案资料进行科学研究和综合分析，研究事故发生规律，从宏观上预防事故的发生。

现场勘察获取的证据是事故调查的客观依据。现场勘察所获取的资料作为证明事故的性质、原因、损失结果、事故责任人等的重要证据，具有客观性和直接性。事故现场是事故发生的客观反映，行为人的违章行为，不可避免地会引起现场上某些客体的变化，会留下宏观和微观的痕迹物证。这些痕迹物证可以通过现场勘察来获取，这些是调查人员研究分析事故的重要证据；反之，如果在现场上没有获取到任何有价值的资料，就难以对事故做出科学的、准确的分析判断，给调查事故带来困难。

二、事故现场勘察的任务

1. 确定事故性质

调查人员只有经过认真的现场访问、实地勘察和综合分析，才能确定事故的性质。

2. 核定事故结果

通过现场勘察可以查清事故所造成的实际后果，为正确及时立案提供依据。

3. 查明行为人生产作业的具体行为

事故早期报告对事故情况（如发生时间、地点、违章方式等内容）一般不是很清楚。只有通过现场勘察，科学分析，才能对上述问题有一个基本了解，从而为查清事故提供充分依据。

4. 发现提取现场遗留的痕迹物证

现场勘察的中心任务就是运用各种科学技术手段，发现提取事故现场的痕迹物证。

5. 记录现场情况

现场勘察记录是事故现场的客观反映，是一种重要的法律文书，现场勘察的任务之一是通过文字、图、声、像等手段把现场情况客观地固定和记录下来，形成完整的现场勘察记录，以供研究分析事故，必要时根据现场记录恢复现场原始状态，为事故调查提供客观、形象、生动的证据。对于分析事故、印证其他证据、认定事故性质和责任都具有重要的作用。

6. 分析事故原因

调查人员要根据事故调查和分析情况，找出事故原点，分析事故原因。

三、事故现场勘察的要求

1. 及时

及时就是抓住有利时机。调查人员接到事故报告后，要以最快的速度赶赴现场。这是因为：①事故具有突发性，要求现场勘察工作必须强调“快”。②由于现场总是不停地变化，痕迹物证也因人为的、自然的因素在变化。③现场的知情人对事故发生的记忆也会随着时间的推移而变得模糊乃至消失。④有些责任人可能相互串通，订立攻守同盟，毁灭证据。⑤事故发生后往往影响正常的生产生活，有必要及时清理现场，以备恢复生产。因此，一旦接到事故报告，调查人员要以最快的速度赶赴现场，尽可能缩短从接警到赶到现场的第一反应时间。

2. 全面

事故现场的复杂性给现场勘察带来认识上的困难，应该全面勘察。全面勘察就是要对现场进行周密勘验，对知情人进行详细的访问，凡是与事故有关的场所都要勘验，凡是与事故有关的人和事都应当调查，凡是能够为事故定性、对调查工作有价值的材料都要全面搜集，凡是与事故有关的事实都要全面分析。要达到这一要求，有些事故现场尤其是重大事故现场，要反复勘察，对事故现场的认识必须经过实践、认识、再实践、再认识的循环往复的过程，才能查清事故原因，正确定性。

3. 细致

细致就是要精心、仔细、认真。勘察人员不仅要注意明显的痕迹物证，而且要注意发现、搜集与事故有关的各种蛛丝马迹；不仅要注意勘察易接触、易破坏的部位，还要注意易忽视的边角部位；不仅要注意发现和提取清晰、完整的痕迹物证，还要主要发现和提取模糊的、不完整的痕迹物证，尤其是微量痕迹物证。现场访问时，要耐心而详细地询问对方所知晓的与事故有关的所有情况。在现场勘察工作中，细致与全面密不可分，细致是全面的基础，全面是细致的前提，没有细致就谈不上全面，在全面的过程中一定要细，二者不可偏废。

4. 客观

客观就是一定要有实事求是的科学态度，无论是发现提取痕迹物证，还是进行现场访问，制作勘验记录，进行现场分析均要坚持客观的态度。

5. 合法

合法就是要按照《安全生产法》《煤矿安全监察条例》和《刑事诉讼法》等有关法律法规的要求进行现场勘察。在现场勘察中，调查人员应持有有效证件，依照规定程序和原则进行勘验检查，并邀请见证人参加。

四、事故现场勘察的纪律

1. 服从命令、听从指挥

现场勘察的所有人员均应服从现场勘察指挥员的命令，不论是勘验、访问，还是保护现场，都应当服从统一指挥，绝不允许各行其是、擅自行动，以免贻误现场勘察工作。特别是处置塌方冒顶、中毒、火灾、爆炸等事故现场时要特别注意在指挥员指令下开展工作，必要时应采取适当的保护措施，绝对禁止蛮干，以免造成二次事故。

2. 保护现场公私财物

在勘察现场中接触到的公私财物，不得无故损坏或丢失，更不准私自带走。要注意保护现场原物，确因工作需要必须带走或损坏物品的，需经领导批准，并向单位说明情况，征得同意，并应把损坏程度降至最低。

3. 严格遵守现场勘察秘密

现场勘察所获取的各种痕迹物证和线索，是分析事故的重要依据，有些甚至是认定犯罪嫌疑人的重要证据。因此，现场勘察人员要严格保守获取证据、调查进展及责任认定情况的秘密，不得向任何无关人员泄露。

4. 尊重当地群众的风俗习惯和宗教信仰

我国是一个多民族的国家，各地风俗习惯有所不同，宗教信仰各异，特别是在少数民族区域或多民族聚居地区进行现场勘察，要严格执行党的民族政策，尊重当地群众的风俗习惯，遵守宗教信仰自由的法律规定，取得群众的支持和谅解，做好现场勘察工作。

五、事故现场勘察的组织和指挥

1. 指挥员的职责

指挥员是整个现场勘察活动的组织者与指挥者，因此，指挥员应当明确自己作为指挥员的职责，努力完成指挥员的任务，绝不能使自己陷入寻找痕迹物证、现场访问等具体调查活动中去。指挥员的职责主要是：

（1）了解、掌握重大责任事故发生、发现的基本情况。指挥员率领调查人员赶到现场后，应当通过听取先期到达现场人员的汇报和事故单位领导、生产作业人员的陈述，了解掌握事故发生经过和现场保护等情况，以便有效地组织与实施调查。

（2）对调查人员进行合理分工。指挥员应根据事故调查组成员的特长、业务水平，扬长避短，合理地进行分工，要求各个调查组成员明确各自的职责。

（3）巡视现场，确定勘验范围和顺序。指挥员到达现场后应抓紧时间巡视现场，查明现场的位置、环境和现场的大致情况，确定勘察范围和顺序。在巡视现场过程中，要注意检查现场保护情况，发现保护范围不当，要及时调整和纠正。

（4）掌握调查进展情况，做好组织协调工作。为了使现场勘察工作有条不紊地进行，指挥员必须全面掌握现场勘察情况，并根据现场勘察的需要和进展，协调参加现场勘察活动的各个部门之间的关系，解决勘察中出现的困难和问题。

（5）组织现场分析讨论。现场勘察结束后，指挥员应组织调查人员进行临场讨论，汇集现场调查资料，对案情做出初步分析判断，确定侦查方向和范围，制定侦查措施。

（6）决定对事故现场的处理。现场勘察结束后，指挥员应根据临场讨论中对现场勘察工作的总结和检查，就勘察后的事故现场是否需要保留，尸体、痕迹物证如何处理等问题做出决定。

2. 现场勘察的组织要领

指挥员是现场勘察的组织者和领导者，指挥员临场的情绪、意志、精神状态和一言一行，对调查人员影响极大。指挥员对关键性问题的分析判断和决策，在一定程度上决定了现场勘察工作的成败。因此，指挥员要沉着、冷静，充分发挥每一个调查人员的聪明才智，做好现场勘察工作。

需要指出的是，重特大事故现场勘察时往往到场的领导较多，在这种情况下必须明确指挥关系，指挥员仍应按上述原则确定，而不能以到达现场的领导谁的职务最高就是当然的现场指挥员，更不能把指挥责任推给到场的当地党政领导或上级业务部门的领导。指挥员不能只忙于接待上级领导，汇报现场情况而忽略了指挥职责。一般可以设领导小组、指挥部等临时领导机构，安排1位领导小组成员向到场的当地党政领导或上级领导介绍案情，汇报情况，征询他们的意见，并请他们对指挥员权限以外的重大问题做出决策。

指挥员不仅要掌握事故现场情况，制定调查计划，部署调查工作，还要进行督促检查，了解勘验检查中是否发现了重要线索和痕迹物证，随时掌握现场勘察的进度，协调各项工作顺利进行，及时妥善地解决工作中遇到的各种问题，切实担负起指挥责任。

在职责范围内，指挥员有权下达行动命令，对于正确的指令，调查人员必须严格执行。如有不同意见，可以当场提出。指挥员在未改变行动指令前，调查人员必须按指令执行，不得任意改变行动方案。另外，指挥员要善于听取和集中有关人员的正确意见，充分发挥每一名调查人员的主观能动性。

六、事故现场勘察的方法

1. 事故痕迹的勘察

事故痕迹的勘察主要有生产工具破坏痕迹勘察，车辆痕迹勘察，物体分离痕迹勘察，爆炸、燃烧、腐蚀痕迹勘察以及其他能够用来说明事故发生真实情况的痕迹勘察等。事故现场遗留的痕迹一般有机械裂痕、压痕、划痕、擦痕、断离痕、工具痕、捻痕、挤痕、电火花痕、烧熄痕、腐蚀痕、肤纹痕、足迹等。事故痕迹的勘察主要解决以下问题：

(1) 痕迹在现场中的位置、状态，承受客体的情况以及同周围其他痕迹、物体的关系。

(2) 形成痕迹的物质成分及痕迹上附着物质的情况。

(3) 痕迹形成的过程、新旧程度、原因和造成客体的情况。

(4) 痕迹与事故的关系。如根据痕迹判断事故的性质、过程及原因等。

2. 事故物证的勘察

这里所指的物证主要是指现场的遗留物，如分离脱落物、生产工具等。对于现场上发现的可疑物品，都应看成是潜在的证据，认真细致地勘察，事故物证的勘察主要解决以下问题：

(1) 物证在现场的位置、状态以及同其他痕迹、物体的关系。

(2) 物质、物品的名称、种类和特征。

(3) 遗留的时间、形成的过程和原因，以及物品上有无附着的痕迹和微量物质。

3. 事故书证的勘察

书证的勘察主要包括各类承包转包合同、规章制度、安全交接、派工记录等。通过勘察主要解决生产操作有无规章制度、安全交底和派工记录及其具体内容等。

4. 事故现场上相对位置的测量

在事故现场上，对与事故原因与结果有关的各物体之间的相对位置测量，测得数据本身就是证据。这些数据往往有助于确定事故的直接原因。

5. 事故现场物理量的测量

事故现场物理量的测量是指在触电事故现场上，对电压、对地电阻、相对间电阻、电流的测试，对因静电所造成的事故现场上的温度、湿度和绝缘情况的测试等。

6. 尸体检验

事故现场的尸体均应进行尸体外表检验。如果死因不明，还必须依法对尸体进行解剖检验。通过尸体检验主要解决以下问题：

(1) 尸体在现场上的位置、姿势以及与其他痕迹、物体的关系。

(2) 死亡的时间、性质和致死原因。

(3) 尸体外部损伤的形状、性质及原因。

7. 人身检查

人身检查是指查明受伤者的伤势、受伤部位、生理情况及是否饮酒、服药、吸入毒气等情况。

七、事故勘察的程序和步骤

1. 事故勘察的阶段

事故勘察大体上可分为以下3个阶段：

(1) 准备阶段。准备阶段是指从发现事故到进行事故勘察这段时间。准备阶段的主要任务是现场保护，初访知情人，组成勘察组，邀请勘察见证人和准备各种勘察器材。

(2) 勘察阶段。勘察阶段是指勘察的具体实施阶段，总的要求是由浅入深、循序渐进。具体工作步骤是观察现场、初步勘察、细项勘察或专项勘察。在勘察过程中，要随时做好勘察记录，提取物证，并根据情况决定是否将痕迹物证提交有关部门做技术鉴定。

（3）综合整理阶段。该阶段主要是整理现场勘察记录，依据整理后的资料和痕迹物证的鉴定结果做出勘察结论，写出现场勘察报告。

2. 事故勘察的步骤

（1）观察现场，划定勘察范围。在观察现场内部、外部及其周围环境的基础上，确定勘察检查的范围和重点部位，使勘察检查工作既有重点，又在一定范围内进行。首先，要观察外围情况，弄清现场所在的方位、周围环境等。其次，要观察现场内部情况。划定勘察范围，力求做到全面、准确。但是，由于事故的种类不同，现场所处的地点、环境不同，发现的时间早晚不同，情况比较复杂，要求一次划定得非常准确比较困难。在勘察过程中，应根据新发现的痕迹物证和调查访问获得的线索，随时扩大或缩小勘察范围，既能抓住重点，又要防止遗漏。

（2）初步勘察。对现场进行重点观察后，要进行初步勘察。初步勘察是一种静态勘察方法，初步勘察时仍不挪动现场上的任何物体。初步勘察要弄清以下问题：有无故意制造事故的可疑迹象，现场表面残存物的构成，构筑物倒塌、倾斜的方向，现场物体的变形、熔化、燃烧、飞溅情况以及设备的异常现象等。初步勘察与观察现场的不同之处在于：观察现场仅局限于在某些制高点上或现场四周进行，初步勘察要深入现场的各个部位和角落，对现场上的各种痕迹及不同位置的同类痕迹进行分析、比较、鉴别，发现规律，找出疑点，确定起始部位，为细项勘察划定勘察范围。

（3）细项勘察。细项勘察又称动态勘察，它是事故勘察中的一个关键环节。细项勘察可以有目的地挪动或清除现场残留物。

（4）专项勘察。专项勘察是指围绕某一独立系统、生产设备或工艺流程进行的专门勘察。这是重大责任事故现场事故勘察的特点之一。在勘察中，如果发现事故原因可能与某一系统、某一生产设备或某一工艺流程有关联，且只有对该系统、设备及工艺流程进行勘察才能获取可靠的证据时，就要采取专项勘察的方法。专项勘察是一项技术性很强的工作，要求勘察人员具有一定的专业技术知识，必要时可邀请有关工程技术人员协助进行。

3. 事故勘察的方法

1）剖面勘察法

火灾、爆炸等事故现场的事故勘察工作往往运用剖面勘察法。以火灾事故为例，剖面勘察法可以搜集、发掘火灾垂直蔓延的燃烧痕迹和起火物证，并根据燃烧痕迹、起火物证寻找起火点所在的立面层次。做剖面勘察时，把火灾现场的剖面看作若干个与地面垂直的立面，并将各个立面分成若干层次，从各个立面的不同层次上搜集、发掘燃烧痕迹，根据燃烧痕迹的种类、差异、特征，找出起火点所在的层次。所谓立面层次：一是指火场内暴露着的建筑构件和物品在立面上的不同部位。在火场勘察中一般把立面分为上、中、下三层。二是指火灾后残留堆积物的层次。堆积物是建筑材料构件的储存物品经过燃烧造成塌落形成的。由于起火点所处的层次不同，燃烧垂直发展蔓延的顺序也不同；建筑材料、构件和物品塌落的先后不同，堆积物的层次也不同，燃烧痕迹也不同。这些差异就使燃烧痕迹常常在同一剖面的不同层次上表现出各自明显的特征，为找出起火点所在的立面层次提供痕迹物证。根据现场情况，剖面勘察可分为重点部位剖面勘察和多处剖面勘察两种。重点部位剖面勘察就是在可能是起火部位处做剖面。多处剖面勘察是在起火部位不太明显的情况下，选择几个不同的部位对堆积物做剖切。在对堆积物切剖时，要从堆积物的部位切剖到地面，并要注意观察堆积物的立面层次及各层次物质的燃烧痕迹和特征。如果在某一部位中发现了有价值的痕迹物证，还可利用逐层勘察的方法，将这个部位全部清理出来。

2）逐层勘察法

逐层勘察法是搜集、发掘事故水平蔓延的痕迹物证，并根据痕迹物证找出事故原因的一种勘察方法。逐层勘察法主要是把事物现场划出若干个平行于地面的平面，通过对各层次平面上各个不同部位的痕迹进行比较和鉴别，分析研究事故的过程，发现提取能证实事故原因的痕迹物证。

3）复原勘察法

由于抢险、救人等原因，事故现场往往非常混乱。为此，找到知情人，在鉴别的基础上，将一些残存的构件、物品恢复到原来的位置，以便分析事故发生发展的过程，这种勘察方法称为复原勘察法。复原勘察法操作起来比较困难，有的现场能基本复原，有的不能复原，凡能基本复原的现场，一般都能较快查清事故原因。复原勘察法在现场勘察中经常运用，具体有以下两种方法：

（1）残骸复原法。残骸复原法就是将被破坏或在抢险救灾时被疏散抢救出来的建筑构件或其他物品，恢复到事故前所在的位置，再根据各种痕迹来分析研究事故发生的过程，查清事故原因的方法。

（2）绘图复原法。绘图复原法是在火灾事故现场的可燃物几乎全部被烧尽，难以实现残骸复原的情况下，根据知情人的回忆，利用绘图的方法，将起火部位的原貌复原。采用绘图复原法，要真实准确地反映火灾前现场建筑及物品种类、数量以及相互距离，然后根据现场留下的燃烧痕迹，借助绘图复原来推测火灾过程，查清起火原因。对电气系统、管路系统、传动系统等一些专业技术性较强的事故，要采用专项绘图的方法来解决现场勘察中遇到的疑难问题。特别是对于间接触电事故，人没有直接接触电点，而是接触了与漏电点相连的导体，为此，必须绘制出整个线路图，找到漏电点，查清事故原因。

第五节　煤矿事故调查报告

事故调查报告是事故调查分析研究成果的文字归纳和总结，其结论对事故处理及预防都起着非常重要的作用。因而，调查报告的撰写一定要在掌握大量实际调查材料并对其进行深入研究的基础上完成。报告内容要实在、具体，文字要新鲜生动，较能真实客观地反映事故的真相及其实质。对于人们能够起到启示、教育和参考作用，有益于搞好事故的预防工作。

一、事故调查报告的写作要求

1. 深入调查，掌握大量的具体材料

这是调查报告的写作基础。调查报告主要靠实际材料反映内容，所以要凭事实说话，这是衡量事故调查报告写得是否成功的关键要素。从写作方法上来讲，要以客观叙述为主，分析议论要少而精，点到为止。能否做到这一点，取决于调查工作是否深入，了解情

况是否全面，掌握材料是否充分。

2. 反映全面，揭示本质，不做表面或片面文章

事故调查报告不能满足于罗列情况、列举事实，而要对情况和事实加以分析，得出令人信服、给人启示的相应结论。为此，要对调查材料认真鉴别分析，力求去粗取精、去伪存真、由此及彼、由表及里，从中归纳出若干规律性的东西。

3. 善于选用和安排材料，力求内容精练，富有吸引力

只有选用最关键、最能说明问题、最能揭示事故本质的典型材料，才能使报告内容精练，具有说服力。写作调查报告要以客观叙述为主，不能对事实和情况进行文学加工不等于不能运用对比、衬托等修辞方法，关键要看如何运用。某一事实、某个数据，放在哪里叙述、从什么角度叙述、何处详细叙述、何处简略叙述，都是需要仔细考虑的。

二、事故调查报告的格式

1. 标题

作为事故调查报告，其标题一般都采用公文式，即“××事故调查报告”或“关于××事故的调查报告”。如“××省××市××矿业（集团）有限责任公司××煤矿‘9·11’重大透水事故调查报告”。

2. 正文

正文一般可分为前言、主体和结尾三部分。

（1）前言。前言部分一般要写明调查简况，包括调查对象、问题、时间、地点、方法、目的和调查结果等，一般不设子标题或以“事故概况”等为子标题。如××年××月××日××时××分，某煤矿发生一起特别重大火灾事故，死亡××人，伤××人，直接经济损失××万元。

（2）主体。主体是调查报告的主要部分，这一部分应详细介绍调查的情况和事实，以及对这些情况和事实所做出的分析。

事故调查报告的主体一般采用纵式结构，即按矿山基本情况、事故发生经过和抢险救援过程、事故原因和性质、对事故有关责任人员和事故单位处理建议、行政处罚建议、防范措施的顺序编写。这种写法使阅读人员对事故发展过程有清楚的了解后再阅读和领会所得出的相应结论，感到顺畅自然。

（3）结尾。调查报告的结尾也有多种写法。一般是在写完主体部分之后，总结全文，得出结论。这种写法能够深化主题，加深人们对全篇内容的印象。当然，也有的事故调查报告没有单独的结尾，主体部分写完就自然地结束。

3. 附件

事故调查报告的最后一部分内容是附件。在事故调查报告中，为了保证正文叙述的完整性、连贯性及有关证明材料的完整性，一般采用附件的形式将有关照片、鉴定报告、各种图类附在事故调查报告之后；也有的将事故调查组成员名单、特别重大事故死亡人员名单等作为附件列于正文之后，供有关人员查阅。

三、事故资料的归档

事故资料归档是伤亡事故处理的最后一个环节。事故档案是记载事故的发生、调查、登记、处理全过程的全部文字材料的总和。它对于了解情况、总结经验、吸取教训，对事故进行统计分析，改进安全工作及开展科研工作都非常重要，也是进行事故复查、工伤保险待遇资格认定的重要依据，还是对职工进行安全教育最生动的教材。

一般情况下，事故处理结案后，应归档的事故资料如下：

（1）职工伤亡事故登记表。

（2）职工死亡、重伤事故调查报告书及批复。

（3）现场调查记录、图纸和照片。

（4）技术鉴定和试验报告。

（5）物证、人证材料。

（6）直接经济损失和间接经济损失材料。

（7）事故责任者的自述材料。

（8）医疗部门对伤亡人员的诊断书。

（9）发生事故时的工艺条件、操作情况和设计资料。

（10）处分决定和受处分人员的检查材料。

（11）有关事故的通报、简报及文件。

（12）调查组成员的姓名、职务及单位。

第七章　露天煤矿典型案例分析

第一节　火灾事故案例分析

案例7-1　自卸卡车着火、溜车事故

一、事故经过

2000年6月13日夜班，采矿部龙班工人景××驾7069号卡车往1360土场排土作业，工作至凌晨3点45分，该车在1300~1360运输坡道处，由于刹车油管断裂，造成发动机突然起火。景××见状立即按下驾驶室内卡车发动机自动灭火器装置并熄火，同时急忙下车提一具手提式灭火器进一步灭火（当时火几乎扑灭）。在提取第二具灭火器时，车开始向后溜滑。此时景××一边追车，一边喊叫，并用手电筒光亮示意后车避开危险。跟在其后运行的7027号卡车司机狄某见前车溜行过来，便采取躲开措施倒车。当景××追上溜车，发现后车被撞，急忙爬上7027号卡车驾驶室抢救司机，受伤司机狄某终因伤势过重当场死亡。

二、事故原因

1. 直接原因

（1）7069号卡车发动机左侧一根刹车油管接头处断裂，导致前后刹车压力释放，造成前车溜车撞后车（运输大卡车向后车溜72 m），是事故发生的直接原因。

（2）7027号卡车司机载货运行至1300坡道中，由于驾驶经验不足，安全自我保护意识不强，发现前车溜过来，判断失误，是造成事故发生的直接原因。

2. 间接原因

（1）1300~1360运输坡道路面局部不平整，路面有岩石块，造成7069号卡车溜车改变方向，是造成事故的环境原因。

（2）7069号卡车发动机左侧一根刹车油管接头处断裂，液压油雾喷至发动机机体上而起火。7069号卡车司机在坡道上未按规程停放灭火，导致溜车，是造成事故发生的行为原因。

（3）7069号卡车刹车油管接头处断裂，前后刹车压力释放并溜车，该卡车带“病”运转，存在安全隐患，是造成事故的设备缺陷原因。

三、防范措施

（1）对所有卡车的刹车油管进行一次彻底的检查，发现问题或超期服役，立即更换。

（2）对所有的卡车司机进行安全培训教育，加强自我保护意识。

（3）对所有的运输干道进行检查，发现有不符合规程要求的，要立即整改。

案例7-2　自卸卡车着火事故

一、事故经过

2011年1月24日，某矿采矿作业部陈×于16：40左右接班检查2018号（TR100型）卡车一切正常，无异响、无漏水、无漏油。17：10开始作业，大约18：56到1055排煤场卸完料向前提车等待落大箱时，从驾驶室底部突然窜出爆燃性火焰，火焰将整个驾驶室笼罩（图7-1），紧急情况下，因扶梯也是火焰，无法下车，司机陈×打开左侧车门跳车自救，下车后报告了当班安全员，同时向调度中心报告，调度中心报告消防中队与公司领导，同时组织灭火，消防队与公司洒水车配合，在20：10控制住火势，到23：00余火消除和降温工作完成。

图7-1　自卸卡车着火

二、事故原因

1. 直接原因

经过事故调查组多方咨询求证，综合各方意见，并从现场人员调查情况及着火现象和火灾现场认真反复论证分析，确定事故原因为高压液压油管损坏，液压油喷到如涡轮增压器等高温物体上起火。2018号卡车在举升作业时，液压系统压力极大，受极低温油管脆化影响，液压系统个别油管爆裂或管接头处发生泄漏，高压的液压油喷溅到发动机的高温部位瞬间爆燃，因泄漏的油不断喷射到发动机后端，火势迅速扩大，最终造成此次火灾。

2. 间接原因

（1）TR100型卡车的发动机连接部件涡轮增压器、烟气换向室等排气系统配件，在正常作业时温度达368 ℃，远超过液压油的燃点（液压油：闪点在212 ℃左右），且无法全部包护住；其附近是液压高压油管密集区，如有油管损坏或飞溅，极易起火，这是设备自身存在的隐患，也是本次事故的间接原因之一。

（2）液压油管正在按照更换周期进行更换，但油管可能存在未达到更换周期但已损坏的现象，是本次事故的又一间接原因。

（3）设备装车质量较难控制，个别车辆装载物料体积如超过大厢上沿过多，且其装载的岩石容重较大，即存在超载情况，举升系统压力将超出正常工作压力，可能引发油管损坏，是本次事故的又一间接原因。

（4）设备在举升过程中，在举升末端如发动机转速过高，系统压力将超过19.0 MPa，使油管损坏，油液飞溅到高温处，发生起火。操作人员在举升末端操作不符合规范，可能是间接原因之一。

三、防范措施

（1）设备管理部立即开展TR100型卡车发动机高温部位的防护和改造的研究工作，特别是烟气换向室的防护，保证在油管损坏飞溅液压油时不落在换向器上。

（2）维修部对所有高压液压油管的固定进行改造，对原有油管的卡子及固定应确保恢复完好，个别无卡子的油管设计固定架固定，避免油管之间或与车体之间的摩擦损坏，且在油管两头出现爆裂时，油液喷溅方向可控，为安全方向。

（3）设备管理部研究购置液压油管检验台，对使用的高压胶管必须经耐压、冲击、保压试验，保证符合要求后方可上车使用。

（4）设备管理部要认真调研高压液压油管的使用寿命，确定合理更换周期，并严格监督落实；维修部同时清查所有液压油管是否已到更换期限，到期的油管要立即更换。

（5）设备管理部对卡车装载情况认真调研，找出简便可行的装载标准检查方法，并加强日常监督抽查。

（6）采矿作业部加强司机培训，规范操作，并加强日常监管。

（7）维修部对卡车的各类液压油管进行逐一排查，漏油的要立即紧固或更换，并规范安装，采矿作业部卡车司机要加强日常及交接班漏油的检查，发现漏油及时上报处理。公司每月组织一次专项检查，对漏油项目视情况进行考核，如查出的问题采矿作业部操作人员未通知检修人员且未作记录，对操作人员进行考核，如查出的问题操作人员已通知检修人员，检修人员未及时处理，对检修人员进行考核，操作人员是否通知检修人员，以公司调度记录为准。

（8）维修部加强对所有运行车辆的防火布情况进行日常检查，包扎接口要封闭，有破损的要立即更换并保证完好。

（9）采矿作业部要加强设备灭火器自检，发现失效、损坏的要马上报告更换。交接班时对防火布情况进行重点检查，发现损坏要立即上报调度，组织维修，严禁带病作业。

案例 7-3　露天煤矿采场高温点导致火灾事故

一、事故经过

2017 年 7 月 12 日 13：40 左右，×矿运输队队长张××向矿调度室汇报，北区 520 水平发现一处高温点，请求调配 1 台 TR50 洒水车对高温点采取直接洒水降温处理。运输队另外 2 台 TR50 洒水车、1 台东风牌洒水车及其他防灭火工程机械也陆续进入北区 520 水平现场进行高温处理作业。

15：00 左右，高温点没有得到有效控制并有明火出现，调配运输队小型自卸车及标段 50 余辆工程车辆对着火区域采取覆土扑救作业。15:16 北区泵房有着火点，风大有蔓延趋势，进行洒水覆土处理。15:30 左右，由于风大火势蔓延，启动应急预案，并向公司调度室汇报。召请×矿 2 辆消防车、集团公司救援处 4 辆消防车，赶赴火灾现场进行火灾扑救工作。火势最大时达到 2000 m^2 左右，经采取洒水车直接洒水，工程车辆对着火区域覆土等措施，火灾于 7 月 13 日彻底扑灭。

此次共组织抢险人员 150 人，自卸车 70 台，消防车 6 台，洒水车、钩机等 13 台，共覆土 48600 m^3。

二、事故原因

（1）由于当日风较大，北区 520 水平煤灰较多，高温点演变明火速度较快，引燃浮煤导致火灾事故。

（2）在日常防火管理上责任心不强，采场出现高温点未能及时消除隐患，导致火灾事故发生。

三、防范措施

（1）组织全矿干部职工开展安全教育学习，吸取事故教训。

（2）要“举一反三”，查找安全管理漏洞和现场安全隐患，对发现的隐患及时整改。

第二节　水灾事故案例分析

案例 7-4　洪水导致露天煤矿水灾事故

一、事故经过

2005 年 8 月 13 日 2 时到 14 日 8 时，东北某地区普降暴雨，从而引发了洪灾。位于市区西部的某露天煤矿受暴雨影响，矿坑积水严重,14 日被迫全部停产。当天煤矿测得 15 h 内降水量高达 240 mm。

该露天煤矿的矿坑东西长 6.6 km，南北宽 2 km，面积达 13.2 km^2，垂直深度近 400 m，是一座有百年历史的国有大型煤矿。其主要产品是煤炭和油母页岩。

二、事故影响

洪水引发矿坑内多处滑坡，矿坑内的公路、铁路运输系统和机电系统都受到很大损害，多处铁轨路基被水掏空，造成铁轨悬空，机电系统也受到严重破坏。矿坑内积水严重，导致煤矿全部停产。

三、事故原因

（1）东北某地区普降百年一遇暴雨，导致大量雨水进入矿坑。

（2）矿山未按最大降雨量进行防洪应急准备，应急排水设备能力不足。

第三节　爆破事故案例分析

案例7－5　爆破砸铲事故

一、事故经过

2007年8月27日15点左右，××矿穿孔爆破部在南区17煤顶板（801铲上平盘）实施爆破作业。当时801号铲在其作业下盘，等待换大绳。由于801号铲处于爆破区安全范围之内。穿爆部警戒员陈×、赵××通知801号铲司机薛×向后退铲。由于铲推拉大绳断，铲斗落地只向后退行8 m左右，受爬犁车影响不能继续行走。薛×将此情况告诉陈×和赵××。陈、赵站在上平盘看了一下，认为基本可以，怀着侥幸心理下令爆破。爆破后发现整个作业面整体下滑，将801号铲尾部及履带板埋住，铲尾部房皮向内变形（图7－2）。

图7－2　爆破砸铲事故现场

二、事故原因

（1）爆破人员对爆破段高坍塌距离分析不够。

（2）现场指挥人员违反规程规定，“三违”思想严重。

（3）现场安全管理人员责任心不强，安全管理工作存在漏洞。

三、防范措施

（1）进行全员安全教育培训，提高对爆破环节的重大危险性的认识，严格按照规程作业。

（2）全体员工到事故现场接受现场教育，吸取事故教训。

案例7-6 基建露天剥离工程爆破事故

一、事故经过

××矿地处××市，设计生产能力90万t/a。2005年5月停止××采区井工生产，后经设计、审查，改井工开采为露天复采，××爆破股份有限公司中标承担××采区上部水平硐室大爆破工程设计及施工业务。2008年10月16日13分，在××矿基建露天剥离工程现场2135水平采用台阶式深孔二次爆破时，发生波及方圆850 m范围的重大爆破伤亡事故，造成16人死亡、53人受伤（其中12人重伤）。

二、事故原因

1. 直接原因

（1）违规操作。爆破作业中，违反《煤矿安全规程》相关规定，深孔松动爆破岩石时，安全警戒距离小于200 m，直接造成200 m范围内的4人当场死亡。

（2）作业技术问题。采取的硐室加强松动爆破（大爆破）作业技术上存在问题。

2. 间接原因

（1）火工品管理混乱，××矿有炸药库，承包方××爆破股份有限公司也有炸药库，矿方对承包方发放炸药，承包方领取炸药自由，且无退库记录。事发前，承包方曾经一次领取雷管4500发，只使用几百发，有大量雷管炸药未退回矿方炸药库。

（2）甲乙双方工程承包机制不健全，甲方对乙方的施工安全监督管理不到位。

三、防范措施

（1）加强对露天矿岩石剥离施工作业安全监管。要严格遵守《煤矿安全规程》《爆破安全规程》一系列的相关规定，加强安全技术措施，确保安全施爆。爆破作业人员必须有专业资质证，严禁无证人员从事爆破作业。爆破过程中，必须有安全警戒负责人，并向爆破区周围派出警戒人员。警戒哨与爆破工之间应实行“三联系制”。在特殊建（构）筑物附近、爆破条件复杂和爆破震动对边坡稳定有影响的区域进行爆破时，必须进行爆破地震效应的监测或试验，以确定被保护物的安全性。

（2）加强爆破工程作业设计管理。强化对爆破行业的操作流程监管，推行爆破施工全过程监管制度。爆破前应对爆破区周围人员、地面和地下建（构）筑物及各种设备、设施分布情况等进行详细的调查研究，然后进行爆破方案设计。各种爆破作业均应采用成熟技术编制爆破设计书和爆破说明书，对爆破人员进行严格的培训，严格执行安全技术措施。

(3) 加强对炸药、雷管等火工品的管理。严格火工品的发放、登记、运输、使用、退库等相关环节的监督管理，严格爆破器材审批程序，进一步加强爆破物品储存、运输的管理，进一步加强爆破员、安全员、押运员的管理，确保火工品使用安全。

(4) 严格执行《安全生产法》的相关规定，建立健全工程承包安全约束机制。任何工程承包委托方都不得自我减免在安全监管方面的责任，要切实实施对承包方相关生产活动实施全方位的有效监督。对涉及安全生产的技术方案，委托方必须严格审查、严格要求，坚决遏制事故。

案例7-7 ××煤矿较大爆破事故

一、事故经过

2014年7月14日，项目部经理王××安排爆破队长郝××和技术负责人杨××对××煤矿施工八队1316平盘高温区实施爆破准备。该平盘宽度50 m，为15号煤层底板，岩石平均厚2 m，矿施工队组织实施了穿孔作业，孔深2000 mm，孔距2000 mm，孔径90 mm。7月15日下午，郝××委托杨××现场指挥施工八队1316平盘高温区爆破作业，14时30分，杨××带领爆破项目部田××等共10人到施工八队1316平盘高温区进行爆破作业。杨××为现场总指挥；爆破小队长田××与李××、苏××、赵××、姜××五人负责装药、连线，每人负责两个爆破孔，即每次起爆10个爆破孔；每次装药前，司机冯××开厢式皮卡车在距爆破区10 m左右处待命，等待接田××等5人快速撤离到安全区域；火工品押运员杭××将炸药车停在1316平盘距爆破区30 m处，为爆破作业提供炸药；安全员刘××在1326平盘（上平盘）距爆破区约200 m处负责安全警戒；爆破员王××负责起爆，起爆用的铁制掩体在1326平盘距爆破区约50 m处；矿施工队爆破监管员张××将保障车停在1326平盘距起爆掩体约20 m的地方，为的是方便供应PVC管等材料，该车距刘××约70 m。王××当班没有携带对讲机，与张××商定，通过张××的对讲机由张××转达爆破命令。

杨××与刘××首先用接触式温度计对计划爆破区域爆破孔逐孔测温，选取孔温60~100 ℃区域先行爆破。为保险起见，装药前将与爆破孔深度等长的空PVC管下到爆破孔中进行实物测温，2 min内PVC管没有变形，可以装药爆破。在杨××指挥下实施了两次爆破。

16时20分左右，在进行第三次爆破施工的时候，矿生产科长张××过来给爆破队送水，将车停在刘××身后10 m处。16时30分左右，郝××从施工六队赶过来，与杨××开车（该车与冯××开的车外观一致）到爆破现场检查。16时40分左右，田××等5人把所有“爆破筒”（每个装铵油炸药2 kg）都用导爆管连好，5人各自站好位，做好了最后装填的准备。押运员杭××开炸药车先行离开，郝××与杨××随后也开车撤离爆破区。刘××观察到非装药人员已经开始撤离，看到王××与张××在保障车前抽烟闲谈，为了让王××到起爆点待命，在未经授权的情况下，用对讲机喊：“起爆员，准备充电”，并挥手向王××示意。王××听到后认为是“充电”指令，立即赶到起爆掩体给起爆器充电并连接导爆管母线，充好电后对张××说：“电已充好”。张××看到一辆皮卡车开上来，认为是冯××载着田广生等人撤离的车，对王××说“电充好就起爆”，王××随即启动了起爆器，在起爆前瞬间刘××发出了“装药”的命令，王××未接到这个命令。爆炸发生时，田××等五人还没有来得及把“爆破筒”送入爆破孔，“爆破筒”瞬间全部爆炸，造成田××、赵××、姜××3人当场死亡，李××、苏××重伤，冯××轻伤。爆破现场及附近共有13人，除6人伤亡外，杭××开炸药车行驶到距爆破区约100 m处，郝××与杨××的车行驶到距爆破区约50 m处，王××、张××、刘××、张××仍在各自位置。

二、事故原因

1. 直接原因

非现场指挥员擅自发布爆破指令，无关人员误传指令，爆破员未听从专职指挥员指令、未对起爆指令进行安全确认，在作业人员未撤出危险区域的情况下提前起爆，造成事故。

2. 间接原因

（1）爆破公司××煤矿项目部作业人员安全意识淡薄、责任心不强、违章操作，是造成事故的主要原因。

（2）爆破公司××煤矿项目部没有严格贯彻执行国家、行业以及公司内部的安全管理规章制度、措施和规程，对职工安全教育培训不到位，现场管理混乱，是造成事故的主要原因。

（3）爆破公司生产技术管理存在缺陷，未按照《煤矿安全规程》及其他相关规定对高温孔采取注水等降温措施，缩短了装药、人员撤离时间，是造成事故的重要原因。

（4）爆破公司对××煤矿项目部安全监管不到位，用工管理审核、把关不严，是造成事故的重要原因。

（5）保安公司没有严格履行合同规定的义务，没有对爆破施工作业进行有效的监管，也是造成事故的重要原因。

（6）××煤矿没有认真履行对××爆破公司××煤矿项目部的安全监管职责，是造成事故的原因之一。

（7）公安局民爆中队对××爆破公司××煤矿项目部爆破施工作业现场监管存在漏洞，也是造成事故的原因之一。

（8）××煤炭局安监站对××煤矿爆破施工作业现场安全监管存在漏洞，也是造成事故的原因之一。

三、防范措施

（1）当地政府要认真吸取事故教训，加强对煤矿爆破作业“一体化”安全管理工作的领导，进一步明确相关职能部门安全监管职责，加大对民用爆炸物品的使用以及爆破作业施工现场安全监管力度，杜绝类似事故的发生。

（2）公安部门要加强对露天煤矿爆破作业现场安全监管，加强对爆破作业单位作业人员安全教育培训的组织和监督。要加强对保安公司的监管，规范其服务行为，督促保安公司严格履行合同义务，对不认真履行合同、起不到作用的，要依法进行处罚或清理整顿。

（3）当地政府对煤矿爆破工程负有监管职责的部门应依据《安全生产法》《民用爆炸物品安全管理条例》《爆破安全规程》《煤矿安全规程》等有关法律法规，加强对露天煤矿高温区、火区爆破的技术指导和安全管理。

（4）爆破公司要认真落实企业安全生产主体责任，加强对项目部的安全管理、技术指导以及用工管理的审核检查。

（5）爆破公司项目部必须加强对职工的安全教育培训，提高职工的安全意识，严格按照《作业规程》《操作规程》作业，露天爆破施工现场管理、指挥必须专人负责、统一指挥。

（6）煤矿要对爆破公司项目部及其他施工单位的安全生产工作统一协调、管理，履行好安全监管主体责任，确保爆破施工安全。

案例7-8 ××煤矿"6·14"爆破事故

一、事故经过

2013年6月14日上午11时左右，××爆破公司技术员张××将爆破物品拉到××煤矿爆破现场，组织煤矿爆破小队开始卸车。在卸车过程中，张××因腰部扭伤，向××爆破公司项目部经理张××请假后回家。张××离开前未对作业现场做出任何停止装药爆破等相关指示，经理张××也未安排其他专业技术人员到现场监督指导。煤矿爆破班长黄××带领人员开始向炮眼装药，同时装入了导爆管。大约在16时30分完成装药封孔工作，并对启爆电雷管进行了联线。本次爆破采用电雷管脚线串联的方式，共使用了10发电雷管，每发电雷管绑定10根导爆索，引爆10个炸药钻孔，最后将连接好的脚线进行了串接。完成准备工作后，黄××等所有装药爆破人员撤出了爆破区域，并在1440平台路口进行警戒，等待爆破时间（该矿约定每天爆破时间为18：30~19：00）。

17时左右开始下小雨，在另一采区的爆破管理人员夏××用对讲机通知施工队现场负责人樊××撤出现场人员和机械。此时，雨越下越大，并伴有雷电。17时30分左右，一声巨响，雷管和填装好的炸药被引爆，扬起的碎石及爆炸冲击波将1425平台正在撤离的8号挖掘机和13号自卸车驾驶室损毁。

事故发生后，施工队现场负责人樊××、副队长刘××首先赶到事故现场，确认有人被困后，立即组织人员展开救援。救援人员首先将浮石拨开，用铁棍等工具撬开被石头砸坏的驾驶室门，从撬开的驾驶室缝隙里将挖掘机司机陈×新和自卸车司机陈×竖救出。因挖掘机司机陈×新伤势较重，呼吸微弱，樊××立即将其送往包头市救治，在送往包头市医院的途中，陈×新死亡；自卸车司机陈×竖被送往旗医院治疗，自此救援工作结束。

二、事故原因

1. 直接原因

××爆破公司违反《爆破安全规程》规定，雷雨季节使用电雷管实施爆破，在装药前未按规定将无关人员和设备撤离到安全区域。雷电引爆作业区域内已串接的炸药，是事故发生的直接原因。

2. 间接原因

（1）施工队装载机司机陈×新、自卸车司机陈×竖不听从指挥，在17时左右接到煤矿下达的下雨撤人命令后，盲目追求装运碴石车次，未及时撤离作业区域。

（2）××爆破公司专业人员配备不足，安全管理制度落实不到位，现场安全管理不严格，未严格执行《爆破安全规程》和“爆破一体化”等有关规定。

（3）××煤矿对爆破施工单位监督管理不到位，对××爆破公司违反《爆破安全规程》和“爆破一体化”违章作业行为未及时制止和纠正。

（4）××煤矿现场安全管理不到位，安全管理人员配备不足，安全隐患排查治理制度执行不严格，未及时发现并制止爆破环节上存在的安全隐患。

（5）××煤矿对职工安全教育培训不到位，安排未取得特殊工种操作资格证人员上岗作业，作业人员安全意识差，违反劳动纪律，在作业中未认真贯彻执行操作规程。

三、防范措施

（1）××煤矿要认真贯彻《国务院关于进一步加强企业安全生产工作的通知》（国发〔2010〕23号）和《露天煤矿矿长保护矿工生命安全七条规定》精神，健全煤矿安全管理机构、制度，将企业安全生产的主体责任落实到位。加强现场监督检查，认真执行各项安全管理制度和安全隐患排查制度，真正把煤矿安全生产各项规章制度和技术措施落实到位，强化外委施工单位的安全管理，理顺生产工序，有效防范和遏制事故发生。

（2）××爆破公司必须加强现场管理，强化现场安全监督检查，制定切实可行的爆破作业方案和安全措施，严格执行“三大规程”、《爆破安全规程》和“爆破一体化”相关要求，坚决杜绝“三违”现象。

（3）××煤矿和××爆破公司要加大对安全生产的投入力度，配备配齐专业技术人员，加强对从业人员的安全教育和培训，杜绝无证人员上岗作业。

（4）××旗煤矿安全监管部门要加大露天煤矿雷雨季节的停产撤人及火工品使用的监督管理，雷雨天气严禁进行采剥或爆破作业。

（5）针对××爆破公司在露天煤矿进行爆破施工引发的安全生产问题，建议××旗公安局加强对辖区内爆破公司的日常监督管理工作。

案例7-9　乌海市××矿“11·12”高温爆破事故

一、事故经过

2014年11月12日，乌海市××爆破有限公司驻××矿项目部爆破组准备对该矿三队高温区实施爆破。该高温区域长约15 m，宽约10 m，已施工炮孔17个，炮孔直径为90 mm，孔深为6 m，爆区下方有过火巷道穿过。上午9时30分左右，项目部经理安排爆破组组长逐孔进行测温。爆破组长使用红外线测温仪测温，发现孔内温度超过80 ℃，又用废导爆管（将废导爆管吊至孔底，观察导爆管是否软化、变形）进行验证，发现导爆管已软化、变形。随后，项目部组织洒水车对炮孔进行降温。期间，公司经理来到高温区，督促爆破组长做好降温工作。一名爆破员将炸药摆放在每个炮孔附近，爆破组长联爆破网络线。11时左右，项目部经理巡检后，再次来到高温区，发现水车仍在继续降温，再次提醒爆破组长做好降温工作，并告诫爆破组长：“如果温度降不下来，就不能装药，将炸药退库。”11时30分，工地各类机械及其他人员撤离现场后，爆破组长用对讲机向项目部经理汇报："炮孔温度已经降下来了，能否装药?"项目部经理答复："温度降下来，可以装药。"之后，爆破组长再次测温。11 时 40 分左右，爆破组长及 3 名爆破员开始装药，安排另外一名爆破员开始整理爆破网络。装药期间，负责联线的爆破员发现爆破组长附近炮孔冒气严重，并建议爆破组长剪断炮孔导爆索，爆破组长没有采纳，继续装药。11 时 50 分，两名爆破员装药完毕开始撤离，负责联线的爆破员刚检查完毕爆破网络，另一名爆破员装药完毕尚未撤离，爆破组长正装最后一个炮孔，爆破组长附近的炮孔内炸药发生爆炸，进而通过导爆索网络引爆其余 16 个炮孔的炸药。爆炸导致爆破组长和两名爆破员受伤，爆破组长因伤势过重经医院抢救无效死亡。

事故发生后，乌海市××爆破有限责任公司现场人员向 110 指挥中心报告。该矿矿长接到事故报告后，未按照《生产安全事故报告和调查处理条例》第十条规定于 1 小时内向煤矿安全监察、监管等有关部门报告。

二、事故原因

1. 直接原因

爆破组长在没有采取 PVC 隔热套装药措施的情况下组织工人向高温炮孔进行装药，在超过装药至起爆限定时间的情况下继续装药；炮孔下方过火巷道内的高温气体通过岩层裂隙进入炮孔并积聚热能，达到了炮孔内炸药的起爆能，炮孔内炸药发生爆炸，进而通过已连接好的导爆索网络引起其余 16 个炮孔爆炸，导致事故发生。

2. 间接原因

（1）乌海市××爆破有限公司对于高温爆破作业未采取隔热防护措施、不使用接触式温度计测温、超时装药等违规行为未予以及时纠正，现场安全监督检查、现场安全管理不到位，是造成事故的主要原因。

（2）乌海市××爆破有限公司未按照高温区实际情况及炮孔降温后温度随时间回升的规律等，编制切实可行的高温区爆破作业规程，是造成事故的主要原因。

（3）乌海市××爆破有限公司安全管理人员配备不足，对××矿项目部安全监督检查不到位，是造成事故的重要原因。

（4）乌海市××爆破有限公司对作业人员安全教育培训不到位，作业人员高温区爆破安全意识淡薄、自保互保意识差，是造成事故的重要原因。

（5）××矿没有认真履行对乌海市××爆破有限公司驻该矿项目部的安全监督检查职责，也是造成事故的原因之一。

三、防范措施

（1）乌海市××爆破有限公司要认真落实企业安全生产主体责任，建立健全各职能部门，配齐公司及项目部的安全管理人员，加强公司及项目部的安全管理。

（2）乌海市××爆破有限公司要进一步加强技术管理，要根据《煤矿安全规程》、《爆破安全规程》等规定以及高温区的实际情况、炮孔降温后温度随时间回升的规律等，编制切实可行的《高温区爆破作业规程》。

（3）乌海市××爆破有限公司及项目部必须加强对职工的安全教育培训，提高职工的安全意识和安全素质，严格按照《煤矿安全规程》《爆破安全规程》《作业规程》《操作规程》作业。

（4）××矿要对爆破公司项目部及其他施工单位的安全生产工作统一协调、管理，履行好建设单位安全主体责任，做好高温火区技术调查工作，为爆破公司提供可靠的基础信息，确保爆破施工安全。

案例7-10 乌海市××煤炭有限责任公司×矿“11·10”爆破事故

一、事故经过

2016年11月9日下午，×矿按照爆破公司编制的《×矿五队11月10日爆破设计》施工了爆孔。15时，内蒙古××爆破有限公司测温员杨×在×矿安全员郭××的监督下对爆孔进行了测温（最高温度为55℃）。×矿依据测温情况和爆孔施工情况签批了11月10日的爆破作业通知单。

11月10日6时30分，爆破队长兼爆破员朱××组织爆破员杨×、王×勇、王×亮、李×、李×召开了班前会，明确了分工及安全注意事项。7—8时，爆破公司安全员淡××和×矿安全员越××在×矿五队爆破区外围，清点了该队当班所用的爆破火工品，并现场交由朱××等6名爆破员运送至爆破区。期间，测温员杨×再次对爆破区爆孔进行了测温（最高温度为57℃，测温用时约40 min）。8时，朱××与其他爆破员离开×矿五队，只留下王×勇、王×亮实施爆破前的准备工作，安全员淡××在该爆破区起爆站附近实施警戒。10时，爆破公司项目部技术负责人及当班爆破现场总指挥赵×永，来到×矿五队爆破区进行了巡查并查阅了当班的测温记录，之后离开该爆破区。11时，爆破区周边人员和机械陆续开始撤离。11时30分，人员和机械全部撤离到位，爆破公司安全员淡××、×矿安全员越××等警戒人员在该爆破区外围警戒到位。11时40分，该爆破区爆破员用对讲机汇报：准备开始装药。12时15分，该爆破区爆破员王×勇、王×亮由南向北装药、联网至距北端约25 m时，爆破区中部的爆孔内炸药发生爆炸，进而通过导爆管联线网络引爆该爆破区内125个爆孔的炸药，其余25个未装药、未联网的爆孔未发生爆炸。爆炸导致爆破公司爆破员王×勇、王×亮当场死亡。

二、事故原因

1. 直接原因

爆破员王×勇、王×亮在×矿五队东边界爆破区，按常温孔爆破作业流程进行爆破作业过程中，违章采用“边装药边联网”的方式对高温孔进行装药和联网作业；爆破区中部已经装药联网的某一爆孔内高温加热了爆孔内炸药和导爆管雷管，使导爆管雷管起爆并引爆了炸药，同时通过导爆管传爆并引爆了所有装药联网的爆孔，导致了该起事故的发生。

2. 间接原因

（1）内蒙古××爆破有限公司×矿项目部测温员杨×测温数据不准确，是本起事故发生的主要原因。

（2）内蒙古××爆破有限公司×矿项目部技术负责人赵×永、安全员淡××未按照公安部《从严管控民用爆炸物品十条规定》第七条规定对爆破作业现场进行安全管理、对爆破作业过程进行现场监督，是本起事故发生的重要原因。

（3）内蒙古××爆破有限公司×矿项目部技术管理不到位，公司总工程师李×文编制的《×矿五队11月10日爆破设计》中没有明确爆破作业人员劳动组织及爆孔测温的具体规定，是本起事故发生的重要原因。

（4）内蒙古××爆破有限公司及项目部对爆破作业人员安全培训教育不到位，爆破作业人员安全意识尤其是高温爆破安全意识淡薄，是本起事故发生的重要原因。

（5）内蒙古××爆破有限公司现场安全监督检查和安全管理不到位，是本起事故发生的重要原因。

（6）乌海市××煤炭有限责任公司及×矿未认真履行对内蒙古××爆破有限公司安全监督检查职责，对爆孔测温工作现场监督不到位，也是本起事故发生的原因之一。

三、防范措施

（1）内蒙古××爆破有限公司要认真落实爆破施工企业安全主体责任，建立健全各职能机构，配齐公司及项目部的安全管理人员，加强公司及项目部的安全管理。

（2）内蒙古××爆破有限公司要进一步加强技术管理，要根据《煤矿安全规程》《爆破安全规程》等规定以及高温区的实际情况，编制切实可行的《高温区爆破作业规程》。

（3）内蒙古××爆破有限公司及项目部必须加强对职工的安全教育培训，加强对爆破作业现场监督检查和安全管理，严格按照爆破作业相关规定进行作业。

（4）乌海市××煤炭有限责任公司及×矿要认真落实煤矿企业安全主体责任，对爆破公司及其他施工单位的安全生产工作进行统一协调、管理，做好高温火区技术调查工作，确保爆破施工安全。

（5）乌海市公安局×区分局要按照《民用爆炸物品安全管理条例》《从严管控民用爆炸物品十条规定》等有关规定，认真履行对辖区内从事爆破施工作业的爆破公司的安全监管职责，加强对爆破公司安全管理人员及爆破作业现场的安全监管。

第四节　边坡事故案例分析

案例7-11　××露天煤矿“8·11”较大边坡滑坡事故

一、事故经过

2017年8月11日上午，××露天煤矿四采区A7区取煤工王××、刘×龙受A7区负责人刘×华指派，调度指挥31号挖掘机司机方××、21号挖掘机司机曹××、58号挖掘机司机张××、80号挖掘机司机黄×在下取煤平台作业，同时在下取煤平台的还有A6区工程队现场管理员杜××。A6区取煤工洪×调度指挥63号挖掘机司机李×良、86号挖掘机司机臧××、666号工程车司机李×旺、336号工程车司机刘×、72号工程车司机于××在上取煤平台作业。15时30分左右，××露天煤矿加油站员工冯××、刘×航驾驶加油车在A7区施工现场为机具加油时发生滑坡事故。在上取煤平台作业的取煤工洪×以及李×良、李×旺、刘×、于××各自驾驶机具逃生。臧××驾驶86号挖掘机被滑坡土石推落至工区底部，随后被甩入工区底部积水坑内，最终获救。在下取煤平台作业的王××、刘×龙、A6区工程队现场管理员杜××、31号挖掘机司机方××、21号挖掘机司机曹××、58号挖掘机司机张××、80号挖掘机司机黄×和加油站员工冯××、刘×航被埋遇难。

事故发生后，××露天煤矿未向上级有关部门报告事故情况，而是自行展开抢救。8月11日，找到1名受伤人员臧××（86号挖掘机司机，骨折受伤）和3名遇难者冯××（加油车司机）、刘×航（加油车司机）、曹××（21号挖掘机司机）的遗体。8月12日在滑坡体下方水坑边找到第4名遇难者杜××（现场管理员）的遗体。

8月15日0时52分，××露天煤矿法人代表、总经理迫于压力，到××县公安局投案自首。

8月15日，省政府××露天煤矿"8·11"边坡滑坡事故抢险救援指挥部成立，副省长任总指挥，抢险工作科学有序展开。至9月8日，9名遇难人员（包括煤矿自行搜救4人）和被埋压的5台挖掘机、1辆加油车、1辆皮卡车全部找到，抢险救援工作结束。

二、事故原因

1. 直接原因

××露天煤矿四采区A6、A7区段西帮边坡顺倾高陡，底板赋存稳定弱层且倾角大，在底板岩层完整性被破坏且连续降雨的情况下，矿方违规冒险作业，引起边坡失稳，导致滑坡事故发生。

2. 间接原因

（1）××露天煤矿隐患排查和领导带班制度落实不到位。2017年7月23日至29日××县连续7天降雨后，××露天煤矿未按规定巡视采场边坡，盲目恢复生产；8月10日自行组织安全大检查时，没有对事故采场进行检查；带班领导存在不进入采场巡查边坡的情况。

（2）××露天煤矿安全管理混乱。××露天煤矿安全管理机构设置名不副实，2017年××露天煤矿安全管理机构设置文件中的生产技术科、机电科、地测防治水科等科室负责人及科员，实际上并不从事文件规定的工作；超能力组织生产；违规将采剥工程切块分包，将四采区划分成不同块段分包转包，违反《国务院关于预防煤矿生产安全事故的特别规定》（国务院令　第446号）第八条第二款第（十三）项的规定；超批准临时用地采矿，2013年9月××省国土厅批准××煤业临时用地155.4907公顷，截止到2017年9月10日，××露天煤矿实际已开挖占地面积约1098公顷，超批准临时用地942.5公顷。事故发生后，有预谋、有计划、有组织地瞒报事故。

（3）××公司安全主体责任落实不到位，安全生产有关规定和制度执行不严格。××公司未对××露天煤矿实现"真投入、真管理"，××露天煤矿成立时××公司投入注册资金1020万元，生产建设中再未投入任何资金；对××露天煤矿安全、生产及经营情况不掌控，仅按煤炭产量收取管理费用；违规向××露天煤矿下达超能力生产计划；公司组织的挂牌责任安全检查、标准化验收工作不到位；对××露天煤矿日常安全生产工作掌控不到位，对××露天煤矿雨季巡查工作督促指导不力。

（4）××集团安全生产管理责任落实不到位。××集团对下属公司及煤矿安全管理不力；组织标准化验收工作不认真；对××公司和××露天煤矿开展的安全大检查工作督促不力；对××公司未对××露天煤矿实现“真管理”的问题督促整改不到位。

三、防范措施

（1）牢固树立“红线”意识，强化法制观念。煤矿企业要深刻认识和反思事故中暴露出的突出问题，牢固树立“以人为本、安全发展”的理念，强化安全意识，增强责任意识，健全工作制度，狠抓责任落实，真正抓好抓实安全生产工作。要加强安全生产有关法律法规的宣传教育和贯彻落实，进一步强化法制观念，强化法制思维，坚持依法办矿、依法管矿，严禁层层转包、以包代管，严禁超批准用地采矿，严禁超能力组织生产。

（2）夯实安全生产基础，认真落实安全生产主体责任。煤矿企业要认真落实安全生产主体责任，健全安全管理机构，完善安全管理制度，明确职责，强化落实。加强对重点作业地点、重点工艺环节、重点灾害的隐患排查治理。建立汛期灾害预警机制，强化防治水及地面各类地质灾害防治工作，及时消除安全隐患。露天煤矿要严格落实边坡管理制度，加强对边坡的监测监控预警工作，定期巡视采场及排土场边坡，对排水设施和防排水工程不完善等安全隐患要采取有效措施进行重点治理，发现滑坡等事故征兆，要立即停产撤人，并设立明显标志，不得冒险组织作业。

（3）严格落实兼并重组主体企业安全管理责任。兼并重组主体企业要严格履行安全生产管理责任，将兼并重组煤矿纳入统一管理，做到“真投入、真控股、真管理”，杜绝管不了、管不住或控股权、管理权“两张皮”现象，对未实现“三真”的煤矿要采取有效措施进行整改。对所属二级公司及煤矿要严格管理，加强对所属煤矿安全生产状况的动态掌控，加大监管力度，强化监督检查。

案例7-12 ××露天煤矿“6·24”一般边坡滑坡事故

一、事故经过

2018年6月24日18时左右，××露天煤矿刁窝采区施工方现场管理员江×、陈×洪接替上班工作进行现场管理指挥。当时现场共有6台挖掘机各配备3~4辆自卸车工作，西边坡处有1台因故障停止工作的挖掘机（编号1550号，上午10时左右损坏，司机陈×兴）。20时30分左右，西边坡突然垮落，将1台挖掘机和1辆正在装车的自卸车掩埋，停在旁边的故障挖掘机被砸中右后尾部。此时，管理员江×正在从项目部办完事回工地的半路上，听到对讲机说西边坡山体滑坡了，迅速赶到出事现场，先指挥其他挖掘机和自卸车全部撤出工地，然后来到靠近滑坡的地方查看，发现一台挖掘机（1550号）被砸到右后尾部，另一台挖掘机（1520号）和一辆自卸车（1522号）被压在滑坡的石头里面，马上给施工队生产、安全负责人张×美打电话汇报。张×美接到事故报告后，立即和技术员江×福开车来到现场，随后接到事故汇报的采区项目经理翁×友、安全生产副队长陈×洪、××公司生产经理林×海、××公司刁窝采区生产经理王×龙等也赶到了现场。

相关人员到达现场后，王×龙安排在事故现场周围设置警戒，张×美安排江×调来3台挖掘机和两台炮锤挖掘机开始救援。23时左右，找到挖掘机司机龚×军，25日0时左右找到自卸车司机刘×强。两名被埋的人员找到后，林×海、王×龙、张×美商量，最后林×海决定将挖开的事故现场回填。随后，张×美安排挖掘机把挖出的土石填回原处，将挖出的挖掘机和自卸车掩埋。第二天将另一台被砸坏的故障挖掘机拖离现场。

7月9日，边坡滑坡事故被核实后，为了进一步确认伤亡人数，经事故核查组研究，决定清理挖掘垮塌的土石方，并成立事故现场处置指挥部。

7月10日，市委常委、常务副市长，市政府副秘书长，大同煤监分局、市安监局、市煤炭局、××县委县政府主要领导到达事故现场，研究制定排险方案，在平朔露天煤矿专家的指导下，于下午18时开始组织挖掘清理工作。

至11日晚23时，被渣土掩埋的1台挖掘机（1520号）和1辆自卸车（1522号）的全部车体清理出来，边坡垮塌现场清理至事发作业平台的边坡部位，已见实体岩层，清理工作结束。

二、事故现场勘察及技术分析

1. 现场勘察情况

（1）西帮滑坡处存在大量砂土、碎石（图7－3），主要为红黏土、细砂岩、泥岩，含水率较大，湿滑，揉搓易变形。

（2）西帮滑坡处山顶存在自然水沟（图7－4）。

图7－3 滑体碎石沙土

图7－4 山顶自然水沟

（3）西帮山体高约84 m，中部较高陡，现场测定山体倾角为55°（图7－5），现场下部有一个高约6 m、宽约10 m的平台，约78 m高的坡体没有施工保安平台。

（4）西帮边坡岩体处在断层带，节理裂隙发育（图7－6）。现场测量，断层为南北走向，断层倾角55°。

图7－5 滑坡山体高度和倾角

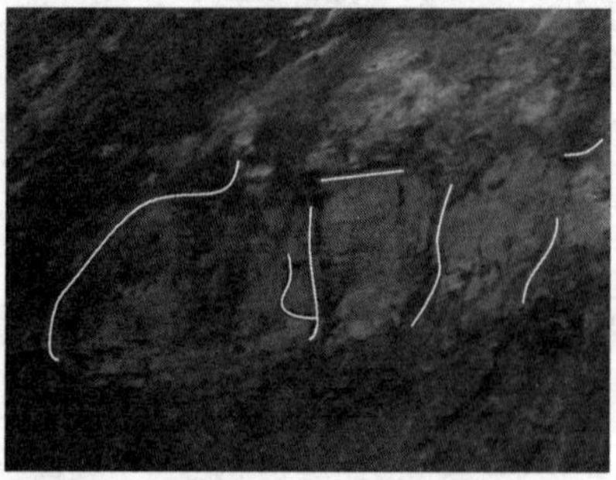

图7－6 节理裂隙发育

2. 技术原因分析

（1）西帮边坡岩体受雨水影响易膨胀、软化，产生塑性变形，且滑坡山顶存在自然水沟，常年雨水汇聚冲刷进一步导致岩体变形滑移。

（2）受断层影响，边坡岩体节理发育，易形成滑移面。

（3）到界端帮坡角过陡，没有按照边坡稳定性评价要求的最终边坡角35°进行留设，且最终边坡没有依次留设保安平台，形成高陡一面坡，导致岩土体更容易受结构面的影响而失稳下滑。

（4）西帮底整修平台作业活动对边坡稳定性产生扰动。

三、事故原因

1. 直接原因

××露天煤矿刁窝采区五工区西帮边坡岩体性质不稳定，处在断层带影响范围内，常年受山顶自然水沟流水冲刷且没有按规定高度、倾角形成保安台阶，最终导致边坡失稳，发生滑坡。

2. 间接原因

（1）××露天煤矿及施工单位违法违规组织生产，安全管理组织机构不健全，安全及技术管理混乱。

① 未经政府有关部门复产验收擅自组织生产。

② 未按照××省煤炭厅批复的初步设计按采区序号顺序开采，而是对除六采区外的5个采区同时进行开采。

③ 煤矿边坡隐患排查制度执行不到位。该矿虽然制定了相应的管理制度和技术措施，但在实际现场操作中均没有落实到位。

④ 安全技术措施不到位，现场安全管理混乱。未按规定设置边坡位移监测装置，导致山体发生位移后不能及时发现；事故发生前已发现事发地段有砂土碎石滑落，但施工方和刁窝采区管理方均没有对此现象引起重视，未采取相应的安全技术措施消除隐患，在隐患未排除的情况下继续安排在该地段进行采剥作业。

（2）××煤业主体公司安全主体责任落实不到位，安全生产有关规定和制度执行不严格，安全技术力量薄弱，未对所属煤矿做到“真投入、真控股、真管理”。

四、防范措施及建议

（1）强化责任意识，严格落实安全生产主体责任。建立覆盖所有层级和岗位的安全生产责任制，健全安全生产管理机构，选派能力强、素质高的人员担任安全生产管理人员。

（2）加强安全生产有关法律法规的宣传教育和贯彻落实，进一步强化法治观念、法治思维，坚持依法办矿、依法管矿。严格按照初步设计和主管部门的批准要求进行开采作业，并关闭除首采区外的其他采区，严禁多采区同时作业；发生事故后要按规定及时、如实、准确向相关部门报告，任何单位或个人不得迟报、瞒报、谎报事故。

（3）加强对重点作业地点、重点工艺环节、重点灾害的隐患排查治理。加强地质灾害普查、防治工作，健全落实暴雨预警制度、应急值守制度，完善矿区防排水系统。严格落实边坡管理制度，采取有效措施加强对边坡的监测监控预警，及时消除安全隐患，定期巡视采场及排土场边坡，发现滑坡等事故征兆，要立即停产撤人，并设立明显标志，不得冒险组织作业。

（4）切实加强职工的安全培训，提高从业人员的安全素质，增强风险隐患辨识和自救互救能力，自觉遵章守纪，杜绝违章指挥、违章作业。

（5）要严格落实主体企业监管责任，对所属煤矿要真正做到“真投入、真控股、真管理”，杜绝管不了、管不住或控股权、管理权“两张皮”现象。

第五节　运输事故案例分析

案例7-13　××露天矿“9·9”运输翻车事故

一、事故经过

2013年9月9日8时，四平万通矿山工程有限公司对558至578平盘坡道进行恢复性修整，平盘坡道恢复完毕后，生产经理纪××安排排土场管理员郭××指挥项目部车辆在578排土场东南侧排土作业。

9时40分，9号车、37号车进入578内排土场排土。郭××指挥9号车向排土场东南侧排土，37号车向坡道处排土，之后去指挥铲车修路。但过了一会儿，郭××发现9号车并未听从指挥，而是向578内排土场北侧倒车，郭××向9号车挥手呼喊，想阻止其继续倒车，但已经来不及，看到9号车翻入568平盘。37号车司机李××听到郭××的呼喊回头也看到9号车翻入568平盘。郭××和李××随即大声呼唤通知纪××。纪××听到呼喊后立即到达翻车地点查看，发现9号车已倒翻（图7-7），驾驶室严重变形，司机丛××被困在驾驶室，正在抽搐，右臂被卡在驾驶室内无法动弹。

图7-7　翻车事故现场

纪××马上通知安全副经理郭×及××矿调度中心进行救援。10时30分左右，伤者丛××被救出，并立即送往××旗人民医院进行抢救，经抢救无效于11时10分死亡。

二、事故原因分析

1. 直接原因

死者丛××没有听从现场指挥员的指挥，擅自到非排土区域排土作业时，车辆坠入568平盘，导致死亡事故的发生。

2. 间接原因

（1）矿领导安全意识不强，隐患排查制度落实不力。发现578排土场北侧边坡失稳，仅层层口头通知，没有告知施工方在危险区域设置警戒线和警示标志或安排专人看管。

（2）四平万通矿山工程有限公司××项目部班前会制度未落实。当天没有召开班前会，仅在通勤车上口头告知安全注意事项。

（3）四平万通矿山工程有限公司××项目部对职工安全培训不到位。《578排土场作业规程》贯彻流于形式，工人对《作业规程》没有完全熟知。

（4）矿领导带班制度执行不严。生产副矿长连续带班超过24 h，不能对现场进行有效监督检查。

三、防范措施

（1）责令四平万通矿山工程有限公司××项目部立即停止土方排弃工作，全面开展作业场所、车辆运输等安全生产隐患排查工作，将隐患排查情况上报地方政府安全生产管理部门，并书面报告内蒙古煤矿安全监察局××监察分局。

（2）加强规程贯彻执行力度。责令矿方及项目部组织现场作业人员认真学习《作业规程》《操作规程》及相关规章制度，并由矿安监部门监督贯彻执行。

（3）强化安全教育培训，增强作业人员安全意识、遵章守纪意识，提高作业人员自我保安能力。矿方及项目部要指派专业人员，利用安全会等多种形式专题深入剖析事故原因，讲解相关事故案例，深刻吸取事故教训。

（4）加强现场安全管理工作，抓好隐患排查制度落实，抓严、抓实、抓细，杜绝违章作业现象。

（5）认真执行煤矿领导带班制度，通过领导带班来强化日常管理，及时发现问题、解决问题。

（6）××露天煤矿要对露天矿内所有边坡的稳定性进行彻底排查，不留死角，杜绝类似事故的再次发生。

案例7-14　××露天煤矿“4·24”碰撞运输事故

一、事故经过

2014年4月24日14时3分，××煤矿运输队卡车司机李××驾驶417号220 t卡车途××经1215水平道路（其中有100 m路段正在维修，只允许单侧右道通行），路遇2号洒水车在前方右道相向行驶，便在道路左侧停车避让。待2号洒水车驶离后，李××启动卡车前行并右拐准备进入右单侧通行路段行驶（露天矿实行左侧通行）。此时采掘队运行工长韩××驾驶508号猎豹指挥车（车内搭乘电缆工安×飞），从卡车右侧超车，运输卡车与超车的指挥车发生碰撞，导致指挥车无法控制横翻于卡车前方，被卡车推压前行（图7－8）。前方维修道路的推土机司机刘××发现这一情况，立即用对讲机呼叫417号卡车司机，并报告矿调度室。卡车司机李××开始并未觉察发生了撞车事故，听到对讲机呼叫后立即停车，此时指挥车已被卡车推压前行90 m。事故造成指挥车体翻转，严重变形，指挥车司机韩××胸部被挤压，救出后约14时30分送准格尔旗中心医院，经抢救无效死亡。同乘的采掘队电缆工安×飞在车停后自行爬出，受轻伤，后送准格尔旗中心医院治疗。

图7－8　运输卡车碰撞、推压指挥车

二、事故原因

1. 直接原因

××煤矿采掘队工长韩××驾驶508号猎豹指挥车在1215水平道路维修段（双道变单道）违章超运输卡车，因路况不清、超车距离不足、判断失误，造成指挥车与卡车相撞事故，导致1人死亡，1人轻伤。

2. 间接原因

（1）××煤矿运输队417号220 t卡车司机李××，在启动和转向时没有仔细观察和注意卡车反光镜和车辆防撞安全预警系统显示屏，在转向变道时也未采取减速行驶，与508号猎豹指挥车碰撞后未觉察，继续前行。

（2）417号卡车的防撞预警系统在预警危险区（20～30 m），没有语音报警声音，卡车防撞预警系统报警设置有缺陷。

（3）××煤矿工务队对道路维修安全预防措施监督、检查不到位，在道路维修施工过程中没有按规定在维修道路两侧设警示告知标志。

（4）××煤矿安监站在安全预防措施落实方面监督、检查不到位。调查发现，××煤矿在生产作业区道路车辆运行中存在违章超车现象，对道路车辆运行安全管理存在不到位，监督、检查人员配备少；指挥车的指挥警示旗设置未按车辆实际变化进行相应调整。

三、防范措施

（1）××煤矿应认真贯彻《国务院关于进一步加强企业安全生产工作的通知》（国发〔2010〕23号）精神，将企业安全生产主体责任落实到位，加强现场监督检查，真正把煤矿安全生产各项规章制度和技术措施落实到位，有效防范和遏制煤矿事故。

（2）加强对车辆驾驶人员行车安全教育，加强对驾驶员遵守《安全作业操作技术规程》和《道路交通安全手册》的监督检查，杜绝违章行车。

（3）加强场内道路维修的安全管理，完善道路维修作业方案和安全预防措施，并加强对安全措施落实的监督检查，及时根据实际设置道路安全标志。

（4）针对露天矿生产作业区域大、工艺复杂、运行车辆多等情况，完善矿内交通道路管理制度，制定有效措施和安全管理办法，加强人员配备，加大监督检查力度，避免类似事故发生。

（5）根据运输卡车防撞预警系统出现的问题，完善运输卡车防撞预警报警功能，充分发挥防撞预警系统的监测监控作用。

（6）××公司要认真总结此次事故教训，深刻反省煤矿在安全管理中存在的问题，加强对××煤矿的安全监管。

案例7-15　××露天煤矿“11·21”车辆失控事故

一、事故发生经过及救援情况

2016年11月21日白班，内蒙古××露天煤业股份有限公司机电修配厂220 t车间电工班班长陈×，安排电工刘×超、初×琦和小车班司机刘×江开江铃牌皮卡车到××露天煤矿检查220 t自卸车碳刷（每周一、三、五例行检查）。机电修配厂220 t车间调度用对讲机向××露天煤矿运输二部A班内业工长陈×彦、外业工长王×峰，询问220 t自卸车（该车为白俄罗斯生产，型号为别拉斯75306）在哪儿作业，被告知在西四排土场作业。当天白班，××露天煤矿运输二部A班外业工长王×峰、内业工长陈×彦主持班前会，安排11台220 t自卸车在2702、1408镐位装土，向西四排土场进行排土作业。

司机刘×江开皮卡车和电工刘×超、初×琦到××露天煤矿坑下二号岩石破碎站平台处，用对讲机通知220 t自卸车前来检查碳刷，至9时30分已检查完10台。

9时35分，蔡×祥驾驶2207号220 t自卸车从西四排土场回来，到加油点指示牌附近踩电制动减速向下行驶，当发现有一辆重车向上行驶（没有被占道）时，向右打方向驶离正常行驶道路进入积雪区域。2207号自卸车下道后开始沿缓坡向下向前滑行，司机蔡×祥急忙踩工作制动，自卸车调转180°后继续向下滑行，撞上皮卡车，又向下滑行一段后停止。皮卡车上的3人在看到自卸车失控下滑后，电工刘×超、初×琦急忙从右侧车门跳车，司机刘×江从左侧跳车，被2207号自卸车左前轮碾压左腿并拖行。

2207号自卸车停下后，蔡×祥用对讲机告诉外业工长王×峰，在二号岩石破碎站碰着机电修配厂工人了，又打电话向120求救。两名电工起来找刘×江，发现他在大车左前方躺着，王×峰和2216号自卸车司机开指挥车赶到现场，看到刘×江左小腿没了，身上、脸上有血，王×峰用大衣盖住其左腿，用对讲机喊陈×彦赶快打120电话求救，几人将刘

×江抬到指挥车后座上，于9时57分送至霍林郭勒市人民医院，医生检查后宣布刘×江死亡。

二、事故原因及性质

1. 直接原因

驾驶员蔡×祥驾驶2207号自卸车擅自驶离正常行驶道路进入下坡冰雪区域，车辆失控，将刘×江碾压受伤致死。

2. 间接原因

（1）对工人安全教育不到位，蔡×祥安全意识差，违章作业。

（2）安全管理有漏洞，未在检查碳刷停车区与西四运输道路间的积雪区域设置警示标志，未特别提醒自卸车司机严禁进入积雪区域。

三、防范措施及建议

（1）加强对工人的安全教育、培训，增强工人安全意识，提高对危险因素的辨识能力及应急处置能力。

（2）加强现场安全管理，完善警示标志，杜绝“三违”行为。

（3）提高雪后、雨后给安全生产带来安全隐患的预判能力，并及时采取有效措施。

案例7-16　××露天煤矿“9·21”排土卡车碾压皮卡车事故

一、事故经过

2018年9月21日，××露天煤矿正常生产作业。早7时30分左右，矿里组织召开区段调度会，会上没有安排调整排土场的工作。防排段职工班前会后，班长李××和常白班班长朱×带领11名工人入坑从事看守水泵、防灭火巡视、敷设排水管路等工作。

8时35分，生产技术部技术员张××电话通知工务段排土场协管员孙××等到640排土场放点（确定排土范围和地点）。孙××驾车，工务段副段长盖××和工务段安全员刘××同车到达现场。到达排土场后，张××和生产技术部其他两名技术员在640排土场放点。放点工作结束后，生产技术部3名技术员开车到625水平交叉路口北侧等待生产技术部部长李×飞开展其他工作。盖××、孙××、刘××到达625水平交叉路口处，盖××安排孙××调动推土机扩大安全挡墙开口，以便220 t载重卡车向640排土场排土。9时左右，工务段推土机司机李×阳接到孙××对讲机通知。9时30分，李×阳将推土机开到625水平，准备将安全挡墙开口扩大。盖××指挥李×阳驾驶推土机将主运输道路和辅助运输道路两侧安全挡墙的开口由3 m扩大到29 m。开口作业过程中，盖××、孙××和刘××在场监护。10时10分，安全挡墙扩口和修整开口至640排土场道路作业完成。盖××安排孙××通过对讲机和电话两次通知运输段班长孙×调动车辆向640排土场排土。10时32分，孙×使用对讲机通知当班组长，调5辆220 t载重卡车往640排土场排土，至事故发生前已排土9车。

11时30分，李××驾驶7号皮卡指挥车搭乘朱×、王×喜、包××、张××4人一同从坑下南部东帮沿辅路升坑吃午餐。11时39分，行驶至625平盘交叉路口时，遭到从主运输道右转前往640排土场卸载的孙×志驾驶的2228号220 t排土卡车碾压。

事故发生后，在主运输道上行驶的2209号运煤卡车行至交叉口附近时，司机发现皮卡车被碾压，立即向露天矿调度室进行了汇报。矿领导接到事故报告后，立即赶赴事故现场，并通知120、119。神华××能源有限公司有关领导接到事故报告后，立即赶赴事故现场组织救援，并向政府有关部门报告了事故。××煤监分局12时27分接到事故报告后，12时50分向内蒙古煤矿安全监察局进行了报告。

救援过程中封闭了该路段，由于皮卡车驾驶室被压扁，使用了两台装载机、采取吊拽皮卡车车棚等措施（图7-9），救出伤者张××，将其紧急送往海拉尔区人民医院救治。同时，公司救护队使用破拆工具拆除变形的车棚，将朱×、李××、王×喜、包××4人救出，经现场医务人员确认，4人已死亡。

图7-9　皮卡指挥车事故现场

二、事故原因

1. 直接原因

李××驾驶的7号皮卡指挥车通过625平盘交叉路口时，没有按照《煤矿安全规程》第五百六十六条第一款的规定减速让行右转弯行驶的2228号卡车，抢行通过路口，由于2228号卡车存在视觉盲区（该车右侧盲区53 m，前方盲区15 m），也没有发现正在右侧辅路上同向行驶的7号皮卡指挥车，导致事故发生。

2. 间接原因

（1）现场管理不到位。625平盘交叉口安全挡墙开口扩大，未执行《露天煤矿安全挡墙管理办法》中的“如需在安全挡墙上开口，必须填写《露天煤矿安全挡墙开口审批单》”的规定，工务段现场领导擅自安排推土机司机扩大安全挡墙开口且未采取设置警示桶等安全措施，在不具备安全通车的情况下调动大型载重车辆通行。

（2）《生产计划管理制度》执行不到位。该制度第六条第（三）项中“生产过程及其他因素改变导致计划无法实施时，应及时变更并审批”，在计划确定的580排土场不能满足排土需要转移到640排土场前未及时变更并审批，矿生产技术部编制的《作业调整通知书》未审批，工务段未编制《作业指导书》。

（3）安全教育不到位。职工安全意识不强，不认真执行《煤矿安全规程》及煤矿安全管理的相关规定。

（4）露天矿生产调度统一协调指挥机制存在漏洞，使得工务段负责排土场现场管理的人员能随意指挥调度运输段大型自卸车。

三、防范措施

（1）强化现场安全管理，加强对指挥车辆驾驶员的考核管理。所有车辆在通过交叉路口前必须提前减速慢行、鸣笛。交叉路口支线两侧设置并保持减速带。主运输道路与辅助道路交叉路口应设专人看守；道路安全挡墙开口、运输路线改线必须执行报告、审批、验收、告知、培训等手续，否则严禁开口、改线。全面开展露天煤矿各运输道路安全警示标志检查工作。

（2）进一步强化技术管理。变更生产计划、调整排土场等工作必须提前规划，编制安全设计，并履行审批手续。

（3）加强职工安全教育，提高职工安全生产意识。煤矿职工在生产作业时，要严格遵守安全生产的法律法规和规章制度，杜绝“三违”行为，自觉抵制和纠正违章指挥和违章作业行为。

（4）确保煤矿调度对现场的集中统一指挥工作，制定完善相关规章制度并认真执行。

（5）××露天矿作为东北地区保证冬季用煤重点煤矿企业，在核定生产能力许可的范围内增加产量要提前做好规划，合理安排采剥和生产进度，制定相关的安全技术措施，并认真贯彻执行。

案例7-17　内蒙古××实业集团有限公司三矿“3·16”自卸卡车侧翻事故

一、事故经过

2018年3月15日19时，××实业集团有限公司三矿车队值班副队长付×组织召开夜班班前会，带班矿领导王×和吕××等20名自卸车操作工参加了班前会，班前会上，王×组织员工学习了自卸车司机操作规程及自卸车行驶中发生紧急情况的处置措施。付×在班前会上布置了当班的工作任务，并强调自卸车行驶过程中要保持车距、控制车速、严禁超车，合理使用灯光，以及严禁车辆带病作业等安全注意事项。会后，付×组织自卸车操作工检查车辆状况，检查完毕后于20时驶入采场作业。

3月16日2时30分左右，自卸车操作工吕××驾驶满载剥离物的37号自卸车驶入内排土场排土区，车辆进入卸载区转弯调头后开始倒车，现场渣台管理员赵××发现该车辆倒车速度过快，立即向吕××晃动手电筒进行警示，但由于车速过快，37号自卸车冲撞出安全挡墙，侧翻至一部台阶坡面上。渣台管理员赵××立即通过对讲机将上述情况向安环科长李××进行了汇报，同时指挥铲车司机孙××将铲车停在37号自卸车冲出渣台的地点，以防其他车辆继续向此处排土。铲车停在指定位置后，赵××派铲车司机孙××去查看车辆、人员情况，发现车辆侧翻在一部台阶坡面上，驾驶室严重变形，吕××被挤压在驾驶室内无法活动，意识清醒。李××接到赵××的汇报后与带班领导王×立即赶到事故地点，看到37号自卸车侧翻，驾驶员被挤压在驾驶室内，李××向矿长张××汇报了现场情况，张××安排李××立即组织挖掘机施救。李××调遣两台挖掘机进行现场救援，同时通知车队副队长付×携带钢丝绳赶往现场。2时50分左右，两台挖掘机到达了事故现场，此时，矿长张××也赶到了事故现场。张××立即询问吕××的伤势情况，吕××回答"疼"，张××对伤者进行了安抚，"你别着急，我马上救你"，随即安排一台挖掘机在37号自卸车东侧用铲斗顶住车厢，防止再发生侧翻；另一台挖掘机在37号自卸车正南方，将钢丝绳一端拴在挖掘机的铲斗上，另一端穿过车辆大梁捆住37号自卸车，准备通过升高挖掘机铲斗将事故车辆吊起救人，先后起吊了两次，均未将37号自卸车吊起来。施救同时，张××安排王×向内蒙古××实业集团有限公司汇报事故情况，并安排人员向"119"消防队进行求助。3时30分，安全矿长吴××拨打了120救助电话。4时左右，消防队到达事故现场，通过破拆等方法于5时左右将吕××救出，120医护人员在现场进行了抢救，但抢救无效于5时25分死亡。

二、事故原因

1. 直接原因

吕××驾驶自卸车在内排土场卸载区违章高速倒车，自卸车冲撞出安全挡墙，侧翻在一部台阶坡面上，吕××被挤压在驾驶室内受伤致死。

2. 间接原因

（1）三矿日常警示教育不够，自卸车司机吕××安全意识不强，冒险作业。

（2）三矿管理不严密，《作业规程》及《安全技术措施》中未对夜间排土作业时渣台管理人员如何有效指挥车辆作业做出明确规定，渣台管理员现场未能有效制止自卸车高速倒车。

（3）新启用的内排土场卸载区夜间作业未及时设置照明设施，对卸载区安全距离的准确判断有一定影响。

三、防范措施

（1）煤矿要认真吸取事故教训，进一步加强员工安全教育及技能考核工作，强化危险源辨识和风险管控工作，要进步加强安全管理工作，加强对排土场作业现场的监督检查，严厉惩处超速行驶、高速倒车等违章行为，有效遏制"三违"现象的发生。

（2）煤矿要及时完善安全生产设备设施的规范设置，排土场卸载区夜间作业应当有照明。

（3）煤矿要加强技术管理工作，针对夜间排土作业，要明确渣台管理员指挥车辆的具体规定及措施，提高《作业规程》《安全技术措施》对生产现场指导的科学性和有效性。

案例7-18　××露天煤矿"4·9"自卸卡车碾压皮卡车事故

一、事故经过

2018年4月9日四点班（16：00—24：00），××露天煤矿运输部B班班前会后下坑运输作业。18时50分左右，电58号108 t自卸车司机白××向运输一部B班内业工长潘××报告自卸车涡轮窜油故障，潘××向××露天煤矿调度报告故障，调度员向检修公司发动机车间打电话要求派维修工进行维修。发动机车间维修工于××到现场检查发现是发动机中冷器故障，因未带卡子，临时用铁丝将中冷器捆绑。电58号自卸车又运了两车后，白××听到机器有跑气声，在一号岩石破碎站卸料口等待卸料时，用手机向发动机车间打电话，维修工于××接电话，两人确认故障、所需卡子及电58号自卸车在1411镐位和1号岩石破碎站作业位置。于××联系检修公司夜班调度派车，调度员田×安排运通公司司机张××开蒙GEK050皮卡车去现场（车辆运行记录单上派车时间是21时40分）。途中张××用对讲机联系电58号自卸车："电58、电58，上哪找你呀?"正向一号岩破行驶的电58司机白××回答："一号岩破。"电31号108 t自卸车司机秦××在西料口卸料后，沿安全挡墙向前行驶六七十米停车（矿调度室监控显示时间为21时52分51秒），站在驾驶室平台上小便后起步前行（监控显示时间为21时54分05秒）。此时，张××驾驶皮卡车从电31号自卸车右后方减速进入其右前方准备停车，当看见自卸车开过来，大喊一声，急忙向右打轮、加速。坐在皮卡车后座的于××听到发动机轰鸣声，看见自卸车车轮朝皮卡车压过来。秦××感觉右轮"咯噔"一下压着东西，赶紧往后倒车，看到前面压着皮卡车（图7-10），马上用对讲机喊："石工长，石工长，一号岩破这块有个小车压着啦，快来吧。"于××看到自卸车倒车后，用扳手敲碎右后侧车窗玻璃爬到车外，用手电闪光向电31号自卸车司机晃灯，没有反应，又向西卸料口处另一辆自卸车晃灯。正在卸料的电53号司机张×林从对讲机里听到压着车了，又看有人在前面晃灯，开车离开卸料口后停车，修理工于××跑到电53号车前并爬上车叫张×林给120打电话救人，张×林用手机拨打120急救电话。随后两人下车去救人，在东料口准备卸料的电58司机白××也跑过来，三人一起拉皮卡车前门但未将张××救出。

图7-10 事故现场

二、事故原因

1. 直接原因

皮卡车司机驾车进入电31号自卸车右前方盲区，电31号自卸车起步前行，碾压皮卡车致司机张××死亡、维修工受伤。

2. 间接原因

（1）108 t 自卸车存在盲区，维修工未提醒皮卡车司机禁止进入自卸车盲区、也未阻止其进入自卸车盲区。

（2）电 58 号自卸车司机未严格按照《××露天煤矿设备故障管理办法》规定的程序报修故障，而是直接联系维修工。维修工和电 58 号自卸车司机未按《××矿山机电设备检修公司设备检修安全工作规程》和《××露天煤矿设备检修管理办法》的规定到指定检修区进行检修。

（3）××露天煤矿和检修公司未签订安全生产管理协议,未将进入××露天煤矿采场维修作业的检修公司人员纳入统一协调管理。运通公司对派遣到检修公司的司机管理不到位。

（4）××露天煤矿和检修公司未安排人员对夜班维修作业进行安全检查。检修公司夜班调度员未对夜班司机是否饮酒进行检查，××露天煤矿未规定保安值守人员对入坑机动车司机进行酒驾检查。司机张××酒后驾车入坑（经通辽市公安司法鉴定中心鉴定张××血液中乙醇含量 92.6 mg/100 mL）。

三、防范措施

（1）采取有效技术措施消除自卸车盲区造成的安全隐患。

（2）完善并严格执行有关设备维修联合作业的规章制度，加强生产调度对设备检修全过程控制，形成有效的调度协调和安全保障机制。

（3）全面排查安全管理上存在的问题，堵塞安全管理漏洞。××煤矿与检修公司、检修公司与运通公司必须依法签订安全生产管理协议，××煤矿要把外包单位纳入统一安全协调管理，严防“以包代管”。

（4）强化现场安全管理，强化各岗位危险源辨识和管控，从源头上制止“三违”行为，对“三违”人员按规定进行处罚。配备足够的夜班现场安全管理人员，加强对重点作业场所巡回检查。××煤矿要明确保安房检查酒驾职责，检修公司要对进入坑下的机动车司机进行酒驾检查。

（5）大型设备操作人员要确保设备周围和下面没有其他设备和人员，并按规定鸣笛后再运行或移动。机动车司机要遵守机动车入坑作业的有关规定，严禁擅自驶入或停放在大型设备盲区之内。

第六节　其他类型事故案例分析

案例 7－19　××煤矿“12·23”液压破碎锤车侧翻事故

一、事故经过

2014 年 12 月 22 日 19 时××公司××项目部带班队长孙×组织召开当班班前会，会上对本班生产作业及安全注意事项进行了安排和强调。23 日 4 时 30 分，杨××驾驶的 4 号液压破碎锤车在 1285 剥离台阶对松动爆破后产生的大块岩石进行破碎作业时发生侧翻，车辆侧翻至 1280 平盘，在现场进行指挥生产作业的××公司××项目部现场管理人员孙×立即赶到现场，发现该车侧翻后驾驶室与1280平盘的一大块岩石发生挤压，驾驶员杨××被困在驾驶室内，有呼吸但神志不清。孙×立即通知××公司××项目部现场安全管理人员廖××及××煤矿现场管理人员吴××、史×等，他们赶到现场后调用另外4台挖掘机合力将侧翻的破碎锤车抬起，同时在救援过程中拨打了120急救电话。5时10分左右他们将杨××救出，立即送往医院。6点10分左右，与医院120救护车辆相遇，医务人员当场组织抢救，但因伤势过重，经抢救无效死亡。

二、事故原因

1. 直接原因

××公司××项目部4号破碎锤车驾驶员杨××，在未取得铲装特种作业操作证的情况下，驾驶破碎锤车进行破碎作业时，因视线不佳，且操作不当导致车辆侧翻，是事故发生的直接原因。

2. 间接原因

（1）××煤矿现场安全管理不到位。距1285剥离台阶边缘5 m左右停有1辆故障自卸卡车，事故破碎锤车在故障自卸卡车与台阶边缘中间地段对爆破后产生的大块岩石进行破碎作业，作业通道狭窄，且有一定坡度，现场管理人员对作业区域存在的安全隐患认识不清，未采取有效措施。

（2）××煤矿及××公司××项目部对职工安全教育培训不到位，未进行岗前培训，安排未取得铲装特种作业操作证的人员上岗作业。

（3）××煤矿及××公司××项目部劳动组织形式安排不合理，违反8 h工作制，驾驶员疲劳作业。

（4）××公司××项目部日常安全管理不到位，岗位人员在生产作业过程中未认真贯彻执行操作规程及作业规程，作业人员安全意识差。

三、防范措施

（1）××煤矿要切实吸取事故教训，严格落实企业安全生产主体责任，认真执行和贯彻国家有关安全生产的法律法规及各项安全管理制度和隐患排查制度，督促施工单位严格执行作业规程、操作规程，有效防范和遏制煤矿事故。

（2）××煤矿及××公司××项目部应加强作业现场安全管理，强化隐患检查，合理安排作业，严格执行项目部领导带班制度，坚决杜绝“三违”现象。合理组织生产作业，杜绝工人疲劳作业。

（3）××煤矿应加强对从业人员的安全教育和培训，保证特种作业人员在取得特种作业操作证后方可上岗作业，加强作业人员的岗前培训工作，确保培训时间，充实培训内容，未经安全生产教育及培训不合格的人员不得上岗作业。

案例7－20　××煤炭有限责任公司××煤矿“6·19”灼烫事故

一、事故经过

2015年6月18日19时，××煤炭有限责任公司××项目部带班队长杨××组织召开夜班班前会，会上对本班工作任务进行了安排，并强调了安全注意事项。20 时左右，3－71 号挖掘机司机谢××到达东端帮高温区 1240 平盘与白班司机李××进行了现场交接班，按照白班副队长郝×安排的工作任务继续在东端帮高温区 1240 平盘进行土石方剥离。在该区域 1250 平盘另有两台挖掘机同时进行作业。21 时许，谢××反映该处作业时粉尘较大，能否换个作业地点，但项目部未对其重新分配作业地点，谢××仍在高温区 1240 平盘继续作业。直至 19 日凌晨 1 时 50 分，谢××驾驶挖掘机在给 3112 自卸车进行装车时，1240 平盘工作帮上部发生滑坡，部分石块砸破驾驶室右侧玻璃掉入驾驶室，谢××受此惊吓，打开车门从驾驶室内跳到 1240 平盘高温处，后又自行爬到 1240 平盘下部安全区域，但身体多处被灼烫导致重伤。事故发生后，等待装车的 3112 自卸车司机刘×全发现谢××被烫伤后，立即通过对讲机通知了 3－71 号挖掘机车主王××并拨打了 120 急救电话，带班队长杨××得知发生事故后立即到达事故现场，并向××公司法人白×亮及项目部经理刘×荣汇报了事故情况，之后现场人员合力将谢××抬到车上送往医院，先后辗转 3 家医院后，最后于 7 时左右将谢××送到了包头钢铁医院抢救，后经包钢医院抢救治疗 19 天后，于 2015 年 7 月 7 日 23 时死亡。

二、事故原因

1. 直接原因

××公司××项目部 3－71 号挖掘机司机谢××夜间在粉尘较大能见度低的情况下在井田东端帮高温区冒险作业，受超高工作帮滑坡惊吓，从挖掘机驾驶室内跳到 1240 平盘高温处，造成事故发生。

2. 间接原因

（1）××公司××项目部管理人员违章指挥安排作业人员夜间在高温区、能见度低的环境下作业，且在危险区域作业未安排专人进行指挥和监护。

（2）××煤矿及项目部《采空区、高温区、火区安全技术实施方案》贯彻执行不到位，在高温区作业未执行先降温后作业的规定，也未执行在夜间、能见度低等恶劣环境禁止作业等规定。针对该矿井田东端帮火区上方为后来回填物、结构松散、高温覆盖物较厚、容易滑坡的情况，××煤矿未制定专门的安全技术措施。

（3）××煤矿安全监督检查不到位。带班矿领导及跟班安全员未能及时发现项目部作业人员违章作业的行为并加以制止。

（4）××公司××项目部安全生产管理机构不健全，日常安全管理不到位，班前会流于形式，安全培训教育不到位，作业人员安全意识差。

（5）内蒙古××公司对××煤矿安全监督管理工作不到位，安全监督检查不够，对该矿火区危险性认识不足且未采取有效措施。

三、防范措施

（1）××煤矿要认真贯彻《国务院关于坚持科学发展安全发展促进安全生产形势持续稳定好转的意见》（国发〔2011〕40 号）精神，将企业安全生产主体责任落实到位，建立健全各项安全管理制度及安全技术措施，加强现场监督检查，真正把各项规章制度及技术措施落实到作业班组和岗位，有效防范和遏制煤矿事故。

（2）××煤矿应加强对外委施工单位的监督管理工作，督促其设置必备的安全生产管理机构，配齐相应的安全管理人员，严格现场监督检查，严禁“以包代管”。

（3）××煤矿及项目部应加强对从业人员的安全教育和培训工作，确保从业人员具备必要的安全生产知识，严格执行“三大规程”，坚决杜绝“三违”现象。

（4）××煤炭有限责任公司应建立健全各项安全生产管理制度，落实安全生产责任制，切实加强对所属煤矿的安全管理工作。

案例7-21　××煤矿“3·26”挖掘机滑落事故

一、事故经过

2014年3月26日10时30分，挖掘机司机柴××在一采区南部端帮第五安全平盘清理虚渣的过程中，挖掘机所处位置的松动岩体受力后发生滑落，挖掘机也随岩体一同滑落（图7-11）。当班值班矿长苏×发现这一情况后，立即和安检员赫××跑向挖掘机所处的位置，发现挖掘机司机柴××被摔出挖掘机外，趴在地上。苏×立即组织人员将柴××送往乌海市人民医院，经急救中心人员全力抢救，12时40分抢救无效死亡。

图7-11　挖掘机滑落事故现场

二、事故原因

1. 直接原因

挖掘机作业时，开到了松动的岩体上，岩体受力后失稳局部坍塌，导致挖掘机滑落，司机摔出挖掘机受伤致死。

2. 间接原因

（1）职工的自保意识不强。挖掘机司机柴××在作业时，违反《挖掘机司机安全生产责任制》规定，在施工区作业时，对作业区域的安全状况观察不够，对作业区域存在的危险认识不足。

（2）××煤矿各级安全检查不到位。事发前该矿安全管理人员虽然对作业区域进行了安全检查，但没有发现岩体存在松动的隐患。

(3) ××煤矿现场安全管理不到位。事故作业区域为端帮安全平盘，属特殊作业区域，未设置安全指挥人员现场指挥。

(4) ××煤矿安全技术管理有漏洞。在该区域作业时，该矿未制定专门的安全技术措施。

三、防范措施

××旗××煤矿要针对本次事故，认真吸取教训，今后要强化以下几个方面的安全管理工作：

(1) 加强露天煤矿边坡和端帮的现场安全管理工作。露天煤矿的端帮、非工作帮要严格按照设计要求设置好台阶高度、帮坡角、坡面角，清扫平盘的宽度要在保证清扫设备正常作业的同时，还应根据不同的台阶高度，使设备行走路线与坡底线和坡顶线保持一定的安全距离；严格禁止挖掘机、装载机等设备在距坡顶线安全距离以外平行于坡顶线作业；加强对边坡的监测和巡视，对存在不稳定因素的边坡要增加监测和巡视密度，对已经出现滑坡征兆的边坡台阶要设置明显的标志，严禁生产设备进入危险区域作业，并对边坡危险地段采取有效的措施进行处理。

(2) 加强煤矿技术管理工作。配备具有专业能力的技术管理人员，督促技术管理人员认真履行职责；制定科学完善的安全操作规程，要求生产工作人员认真严格执行。

(3) 加强对员工的安全教育与培训，进一步提高职工的自保、互保、联保意识，向作业人员如实告知作业场所和工作岗位存在的危险因素、防范措施以及事故应急措施。

(4) 落实煤矿企业安全生产主体责任。要进一步建立健全安全管理机构，完善并严格执行以安全生产责任制为重点的各项规章制度，切实加强全员、全方位、全过程的精细化管理，把安全生产责任层层落实到区队、班组和每个生产环节、每个工作岗位。加强对重大危险源的监控，特别是对边坡的稳定性要定期进行分析评价，并做出边坡稳定性结论；强化现场安全检查，严禁违章指挥、严查违章作业；要开展经常性安全隐患排查，并切实做到整改措施、责任、资金、时限和预案“五到位”，及时消除治理重大隐患，防止麻痹大意引发事故。

案例7-22　××露天煤矿煤矿“9·23”挖掘机陷落事故

一、事故经过

2017年9月23日，在+1120剥离平盘中部松动爆破结束后，剥离队班长方××开始组织设备进场作业。约15时，方××安排95号挖掘机司机徐××到+1120剥离平盘采空区北侧的1124挖掘机作业平盘进行作业。15时20分左右，徐××擅自改变作业地点，驾驶车辆前往采空区南侧，行进中压塌了采空区覆盖层，95号挖掘机坠落采空区，导致徐××死亡。

二、事故原因

1. 直接原因

95号挖掘机司机徐××在+1120剥离平盘作业时擅自改变作业地点，驾驶挖掘机从采空区上方经过，压塌采空区覆盖层坠落采空区内磕伤头部导致死亡。

2. 间接原因

（1）××煤矿安全培训、教育不到位。作业人员对现场安全隐患认识不足，安全意识差，违章作业。

（2）现场安全监督检查不到位。带班矿领导、现场安全管理人员及当班安检员未严格履行岗位职责，未能及时消除事故隐患和制止违章作业行为。

（3）××煤矿采空区探查、治理方面存在漏洞。××煤矿制定的《采空区、高温区、火区安全技术措施》中未明确采空区探明后进行处理时限；煤矿未及时对已探明的采空区进行处理，也未按《采空区、高温区、火区安全技术措施》规定在采空区外围设置明显警示标志，只在采空区东侧设置一道彩旗警示标志，未对作业人员起到有效警示。

三、防范和整改措施

（1）××煤矿要深刻吸取事故教训，切实落实安全生产主体责任，严格按照《煤矿安全培训规定》(安监总局令　第92号）要求，加强和规范煤矿安全培训工作，教育和督促从业人员严格执行本单位的安全生产规章制度和安全操作规程，切实提高从业人员安全生产意识和能力。

（2）××煤矿要进一步加强安全管理工作，严格落实岗位责任制，加强隐患排查治理，强化现场监督检查，加大对违章作业行为的查处力度，坚决杜绝“三违”行为。

（3）××煤矿要结合工作实际，健全和完善安全技术管理体系，提高技术人员业务能力，制定和完善各项安全技术措施并严格执行，真正把各项规技术措施落实到作业班组和岗位，有效防范和遏制煤矿事故。

案例7-23　××露天煤矿“4·1”叉车制动失灵事故

一、事故经过

2012年4月1日14时30分左右，维修部汽修车间85D检修班5名作业人员在内排土场600水平坡道处处理85D13号车辆故障。本班司机倪××开叉车来到故障车辆地点，将叉车手制动后停在故障车辆左前方的斜坡上，下车帮助检修作业人员海×给故障车辆加液压油。就在打开油桶盖时，发现叉车缓慢下滑，倪××急忙跑向正在下滑的叉车，登上叉车后随即踩住刹车，但叉车前部已被存放此处的油桶卡住，叉车尾部已将处在车辆左侧轮胎位置的检修人员侯××撞倒，现场人员立即将伤者紧急送往××煤电公司职工医院，经抢救无效死亡。

二、事故原因分析

1. 直接原因

停在坡道上的叉车因手制动失灵，在没有熄火并打掩情况下，司机离开叉车，帮助检修工海×给故障车加液压油，失控下滑的叉车尾部将正在故障车辆左侧轮胎位置的检修人员侯××撞到，造成此次伤亡事故。

2. 间接原因

（1）现场管理不到位。车辆按规定要求不应在坡道上停留，特殊情况下必须停留时，应采取堰土、打掩等措施后方可下车作业。维修部调度安排 85D13 号车辆现场检修时，以及当班班长侯××安排检修人员倪××开叉车作业，都没有强调安全注意事项和采取相应安全技术措施，叉车司机违反《操作规程》作业，导致事故发生。

（2）安全教育不到位。维修部对作业人员的安全培训要求不严，培训管理存在漏洞，在职工培训考试考核上不认真。

（3）机电设备检修制度落实不到位。现场检修时没有贯彻执行安全生产管理制度及安全操作规程，无叉车司机安全规程贯彻记录；设备检修维护未按照公司制定的《设备检修管理办法》中规定的时间定额执行。

（4）安全监督检查不到位。安监科对汽修车间安全操作规程贯彻执行情况监督不力，致使应该贯彻的规程未得到有效监督。

三、防范措施

（1）××煤电公司露天煤矿要认真吸取此次事故教训，由矿里组织对露天坑下车辆检修和汽车运输进行一次全面隐患排查工作，杜绝类似事故再次发生。

（2）特殊情况需在坑下检修运输车辆时，必须制定专项针对性措施，并严格执行。

（3）加强“双基”工作。抓好矿井安全质量标准化工作，抓好基层班组建设工作，抓好职工的安全培训工作；完善各项规章制度和相关技术措施，教育职工遵章守纪，严格按规程作业。

案例 7－24 ××煤矿“11·12”装载机撞人事故

一、事故经过

2017 年 11 月 12 日 6 时整，××项目部施工七队队长王×主持召开班前会，安排好工作任务，强调了安全注意事项。按照安排，3 号装载机司机江××负责修整安全挡墙，计量员张××在 +1385 排土平盘负责车辆计量工作，安全员王××负责排土场安全监护工作。

9 点 30 分左右，江××在 +1385 排土平盘修整安全挡墙时，开着 3 号装载机往右后侧运行一段距离后准备向前行驶，发现前方躺着一人才停止作业，急忙下车查看。同时，在附近作业的 91 号挖掘机司机司××也发现 3 号装载机前躺着一人，立即通过对讲机进行了报告。听到呼叫后，××项目部施工七队当班班组长马××、施工七队队长王×、安全员王××先后赶到现场。此时，张××还有呼吸。

事故发生时，安全员王××离开 +1385 排土平盘，正在去 +1365 排土平盘巡查的路上。

9 点 40 分，施工七队队长王×到达事故地点，立即向××项目部副经理黄××电话汇报，黄××通过电话安排第一时间救人，王×随即拨打 120 急救电话。9 点 55 分，王×和王××、马××一起将张××抬上马××开过来的皮卡车，由王×和随后赶到的王×飞一起开车将张××送往××医院。在途中，遇到××医院救护车，经医生急救后，抢救无效，10 点 25 分左右死亡。王×随后向黄××电话汇报了情况。黄××安排王×将死者张××运到神山殡仪馆，联系死者家属，洽谈善后事宜。

二、事故隐瞒过程

××项目部副经理黄××得知张××死亡后，未向项目部经理及煤矿负责人汇报，也没有主动向地方政府有关部门和煤矿安全监察机构报告，私下组织了事故善后工作，与死者家属协商并达成赔偿协议，共计赔偿115万元。直到分局接到举报，对事故进行核查时，黄××才承认该起事故属实。

三、事故原因

1. 直接原因

（1）计量员张××未遵守《排土作业安全技术操作规程》，未注意观察移动车辆，擅自进入3号装载机作业区域，导致事故发生。

（2）3号装载机司机江××未按照《排土作业安全技术操作规程》和《装载机安全操作规程》规定进行作业，倒车过程中未仔细观察，将张××撞倒。

2. 间接原因

（1）××煤矿安全生产管理人员，未严格落实安全管理制度，对施工单位安全监管不到位，现场安全监督检查存在漏洞。

（2）××煤矿安全教育培训不到位，职工安全自保、互保意识不强。

四、防范和整改措施

（1）××煤矿要切实吸取事故教训，严格落实安全生产主体责任和安全管理制度，严格执行排土作业规程和操作规程。

（2）××煤矿要加强对施工单位的安全监管，加强现场安全监督检查力度，加强作业现场隐患排查治理工作力度，杜绝违章作业。

（3）××煤矿要加强从业人员安全教育培训工作，要利用集中学习、班前会等形式学习贯彻岗位操作规程和作业规程，组织开展事故案例警示教育，筑牢安全思想，增强安全风险防范意识和自保互保能力。

案例7-25　××矿推土机滑落台阶事故

一、事故经过

2007年5月9日8点左右，××矿工程部417号推土机司机纪××在1403号铲接班后，接到工长李×通知，去中区14煤顶板处做坡道。9点40分纪××驾驶车辆到达14煤顶板，看见前方有一坡道，便向下全速行驶。由于工程部在前几日处理火煤时将台阶断开，纪××没注意瞭望，掉落5 m高台阶下（图7-12），417号推土机司机纪××左侧脸部、眉骨撞在驾驶室上方倒车镜上，左侧眉骨刮伤，经医生缝合30针后住院治疗。

二、事故原因

417号推土机司机纪××对行车路线不清，通过路口时没有认真瞭望，盲目行驶导致事故发生。

图7-12　推土机滑落事故

三、防范措施

（1）工长调整设备作业场地时必须交代好行走路线，必要时亲自将设备领到作业场地。

（2）设备行走时，必须明确行驶路线，过交叉路口、平盘进出口必须遵守“一慢、二看、三通过”的原则，确保安全。

（3）坑下废弃不用的路段、每条断开的台阶线路入口和出口必须堵死。

（4）按标准做好坑下安全土挡，对有缺失的要及时修补、恢复至标准状态。

案例7-26　××公司设备维修中心“4·1”机械伤人事故

一、事故经过

2019年4月1日15时左右，××公司露天煤矿运输队运行一班班长白××接到设备维修中心调度指令，要求给28号830E卡车洗车保养，15点20分左右，运行一班班长白××将该卡车引领至设备维修中心3期洗车间门口后，由设备维修中心人员指挥卡车进入洗车间。汽修车间维修工张××对28号830E卡车进行清洗，清洗过程中将车厢举起未挂安全缆绳，露天矿运输队运输一班卡车司机刘××配合作业。15时30分35秒，维修工张××清洗完28号830E卡车后，与司机刘××进行了呼唤应答，并示意落下卡车箱斗（视频资料显示），随后维修工张××站在电阻栅平台上将清洗水枪放送至地面。15时30分50秒，司机刘××从卡车平台右前角走入驾驶室，操作举升扶柄落下箱斗，同时开始清洗卡车玻璃、仪表台，填写运行记录。15时30分52秒，维修工张××抬头看了正在下降中的车厢后将上身探出平台护栏继续收水带（视频资料显示）。15时31分7秒，大厢全部降下，维修工张××被下落的卡车大箱帽檐砸伤并压住。15时35分左右，洗车工冀××在车下发现血迹并大声呼唤，正在清理驾驶室的司机刘××听到喊声后走出驾驶室，发现维修工张××已被夹在车厢与护栏之间，刘××马上返回驾驶室启动卡车。15时35分18秒，举起箱斗，随后走出驾驶室发现洗车工张××躺在卡车电阻栅平台上，司机刘××再次返回驾驶室，立即通过对讲机向运输队运行一班班长白××汇报，白××当即向运输队队长及露天矿当班领导进行了汇报。15时37分，机修整备车间洗车工张×亭向机修整备车间主任乔××汇报，15时38分乔××向120拨打电话。15时55分120救护人员到达，进行心肺复苏等急救，经医生现场确认张××死亡。

二、事故原因

1. 直接原因

卡车维修工张××违反《××公司卡车维修通用安全技术规程》规定，清洗卡车结束并向卡车司机示意落大厢后，未选择安全可靠的站位，而是站在卡车电阻栅上，并且头部伸向卡车平台护栏上方，卡车大厢下落时，张××头部被挤压在大厢前檐与平台护栏之间，导致事故发生。

2. 间接原因

（1）卡车司机刘××安全互保意识不强，在接到卡车维修工张××放大厢示意后，未对张××是否站到安全可靠位置进行确认，操作举升手柄落下卡车大厢，致使张××被挤压致死。

（2）××公司设备检修安全操作规程等规章制度不具体、不明确，缺乏针对性和可操作性，对卡车维修举落大厢时如何进行安全确认没有做出明确的规定。

（3）现场安全管理有漏洞。卡车在整备车间洗车时，未挂安全绳、维修工一人作业、现场无安全监护人员等违章行为没能被及时发现并制止。

（4）设备维修中心安全培训教育不到位，作业人员安全意识、自保互保意识淡薄，危险源识别能力不强，现场作业未能杜绝违章行为。

三、防范措施

（1）修改、完善各项安全管理制度，提高安全措施、操作规程的针对性和可操作性，并对从业人员重新宣贯培训。

（2）加强卡车等大型设备检修工作的安全管理，贯彻实行各检修工种安全管理规定，认真做好检修期间的安全确认工作，严格执行检修措施和安全员现场盯守制度。

（3）加强对联合作业场所的安全监督管理，提高职工安全意识和自保互保意识。

（4）认真开展事故隐患排查、自查自纠工作，做好安全风险管控和危险源辨识双重预防管理工作，将隐患排查治理贯穿到生产、维修等作业各个环节、各个区域。

（5）强化岗位责任制度的落实，切实落实企业安全生产主体责任，在安全教育和安全管理上下功夫，促使从业人员认真履行岗位职责，严格按章作业。

（6）企业要认真吸取事故教训，举一反三，进一步加强从业人员安全意识、安全行为教育，有效遏制“三违”现象的发生。

参　考　文　献

[1] 国家安全生产应急救援指挥中心．煤矿企业应急管理与救援［M］．北京：煤炭工业出版社，2011.

[2] 杨胜强，唐敏康，等．矿山安全技术及管理［M］．徐州：中国矿业大学出版社，2011.

[3] 赵正宏，田水承．煤矿应急救援必读［M］．北京：中国石化出版社，2008.

[4] 陈树召．露天煤矿从业人员安全生产培训教材［M］．徐州：中国矿业大学出版社，2012.

[5] 四川省安全科学技术研究院．金属非金属露天矿山企业主要负责人安全培训教程［M］．成都：西南交通大学出版社，2013.

[6] 吴宗之．论重大危险源监控与重大事故隐患治理［J］．中国安全科学学报，2003（09）：23－26.

[7] 席煜宸．煤矿应急管理体系建设探讨［J］．中国安全科学学报，2010（01）：159－164.

[8] 田水承，李红霞，王莉．3类危险源与煤矿事故防治［J］．煤炭学报，2006，131（6）：706－710.

[9] 赵宏展，徐向东．危险源的概念辨析［J］．中国安全科学学报，2006，16（1）：65－70.

[10] 赵鹏．危险源概念辨析及识别方法［J］．航空安全，2010，115（7）：52－53.

[11] 何学秋，林柏泉，田水承，等．安全工程学［M］．徐州：中国矿业大学出版社，2000.

[12] Occupational health and safety management systems Guidelines for the implementation of OHSAS 18001：2008［S］．OHSAS 18002：2008，2008.

[13] 田水承，景国勋．安全管理学［M］．北京：机械工业出版社，2009.

[14] 隋鹏程，陈宝智，隋旭．安全原理［M］．北京：化学工业出版社，2005.

[15] 白勤虎，白芳，何金梅．生产系统的状态与危险源结构［J］．中国安全科学学报，2000，10（5）：71－75.

[16] Nancy Leveson［美］．A New Accident Model for Engineering Safer Systems［J］．Safety Science 42（2004）237－270.

[17] 陈红．中国煤矿重大事故中的不安全行为研究［M］．北京：科学出版社，2006.

[18] 张彤，张利臣．人的可靠性与人为差错［J］．辽宁工学院学报（社会科学版），2003（3）：53－54.

[19] 郝志强．浅析人的不安全行为的原因及对策［J］．采矿技术，2004（4）：39－40.

[20] 孙志强，史秀建，刘凤强，等．人为差错成因分析方法研究［J］．中国安全科学学报，2008（6）：21－27.

[21] 李政仪，花迎春，孙志强，等．基于差错分类框架辨识人为差错［J］．中国安全科学学报，2012（2）：94－99.

[22] 张晶晶，张礼敬，陶刚．人的可靠性分析研究［J］．中国安全生产科学技术，2011（1）：76－81.

[23] D. A. Wiegmann，S. A. Shappell. A human error approach to aviation accident analysis：The human factors analysis and classification system［M］．Burlington，VT：Ashgate Publishing Company，2003.

[24] E. Hollnagel. Cognitive Reliability and Error Analysis Method（CREAM）［M］．London：Elsevier Science Ltd.，1998.

图书在版编目（CIP）数据

煤矿安全生产应急管理．露天／赵红泽等编著．--2版．--北京：应急管理出版社，2020

内蒙古自治区煤矿安全培训系列教材

ISBN 978-7-5020-8442-4

Ⅰ．①煤…　Ⅱ．①赵…　Ⅲ．①露天矿—煤矿—矿山安全—生产管理—技术培训—教材 ②露天矿—煤矿—矿山事故—救援—技术培训—教材　Ⅳ．①TD7

中国版本图书馆 CIP 数据核字（2020）第 227584 号

煤矿安全生产应急管理——露天　第2版

（内蒙古自治区煤矿安全培训系列教材）

编　　著　赵红泽　张春利　曾宪荣　刘洪才
责任编辑　肖　力
责任校对　孔青青
封面设计　于春颖

出版发行　应急管理出版社（北京市朝阳区芍药居 35 号　100029）
电　　话　010-84657898（总编室）　010-84657880（读者服务部）
网　　址　www.cciph.com.cn
印　　刷　北京玥实印刷有限公司
经　　销　全国新华书店

开　　本　787mm×1092mm 1/16　**印张**　16　**字数**　382 千字
版　　次　2020 年 12 月第 2 版　2020 年 12 月第 1 次印刷
社内编号　20201301　　**定价**　50.00 元